DIE WISSENSCHAFT

Sammlung von Einzeldarstellungen aus den Gebieten der
Naturwissenschaft und der Technik

Herausgegeben von Prof. Dr. EILHARD WIEDEMANN

BAND 77

Die Valenz und der Bau
der Atome und Moleküle

Von

Gilbert Newton Lewis
Professor der Chemie an der California University

Springer Fachmedien Wiesbaden GmbH

1927

Die Valenz und der Bau der Atome und Moleküle

Von

Gilbert Newton Lewis

Professor der Chemie an der California University

Übersetzt von

Dr. Gustav Wagner und Dr. Hans Wolff

in Würzburg

Mit 27 Abbildungen

Springer Fachmedien Wiesbaden GmbH

1927

ISBN 978-3-663-19876-5   ISBN 978-3-663-20216-5 (eBook)
DOI 10.1007/978-3-663-20216-5

Softcover reprint of the hardcover 1st edition 1927

Vorwort.

Ich glaube, daß eine Monographie wie die vorliegende zu den rasch vergänglichen Erscheinungen auf dem Gebiet der wissenschaftlichen Literatur gehört. Die peinliche Sorgfalt, die bei der Behandlung der langsam sich entwickelnden Wissenszweige als selbstverständlich gilt, wäre hier nicht am Platze. Eher müssen wir versuchen, mit der Feder des Journalisten ein Augenblicksbild der gedanklichen Entwicklung festzuhalten, welche von Augenblick zu Augenblick kaleidoskopartig zu wechseln pflegt.

Es ist daher nicht unwahrscheinlich, daß manche Dinge, die in diesem Buche ausgesprochen sind, sich bald nicht mehr aufrecht erhalten lassen werden; ich hoffe aber, daß dies eher auf einzelne Züge als auf das Wesen der Sache zutreffen wird. Seit meiner ersten Publikation über den Molekülbau und die Natur der chemischen Bindung sind sieben Jahre verstrichen; ich mußte in dieser Zeit kaum etwas von den dort ausgesprochenen Ansichten zurücknehmen, vieles ist jedoch hinzuzufügen. Daher hoffe ich, daß man mir nicht den Vorwurf wird machen können, ich hätte in dem vorliegenden Buche zu viel gebracht; eher bin ich überzeugt, daß ich bei der Abfassung Unterlassungssünden begangen habe. Es ist jedoch unmöglich, mit der rasenden Entwicklung so vieler Wissenszweige Schritt zu halten, die alle für unsere Kenntnis des Atoms und Moleküls beitragen, wenigstens für jemand, der — gelinde gesagt — nicht gerne Bücher wälzt.

Es ist das gleiche Atom und das gleiche Molekül, das der Organiker, der Anorganiker und der Physiker zu erforschen suchen; die wundervoll exakten Aussagen der Spektroskopie, die viel unbestimmteren, aber ebenso bedeutsamen und wichtigen Gesetze, die man beim Studium der Kohlenstoffverbindungen gefunden hat, müssen jedes nach seiner Weise zu unserer Kenntnis vom Bau jenes Mikrokosmos beitragen, der uns um so geheimnisvoller erscheint, je mehr uns seine wahre Natur enthüllt wird. Ich habe daher einige Kapitel zu Beginn des Buches dem Versuch gewidmet, einige der erstaunlichen Ergebnisse der modernen Physik den Chemikern näher zu bringen.

Gilbert N. Lewis.

Vorwort der Übersetzer.

Die vorliegende Übersetzung des 1923 erschienenen Buches von Lewis ist in erster Linie für den Chemiker gedacht, der aus der Monographie eine Reihe von Gedanken und Anregungen entnehmen kann, die in Deutschland noch viel zu wenig bekannt sind. Die von Lewis in seinem Vorwort ausgesprochene Vermutung, daß sein Buch infolge der raschen Entwicklung der physikalischen und chemischen Forschung bald überholt sein dürfte, hat sich — wenigstens in bezug auf den Hauptteil, den chemischen — als unbegründet erwiesen. Die physikalische Einleitung gibt bei der raschen Entwicklung der Atomphysik naturgemäß nicht mehr ganz den heutigen Stand der Wissenschaft wieder, sie genügt aber vollkommen zum Verständnis des chemischen Teils. Die in der Zwischenzeit erschienene Literatur wurde nach Möglichkeit in zahlreichen (mit * versehenen) Fußnoten berücksichtigt.

Mit dem Worte „valence" bezeichnet Lewis den ganzen Begriffskomplex der chemischen Bindung und Wertigkeit, während der Valenzbegriff im Deutschen gewöhnlich mit dem engeren Begriff der chemischen Wertigkeit gleichgesetzt wird, oder noch spezieller zur Bezeichnung der Wertigkeitseinheit gebraucht wird (Werner). Wir haben im Buchtitel das Wort Valenz wegen seiner Kürze beibehalten.

Herrn Prof. Grimm danken wir bestens für zahlreiche wertvolle Ratschläge, sowie für Überlassung des Manuskripts seines zusammenfassenden Artikels über „Atombau und Chemie" (Geiger-Scheel, Handb. der Physik, Bd. XXIV, Kap. 6, Berlin 1927), das uns die Berücksichtigung der neueren Literatur sehr erleichterte.

Würzburg, Februar 1927.

Dr. Gustav Wagner.
Dr. Hans Wolff.

Inhaltsverzeichnis.

Seite

Erstes Kapitel. Die Atomtheorie 1
    Die diskontinuierliche Struktur der Materie 1
    Die Einheitlichkeit der Materie . . . . . • 3
    Theorien der chemischen Affinität 5

**Zweites Kapitel. Das periodische System und das Atombild des
Chemikers** 9
    Einige Atommodelle 15

Drittes Kapitel. Die Serienspektren und das Atombild des Physikers 22
    Die Arbeiten Rydbergs 25
    Die Quantentheorie 28
    Auszug aus der Bohrschen Theorie 32
    Die Deutung der Röntgenspektren 34
    Ionisierungs- und Anregungsspannung 35
    Das Bohrsche Atommodell 38
    Einige magnetische Erscheinungen 43

**Viertes Kapitel. Vereinigung der beiden Standpunkte; die Elektronen-
anordnung im Atom** 46
    Die innere Struktur einzelner Atome 51
    Die erste große Periode 53
    Die übrigen Perioden 60

**Fünftes Kapitel. Die Vereinigung der Atome; die moderne
dualistische Theorie** 62

Sechstes Kapitel. Die neue Valenztheorie; die chemische Bindung 75
    Das paarweise Auftreten von Elektronen 76
    Die Bindung 79
    Weitere Züge der neuen Valenztheorie 84

Siebentes Kapitel. Doppelte und dreifache Bindung 87
    Die dreifache Bindung 94
    Einschränkung der Möglichkeit mehrfacher Bindungen 95
    Zusammenfassung 98

Achtes Kapitel. Ausnahmen von der Achterregel 99
    Atome mit mehr als vier Elektronenpaaren 105

Seite

Neuntes Kapitel. **Valenz und Koordinationszahl** 108
Zweiwertiger Wasserstoff 115
Die Vierwertigkeit des Stickstoffs 117
Höhere Valenzen als vier 121
Die Valenz in kondensierten Systemen 124
Zusammenfassung 127

Zehntes Kapitel. **Verbindungen von Elementen mit kleinen Atomrümpfen** 128
Wasserstoff und Helium 130
Lithium und Beryllium 132
Bor 133
Stickstoff und Kohlenstoff 134
Sauerstoff und Fluor 141

Elftes Kapitel. **Elemente in positivem und negativem Zustande** 144
Das Problem der „Elektromeren" 145
Verbindungen zwischen elektronegativen Elementen 146

Zwölftes Kapitel. **Überbleibsel von der elektrochemischen Theorie** 152
Die Stärke von Säuren und Basen 153
Definition von Säuren und Basen 158
Andere Faktoren, die die Dissoziation bestimmen 159
Die Regel von Crum Brown und Gibson 162
Zusammenfassung 165

Dreizehntes Kapitel. **Der Ursprung der chemischen Affinität; eine magnetochemische Theorie** 166
Konjugation 175

Vierzehntes Kapitel. **Die Diskontinuität physikalischer und chemischer Vorgänge** 180
Die Diskontinuität der chemischen Vorgänge 181
Die Farbe 184
Die Zukunft der Quantentheorie 187

Literaturverzeichnis 192
Autorenregister 195
Sachregister 197

Anmerkung: Die mit Sternchen (*) bezeichneten Fußnoten sind von den Übersetzern eingeschaltet.

Erstes Kapitel

Die Atomtheorie.

Die diskontinuierliche Struktur der Materie.

Die Historiker der Chemie sind sich nicht darüber einig, in welcher Reihenfolge Dalton seine beiden großen Sätze entdeckte. Was kam zuerst, die Atomtheorie oder das Gesetz der multiplen Proportionen? Wahrscheinlich bildeten beide Ideen in Daltons Geist ein einheitliches Ganzes. Die Annahme einer körnigen Struktur der Materie ist jahrhundertelang ein Lieblingsgedanke der Philosophen gewesen und war zu Beginn des 19. Jahrhunderts unter Wissenschaftlern und Laien weit verbreitet. Nach Boswell soll Johnson schon ein Jahrzehnt vorher gesagt haben: „Zertrümmere die St. Pauls-Kathedrale in Atome und betrachte jedes Atom . . .“

Ferner sahen viele Anhänger dieser Lehre die Atome irgend eines Elements als untereinander gleichwertig an, wie z. B. Ziegelsteine. Die Vorstellung, daß ein einfacher Stoff aus kleinen, einander ähnlichen Teilen zusammengesetzt sei, hat daher als Teil des geistigen Erbes dieses Zeitabschnitts zu gelten.

Dalton sah jedoch 1808 die Möglichkeit einer einwandfreien wissenschaftlichen Prüfung dieser Hypothese [24] [1]. Wenn Elemente und Verbindungen aus diskreten und charakteristischen Teilchen aufgebaut sind, so muß jedes kleinste Teilchen einer Verbindung (Molekül) aus einer ganzen Zahl von kleinsten Teilchen seiner Elemente (Atomen) bestehen. Tatsächlich fand Dalton bei den Kohlenwasserstoffen, die wir heute Äthylen und Methan nennen, daß in dem einen die gleiche Menge Wasserstoff mit doppelt so viel Kohlenstoff verbunden ist wie in dem anderen. Ebenso fand er bei den Oxyden des Kohlenstoffs, daß das Verhältnis Sauer-

---

[1]) Die Zahlen in [ ] beziehen sich auf das Literaturverzeichnis am Ende des Buches.

stoff zu Kohlenstoff in dem einen Falle doppelt so groß ist wie in dem anderen. Als er auch eine ähnliche ganzzahlige Beziehung bei den Oxyden des Stickstoffs entdeckte, fühlte er sich berechtigt, das Gesetz der multiplen Proportionen in allgemeiner Form auszusprechen. Die Ungenauigkeit der Versuche, auf die er dieses Gesetz stützte, und die Tatsache, daß seine Analyse eines der beiden Stickstoffoxyde ganz fehlerhaft war, spricht dafür, wie sehr er von vornherein darauf eingestellt war, die gesuchte Beziehung auch wirklich bestätigt zu finden.

Das Gesetz der multiplen Proportionen verwandelte eine philosophische Spekulation in eine wissenschaftliche Arbeitshypothese. Die Theorie der Atome und Moleküle wurde nicht nur die Grundlage der Stöchiometrie, sondern bewies auch später wieder ihre große Fruchtbarkeit bei der Entwicklung der mechanischen Theorie der Wärme.

Am Ende des letzten Jahrhunderts wurde eine kurze Periode des Zweifels an der Realität der Atome plötzlich infolge des raschen Fortschrittes der Wissenschaft beendigt. Es wurde möglich, die Atome zu zählen. Das Ultramikroskop erlaubte in den Händen von Perrin *) [74] die Beobachtung von Teilchen, die sich in vollkommener Übereinstimmung mit den Vorhersagen der Molekulartheorie regellos bewegten. Die radioaktiven Vorgänge haben gezeigt, daß schwerere Atome in leichtere zerfallen, und Rutherford und Soddy [84] wiesen nach, daß jedes Heliumatom, das von einer radioaktiven Substanz emittiert wird, eine Szintillation auf einem Schirm von Barium-Platin-Cyanür erzeugt, so daß wir gewissermaßen die einzelnen Atome sehen können.

So sind die Atome gezählt, analysiert und zerlegt **) worden. Man ist sogar daran, die Geheimnisse des Atomkernes aufzuklären. Eine solche Vertrautheit hätte beinahe eine gewisse Vermessenheit aufkommen lassen. Es schien nämlich eine Zeitlang, als ob der Bau und das Verhalten des Atoms erklärt werden könne ohne eine wesentliche Änderung der Denkmethoden, wie sie für die makroskopischen

---

*) Das Ultramikroskop wurde 1903 von Siedentopf und Zsigmondy konstruiert. Unseres Wissens sind die wichtigen Arbeiten Perrins (Bestimmung der Loschmidtschen oder Avogadroschen Zahl N durch Beobachtung der Höhenverteilung der Teilchen in Emulsionen) im Jahre 1909 mit dem gewöhnlichen Mikroskop ausgeführt worden. Vgl. J. Perrin, Die Atome. Übersetzt von A. Lottermoser. Dresden u. Leipzig 1920.

**) Arbeiten von E. Rutherford, G. Kirsch und H. Pettersson. Vgl. H. Pettersson u. G. Kirsch, Atomzertrümmerung. Leipzig 1926.

Körper der täglichen Erfahrung gültig waren. Diese vermeintliche Sicherheit hat jedoch einen schweren Stoß erlitten, als man nach und nach auf die Geheimnisse und Widersprüche stieß, welche zu der heute geltenden Quantentheorie geführt haben.

Durch die Arbeiten Daltons wurde die Auffassung der Materie als eines Kontinuums verdrängt durch die Annahme diskreter Masseteilchen, und wir sehen nun allmählich ein, daß dies nur die erste Etappe einer großen Revolution gegen die Theorie des Kontinuums war. Schritt für Schritt sind wir gezwungen, in der Physik und Chemie die Vorgänge zu „quanteln". Wie weit diese Umwälzung gehen wird und wieviel von unserem früheren Glauben an die Kontinuität der Naturvorgänge erhalten bleiben wird, können wir jetzt noch nicht voraussagen; aber soviel ist heute schon sicher, daß viele der am besten begründeten Grundanschauungen unserer Wissenschaft bedroht sind, und wir können überzeugt sein, daß die Atomtheorie nur einen Schritt auf dem Wege zu der diskontinuierlichen Auffassung alles Naturgeschehens bedeutet.

Die Einheitlichkeit der Materie.

Eine andere Anschauung war in der Philosophie aller Zeiten weit verbreitet. Es ist die Vorstellung, daß die mannigfachen uns bekannten Stoffe nur verschiedene Erscheinungsformen eines einzigen Grundstoffes seien. So wie Dalton die Atomtheorie fruchtbar für die Wissenschaft machte, so erkannte Prout [78] die Möglichkeit, aus der Theorie der Einheitlichkeit der Materie eine wissenschaftliche Konsequenz zu ziehen.

Er bemerkte, daß verschiedene Atomgewichte sich als Vielfache vom Atomgewicht des Wasserstoffs erwiesen, und schloß daraus, daß alle anderen Atome aus Wasserstoffatomen zusammengesetzt seien. Diese Behauptung wurde heftig bestritten, gewann aber auch viele der besten Geister der Zeit als Anhänger. Die experimentellen Ergebnisse waren strittig. Die Atomgewichte waren nur ganz roh bestimmt worden; zufällige Fehler konnten zwar im Durchschnitt keine Annäherung der Atomgewichte an ganze Zahlen bewirken, aber ein unwillkürliches Bestreben, unsichere Zahlen abzurunden, schien geeignet, die Proutsche Hypothese zu rechtfertigen.

Die fortwährende Verfeinerung der Methoden führte zu einer wachsenden Genauigkeit der Analysenresultate, und ein Jahrhundert lang war die Atomgewichtsbestimmung eine Lieblingsbeschäftigung der Chemiker. Es stand bald fest, daß die Atomgewichte im allgemeinen keine genauen Vielfachen des Wertes für Wasserstoff wären, und Prouts Theorie geriet daher allmählich in Verruf. Trotzdem wurde gelegentlich festgestellt, daß die Mehrzahl der Atomgewichte viel näher an ganzen Zahlen läge, als man nach den Gesetzen der Wahrscheinlichkeit erwarten sollte.

So zeigte Rydberg [86] z. B., daß die Wahrscheinlichkeit dafür, daß die Atomgewichte der ersten 22 Elemente so nahe ganzzahlig sind, wie es tatsächlich der Fall ist, kleiner als ein Billionstel ist. Man konnte also vernünftigerweise die große Annäherung der Atomgewichte an ganze Zahlen nicht auf reinen Zufall zurückführen, sondern eher auf ein grundlegendes Gesetz wie das Proutsche, das vielleicht durch einige sekundäre Faktoren zu modifizieren wäre. Wirklich sind wir heute nahezu überzeugt davon, daß Prouts Vorstellung richtig war; die Abweichungen der Atomgewichte von der Ganzzahligkeit schreiben wir zwei verschiedenen Ursachen zu.

Die erste dieser Ursachen wurde von Marignac im Jahre 1860 mit Prophetengabe vorausgesehen [63]. Er sagte: „Könnte man nicht unter Beibehaltung der wesentlichen Aussagen dieses Gesetzes (des Proutschen) z. B. die folgende Annahme machen, der ich an sich keine Bedeutung beilege, die aber den Widerspruch beseitigen könnte, der offenbar zwischen der Erfahrung und den unmittelbaren Folgerungen aus diesem Gesetz besteht? Wir kennen die treibenden Kräfte nicht, welche die Entstehung unserer chemischen Elemente aus bestimmten Atomen der Urmaterie bewirken und jedes von ihnen mit charakteristischen Eigenschaften ausstatten, aber sicher sind sie wesensverschieden von den physikalischen und chemischen Vorgängen, in die wir eindringen können. Könnte dieselbe Kraft nicht auch die Art und Weise beeinflussen, wie diese Atome dem Gesetz der allgemeinen Anziehung gehorchen, derart, daß das Gewicht jedes Elementatoms nicht genau gleich ist der Gewichtssumme der Uratome, aus denen es entstanden ist?"

Seit dem Aufkommen der Relativitätstheorie wissen wir, daß die Masse eines Körpers veränderlich ist mit seinem Energieinhalt; wenn also zwei Atome unter Energieabgabe zusammentreten, so erfolgt ein Verlust an Masse, der der abgegebenen Energie proportional ist.

Dies ist der eine Grund für die Abweichungen von der Proutschen Regel.

Die zweite Ursache, die wir heute für die starkeren Abweichungen von der Proutschen Regel verantwortlich machen, ist die Tatsache, daß viele Elemente Mischungen mehrerer Isotopen *) sind, die nur mit den größten Schwierigkeiten getrennt werden können. Die Atomgewichte dieser Elemente hängen von dem Mengenverhältnis der einzelnen Isotopen ab, aus denen sie bestehen. Die einzelnen Isotopen haben Atomgewichte, die sehr nahe ganzzahlig sind; sie wurden nach der Methode der Kanalstrahlenanalyse untersucht, die von J J. Thomson [98] und von Aston [5] stammt**).

Die Erforschung der Isotopen rechnen wir heute zu den Problemen des sogenannten Atomkernes; es würde uns zu weit vom Hauptzweck dieses Buches entfernen, wenn wir ausführlicher die vielen wichtigen Beobachtungen über Bau und Zerfall der Atomkerne besprechen würden***).

Theorien der chemischen Affinität.

Bei den frühesten Experimenten über Elektrizität hatte man gefunden, daß verschiedene Stoffe bei ihrer Berührung und daraauffolgenden Trennung geladen zurückblieben, die einen mit „Glas-“, die anderen mit „Harz“-Elektrizität, oder nach Franklins Bezeichnungsweise mit positiver und negativer Elektrizität. Verschiedene Stoffe schienen in verschiedenem Grade das elektrische Fluidum bzw. die elektrischen Fluida anzuziehen.

Im Verlauf seiner glanzenden Versuche über die Wirkung des elektrischen Stromes auf verschiedene chemische Stoffe kam Davy [25] auf den Gedanken, die Stoffteilchen würden bei der Berührung mit andersartigen Teilchen elektrisch geladen, und durch die Anziehung zwischen den entstehenden entgegengesetzten Ladungen würde die chemische Bindung verursacht. Diese Vorstellung wurde von Berzelius [9] zu der elektrochemischen

---

*) Wegen des Begriffes „Isotope“ und anderer, hier nicht näher erklarter Ausdrucke vgl. z. B. K. Fajans, „Radioaktivitat und die Lehre von den chemischen Elementen“. Braunschweig 1922.

**) Vgl. F. W. Aston, Isotope, ubersetzt von E. Norst-Rubinowicz. Leipzig 1923.

***) Vgl. etwa Geiger-Scheel, Handb. d. Phys. XXII, Kap. 2 u. 3. Berlin 1926. K. Fajans, Radioaktivitat usw. Braunschweig 1922.

Theorie entwickelt, welche viele Jahre lang in der Chemie herrschend blieb.

Alle Arten der chemischen Bindung wurden mit Hilfe dieser Theorie erklärt. Man nahm z. B. an, daß bei der Berührung eines Zink- und eines Sauerstoffatoms ein elektrischer Funke entstünde, der jenes positiv, dieses negativ werden ließe. Schwefel ist zwar ebenfalls negativ gegen Zink, aber positiv gegen Sauerstoff, und wird zum positiven Teil eines Moleküls wie des Schwefeltrioxyds. Man nahm also an, daß jedes der Moleküle Zinkoxyd und Schwefeltrioxyd durch elektrische Kräfte zwischen den entgegengesetzt geladenen Teilen zusammengehalten würde. Bringt man aber diese beiden Moleküle zusammen, so bleiben auch diese nicht neutral. Zinkoxyd als Ganzes wird positiv gegen Schwefeltrioxyd und je zwei dieser Moleküle sollten durch elektrische Kräfte zusammengehalten werden unter Bildung von Zinksulfat. Die Theorie wurde bald erweitert und nicht nur auf einfache Verbindungen, sondern sogar auf die kompliziertesten Mineralien angewandt.

Als die elektrochemische oder dualistische Theorie zuerst aufgestellt wurde, wußte man noch nicht, daß einige der beständigsten chemischen Verbindungen aus zwei gleichen Atomen bestehen, z. B. H_2 oder N_2. Das Bestehen derartiger Bindungstypen war ein offenbar unwiderleglicher Einwand gegen die Theorie. Ebenso lenkte das Studium der organischen Chemie die Aufmerksamkeit auf eine Klasse von Verbindungen, die in keiner Weise in das dualistische Schema von Berzelius zu passen schienen. Besonders wies man darauf hin, daß der elektropositive Wasserstoff in zahlreichen Verbindungen durch das elektronegative Chlor ersetzt werden könne ohne ausgesprochene Eigenschaftsänderung. Infolge dieser Entdeckungen wurde die dualistische Theorie völlig aufgegeben.

Es begann jetzt die großartige Entwicklung der organischen Strukturchemie, angefangen von der Arbeit Kekulés (1858) über die chemische Bindung und über die räumliche Anordnung der Atome [43] bis zu den Arbeiten von Le Bel [55] und von van't Hoff [39] über die Stereoisomerie. Keine wissenschaftliche Erkenntnis, selbst wenn wir die mathematisch exakt formulierbaren einbeziehen, konnte mit so großem Erfolg eine solche Menge der verschiedenartigsten Beobachtungen in einfacher Form zusammenfassen wie der Vorstellungskomplex, den wir als Strukturtheorie bezeichnen.

Die Strukturformel gibt weit mehr als nur ein Bild der Atom-
anordnung; sie hat sich vielmehr zu einer leistungsfähigen, gewissermaßen stenographischen Methode entwickelt, die eine große Mannig-
faltigkeit von chemischem Wissen wiedergibt.

Während der ganzen Entwicklung der Strukturchemie schienen
die elektrochemischen Eigenschaften der Elemente eine nur unter-
geordnete Rolle zu spielen. Als die Woge der Begeisterung für
die Synthese und die Aufklärung des Baues komplizierter organischer Stoffe verebbt war, lenkte man wieder seine Aufmerksamkeit
auf Körper von salzartigem Charakter. Faraday [31] hatte
gezeigt, daß das Gesetz der konstanten und multiplen Proportionen
nicht nur für die chemischen Elemente, sondern auch für die Elektrizität gelte. Auf diesen Fall angewandt besagt es, daß z. B. 1 g
Kupfer bei der Elektrolyse eines Cuprisalzes gerade eine doppelt
so große Elektrizitätsmenge transportiert wie bei der Elektrolyse
eines Cuprosalzes. Es ist eigentümlich, daß es nach der Aufstellung von Faradays Gesetz noch viele Jahre dauerte, bis man
klar erkannte, daß dieses Gesetz eine Diskontinuität der Elektrizität in sich schlösse, genau wie das Gesetz von Dalton eine
diskontinuierliche Struktur der Materie forderte. Ganz analog wie
bei der Materie muß man schließen, daß auch die Elektrizität in
Quanten aufträte, die untereinander gleich sind und sich mit Atomen
und Atomgruppen nur nach ganzzahligen Verhältnissen vereinigen
können. Erst Helmholtz stellte jedoch in seiner berühmten
Faradayvorlesung [38] im Jahre 1881 den Begriff des Atoms der
Elektrizität oder, wie wir heute sagen, des Elektrons, auf.

Unser Wissen über das Atom der negativen Elektrizität, das
Elektron, verdanken wir hauptsächlich den ausgezeichneten Untersuchungen, die J. J. Thomson *) ausgeführt bzw. angeregt hat
[97, 98, 99]. Der Nachweis, daß die freie Elektrizität negatives
Vorzeichen trägt, die Bestimmung des Verhältnisses zwischen
Ladung und Masse des Elektrons und die Erforschung der physikalischen und chemischen Wirkungen, die bewegte Elektronen her-
vorbringen, bilden eines der reizvollsten Kapitel der modernen
Wissenschaft.

Das Studium der salzartigen Stoffe wurde sehr gefördert durch
die Theorie der elektrolytischen Dissoziation von Arrhenius [4],
welche in ausgezeichneter Weise unsere Vorstellungen über die

---

*) Es sei hier auch auf die grundlegenden Arbeiten P. Lenards hin-
gewiesen. Wied. Ann. **64**, 279 (1898); Ann. d. Phys. **2**, 359 (1900).

Salzlösungen klärte. Trotz der Kritik, der diese Theorie eine Generation lang ausgesetzt war, hat sich die Richtigkeit ihrer wesentlichen Aussagen völlig erwiesen. Wir sind vollkommen überzeugt, daß in einer verdünnten wässerigen Lösung von NaCl dieses Salz in zwei getrennte Anteile zerfallen ist, deren einer eine negative Ladung gleich der des Elektrons trägt, während der andere zum gleichen Betrage positiv geladen ist. Hier hat sich also eine Vorstellung der dualistischen Theorie ausgezeichnet bewährt.

Wiederum waren die Chemiker versucht, zur elektrochemischen Theorie zurückzukehren, um durch sie alle chemischen Bindungsarten zu erklären, und abermals stießen sie auf Schwierigkeiten, wenn sie auf diesem Wege die Eigenschaften solcher Stoffe wie des Methans oder des zweiatomigen Wasserstoffs erklären wollten. Es gibt offenbar zwei Grenzfälle, die durch eine tiefe Kluft voneinander geschieden sind: auf der einen Seite extrem „polare" Stoffe wie NaCl, bei dem vermutlich in jedem Augenblick eine weitgehende räumliche Trennung der Ladungen von Na und Cl vorhanden ist, und das unter Umständen völlig in Na^+- und Cl^--Ionen dissoziiert ist; auf der anderen Seite haben wir relativ nichtpolare Stoffe, wie zweiatomigen Wasserstoff, bei welchem wir von vornherein keinen Grund haben, eine solche Trennung der elektrischen Ladungen anzunehmen und sie auch tatsächlich nicht beobachten. Müssen wir nun daraus schließen, daß es zwei verschiedene Typen chemischer Bindung gibt, die eine völlig polar, die andere völlig nichtpolar, und müssen wir weiter annehmen, daß ein Stoff mit dazwischenliegenden Eigenschaften und wenig ausgeprägter Polarität nur eine Mischung von polaren und nichtpolaren Molekülen darstellt? Oder können wir ein Mittel finden, die grundverschiedenen Typen der chemischen Bindung auf ein und dieselbe Ursache zurückzuführen, die sich nur auf verschiedene Weise und verschieden stark äußert? Mit diesen Fragen wollen wir uns in späteren Kapiteln beschäftigen.

Zweites Kapitel

Das periodische System und das Atombild des Chemikers.

Schon vor dem Aufkommen der Atomtheorie wußte man, daß die Atome natürliche Gruppen oder Familien bilden, und bald nach der Aufstellung der Daltonschen Theorie begann man sich für die Beziehungen zwischen den Eigenschaften ähnlicher Atome und ihren Atomgewichten zu interessieren. Um dieselbe Zeit, als Prout seine Hypothese aufstellte [78], die einen so starken Anstoß zur genauen Bestimmung von Atomgewichten gab, fand Döbereiner [26], daß bei einer Anzahl „Triaden" verwandter Elemente das Atomgewicht eines Elements der Triade annähernd das Mittel aus den Atomgewichten der beiden anderen war. Wir wissen zwar heute, daß viele Elemente, die er untersuchte, Isotopengemische sind, die von Döbereiner festgestellte Beziehung gilt jedoch auch noch nach der heutigen Atomgewichtstabelle und ist noch nicht erklärt worden.

Die periodischen Beziehungen zwischen den Atomgewichten und den Eigenschaften der Elemente wären kaum entdeckt worden in einer Zeit, in der man vielen Elementen Atomgewichte zuschrieb, die Vielfache oder Bruchteile der wirklichen Werte waren. Nach der Einführung des modernen Systems der Atomgewichte durch Cannizaro [21] begannen jedoch viele Chemiker, nach solchen periodischen Beziehungen zu suchen. Etwas Ähnliches wie unser gegenwärtiges periodisches System hat wohl als erster de Chancourtois [22] veröffentlicht, der die Elemente spiralförmig in der Reihenfolge ihrer Atomgewichte anordnete und die bezeichnende Bemerkung machte: „Die Eigenschaften der Stoffe sind die Eigenschaften der Zahlen". Ähnliche Betrachtungen stellten Newlands [69] und noch eingehender Lothar Meyer [66] an; aber die volle Erkenntnis des periodischen Gesetzes und seiner Folgen verdanken wir Mendelejeff [65]. Es erübrigt sich, hier den Ausbau des Mendelejeffschen Gesetzes zu behandeln, welches 50 Jahre hindurch das führende Prinzip der chemischen Systematik war. Das Vertrauen auf die Richtigkeit dieses Systems wurde nicht erschüttert, sondern vielmehr verstärkt durch die Entdeckung einer vollständig neuen Elementenfamilie, der Edelgase.

Wir müssen jedoch auf einen Irrtum bei der Aufstellung des Systems aufmerksam machen. Die Vorstellung, daß die Eigenschaften der Elemente in zahlenmäßig faßbarer Weise mit den Atomgewichten variieren, ist unhaltbar, denn trotz vieler Bemühungen hat man keine quantitativen Beziehungen zwischen dem Atomgewicht eines Elements und seinen chemischen Eigenschaften gefunden. Wenn wir die Tabelle der Elemente betrachten, so sehen wir einen Unterschied von 3,4 Einheiten zwischen den Atomgewichten von S und Cl, aber nur von 0,7 zwischen Se und Br. Es ist daher nicht weiter überraschend, daß das Atomgewicht des J tatsächlich kleiner ist als das des Te. Würde man die Elemente streng nach steigenden Atomgewichten ordnen, so müßte man das J in die Gruppe von O und S stellen, während Te unter die Halogene fallen würde. Ebenso müßten die Stellungen von A und K und von Co und Ni vertauscht werden.

Rydberg erkannte als erster [85, 86] das der periodischen Anordnung zugrundeliegende Gesetz. Die Eigenschaften eines Elements sind durch eine einzige „unabhängige Variable" bestimmt, welche jedoch nicht das Atomgewicht ist. In seiner zweiten wichtigen Arbeit gab Rydberg die Ordnungszahl für jedes Element an und mußte dabei über die genaue Unterbringung aller Elemente der seltenen Erden, ferner über die Zahl der noch nicht entdeckten Elemente und über die genaue Einreihung dieser Lücken in das periodische System eine Entscheidung treffen. Alle diese schwierigen Aufgaben löste er mit vollem Erfolg und seine Tabelle der Ordnungszahlen stimmt mit unserer heutigen überein bis auf die von ihm angenomme Existenz zweier Elemente zwischen H und He. Wenn wir alle seine Zahlen mit Ausnahme der ersten um 2 vermindern, so bekommen wir die folgende Tabelle, welche die heute angenommenen Atomnummern wiedergibt.

Das Problem wurde auch von Physikern in Angriff genommen. Rutherford [83] kam auf Grund seiner Versuche über die Ablenkung von α-Strahlen durch andere Atome zu dem Schluß, daß inmitten eines jeden Atoms ein kleiner Kern sitze mit einer posi-

Tabelle 1. Ordnungszahlen.

Wasserstoff	1	Silber	47
Helium	2	Cadmium	48
Lithium	3	Indium	49
Beryllium	4	Zinn	50
Bor	5	Antimon	51
Kohlenstoff	6	Tellur	52
Stickstoff	7	Jod	53
Sauerstoff	8	Xenon	54
Fluor	9	Casium	55
Neon	10	Barium	56
Natrium	11	Lanthan	57
Magnesium	12	Cer	58
Aluminium	13	Praseodym	59
Silicium	14	Neodym	60
Phosphor	15		61 *)
Schwefel	16	Samarium	62
Chlor	17	Europium	63
Argon	18	Gadolinium	64
Kalium	19	Terbium	65
Calcium	20	Dysprosium	66
Scandium	21	Holmium	67
Titan	22	Erbium	68
Vanadium	23	Thulium	69
Chrom	24	Ytterbium	70
Mangan	25	Cassiopeium	71
Eisen	26	Hafnium	72 **)
Kobalt	27	Tantal	73
Nickel	28	Wolfram	74
Kupfer	29		75 *)
Zink	30	Osmium	76
Gallium	31	Iridium	77
Germanium	32	Platin	78
Arsen	33	Gold	79
Selen	34	Quecksilber	80
Brom	35	Thallium	81
Krypton	36	Blei	82
Rubidium	37	Wismut	83
Strontium	38	Polonium	84
Yttrium	39		85
Zirkonium	40	Emanation	86
Niob	41		87
Molybdan	42	Radium	88
	43 *)	Actinium	89
Ruthenium	44	Thorium	90
Rhodium	45	Protactinium	91
Palladium	46	Uran	92

*) Die Elemente 43, 61 und 75 sind nur rontgenspektroskopisch und noch nicht mit Sicherheit nachgewiesen.

) Entdeckt von D. Coster und G. von Hevesy, Nature 1923; Naturwissenschaften **11, 133 (1923).

tiven Ladung, die durch eine ganze Zahl von negativen Elektronen neutralisiert werde. Van den Broek [19] behauptete als erster, daß die ganze Zahl, die die positive Ladung des Atomkerns angibt, mit der Ordnungszahl identisch sei, welche die Stellung des Elements im periodischen System festlegt.

Diese Vorstellung wurde vollauf bestätigt durch die außerordentlich wichtigen Ergebnisse der Versuche Moseleys [67] über die Röntgenspektren der verschiedenen Elemente. Er fand, daß jedes Element beim Bombardement mit Elektronen in einer Röntgenröhre ein charakteristisches Spektrum, bestehend aus einer Anzahl von Linien hoher Frequenz, aussendet. Diese Linien

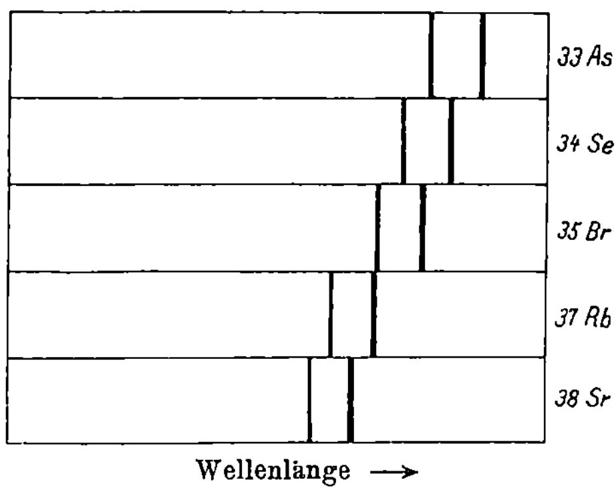

Abb. 1.   Rontgen-Emissionslinien.

lassen sich in Gruppen anordnen, deren Struktur bei Nachbarelementen identisch erscheint, nur verschieben sie sich Schritt fur Schritt mit der Ordnungszahl. Abb. 1 zeigt die Wellenlängen zweier Linien der höchsten Frequenz, der K_α- und K_β-Linien der Elemente As, Se, Br, Rb und Sr. Die auffallende Unregelmäßigkeit zwischen Br und Rb zeigt das Fehlen eines Elements an, das in diesem Falle nicht unbekannt ist; es ist das Element Kr, welches nicht zur Antikathode einer Röntgenröhre gemacht werden kann.

Wie die Lage jeder einzelnen Linie von Element zu Element wechselt, zeigt Abb. 2, in der die Quadratwurzeln aus der Frequenz gegen die Atomnummern der Elemente für eine gegebene Linie, die K_α-Linie, aufgetragen sind; die Punkte liegen, abgesehen von kleinen Abweichungen, die auf Versuchsfehler zurückzuführen sind, auf einer stetigen Kurve, die nahezu eine gerade Linie ist.

Bei der Aufstellung seiner Ordnungszahlen nahm Rydberg an, es gebe 32 Elemente in der mit Cs beginnenden und mit Em endigenden Gruppe. Man hatte früher geglaubt, daß eine größere Zahl, vielleicht 36, in dieser Periode vorkäme. Auf Grund dieser neuen Annahme, die durch Moseley voll und ganz bestätigt wurde, gelangte Rydberg zu einer einfachen Zahlenbeziehung, die er die Regel der Quadratzahlen nannte. Da er zwei unbekannte Elemente zwischen H und He annahm, ordnete er die Elemente in folgenden Perioden an: H — (?), 2; (?) — He, 2; Li — Ne, 8; Na — A, 8; K — Kr, 18; Rb — X, 18; Cs — Em, 32; (?) — (?), 32. Es er-

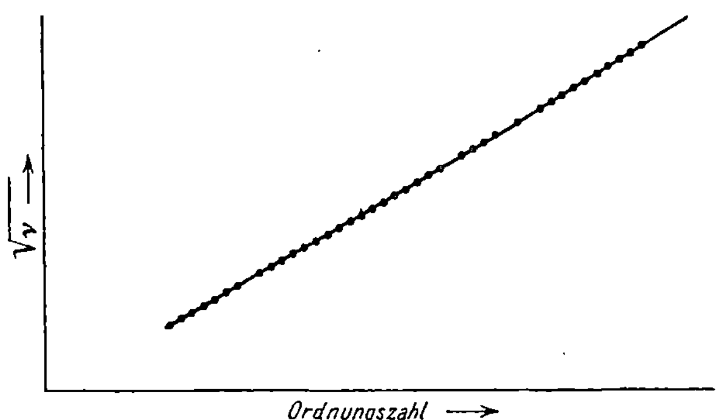

Abb. 2. Ordnungszahl und Frequenz von Rontgenlinien.

geben sich so zwei Perioden zu 2, zwei zu 8, zwei zu 18 und zwei zu 32 Elementen, und die Zahlen 2, 8, 18, 32 können geschrieben werden: $2 \cdot 1^2$, $2 \cdot 2^2$, $2 \cdot 3^2$ und $2 \cdot 4^2$.

Ohne Frage hatte Rydberg Unrecht mit der Annahme von zwei freien Stellen zwischen H und He. Dies geht wohl einwandfrei aus den Beziehungen zwischen dem Spektrum des Wasserstoffs und dem Funkenspektrum des He hervor, das wir im nächsten Kapitel besprechen werden. Ferner ist der erste Teil der letzten Periode, von der zwar nur wenige Glieder bekannt sind, der vorangehenden Periode von 32 Gliedern offenbar nicht analog, sondern zeigt mehr Ähnlichkeit mit der dieser vorangehenden Periode von 18 Gliedern. Es gleicht also das Th mehr dem Zr als dem Ce, ebenso gehört das U, das sechste Glied der letzten Periode sicherlich in dieselbe Gruppe wie Mo (das sechste Glied der 18 gliedrigen fünften Periode) und scheint keine Ähnlichkeit aufzuweisen mit Nd (dem sechsten Glied der Periode mit 32 Gliedern).

Wenn also auch Rydbergs Theorie den Tatsachen nicht völlig gerecht wird, so werden wir später doch sehen, daß seine Reihen der Quadratzahlen eine wichtige Rolle in der heutigen Atomtheorie spielen.

Wir können den wesentlichen Inhalt des periodischen Systems wie folgt zusammenfassen: a) Die Eigenschaften der Elemente sind periodische Funktionen der Atomnummern. b) Werden die Elemente nach Atomnummern angeordnet, so zerfallen sie in eine Periode von 2. zwei von 8, zwei von 18, eine von 32 Elementen und in eine unvollständige Periode, die, soweit sie bekannt ist, einer Periode von 18 zu ähneln scheint**). c) Elemente, die entsprechende Stellen in den einzelnen Perioden einnehmen, haben ähnliche Eigenschaften.

Man hat zahllose Versuche angestellt, die periodischen Be-

*) Andere Anordnungen des periodischen Systems, die hier genannt werden mussen, stammen von J. Thomsen, Zeitschr. f. anorg. Chem. 9, 190 (1895); H. Staigmuller, Zeitschr. f. phys. Chem. 39, 245 (1902); A. Werner, Ber. d. D. Chem. Ges. 38, 914, 2022 (1905); N. Bohr, z. B. Naturwiss. 11, 607 (1923), vgl. auch Geiger-Scheel, Hdb. d. Phys. XXII, Kap. 6, v. F. Paneth.

**) Von Bohr wird angenommen, daß auf das Element Em eine Periode von 32 Elementen folgt, die mit einem hypothetischen Edelgas von der Ordnungszahl 118 schließt. Über die hypothetischen auf das Uran folgenden Elemente vgl. R. Swinne, Zeitschr. f. techn. Phys. 7, 212 (1926).

Tabelle 2. Periodisches System*).

Die Tafel ist in drei nebeneinanderstehende Blöcke gegliedert.

Rechter Block (Fortsetzung unten):

Li	Be	B	C	
Na	Mg	Al	Si	
K	Ca	Sc	Ti	
Rb	Sr	Y	Zr	
Cs	Ba	La	Ce	Pr
—	Ra*	*	Th*	

Mittlerer Block:

						H	He
				N	O	F	Ne
				P	S	Cl	A
Cu	Zn	Ga	Ge	As	Se	Br	Kr
Ag	Cd	In	Sn	Sb	Te	J	X
Au	Hg	Tl*	Pb*	Bi*	*	—	Em*

Linker Block:

V	Cr	Mn	Fe	Co	Ni
Nb	Mo	—	Ru	Rh	Pd
Ta	W	—	Os	Ir	Pt
*	U*				

Fortsetzung der fünften Reihe: Nd — Sm Eu Gd Tb Dy Ho Er Tu Yb Cp —

(Die Sterne bezeichnen die wichtigsten radioaktiven Elemente.)

ziehungen der Elemente in Form einer Tabelle, eines Diagramms oder eines räumlichen Modells wiederzugeben. Keiner von diesen kann als völlig zufriedenstellend betrachtet werden. Einige geben wirklich bestehende interessante Beziehungen nicht wieder, andere täuschen gar nicht existierende oder rein formale Beziehungen vor. Alles in allem empfiehlt es sich, eine einfache Tabelle zu benutzen, die eher zu wenig als zu viel aussagt. Eine solche Tabelle, für die ich Herrn Professor Bray sehr verbunden bin, ist S. 14 angegeben. Sie bringt zwar nicht alle interessanten Beziehungen zwischen den Elementen, aber doch die wesentlichen zum Ausdruck. So läßt sie die Beziehung zwischen Mg und Zn nicht klar hervortreten, und Wasserstoff könnte ebenso gut über Li als über den Halogenen stehen; doch auf diese Dinge werden wir noch zurückkommen.

Einige Atommodelle.

Im Jahre 1902 (bei dem Versuch, in einer allgemeinverständlichen Vorlesung über Chemie einiges von dem Inhalt des periodischen Systems auseinanderzusetzen) erwachte mein Interesse für die neue Lehre vom Elektron. Ich verknüpfte diese Theorie mit dem Inhalt des periodischen Systems und bildete mir so eine Vorstellung vom inneren Aufbau des Atoms, welche ich trotz einiger Mängel seither als ein im wesentlichen richtiges Bild der Elektronenanordnung im Atom betrachtete. In Abb. 3 sind einige Skizzen aus meinem Tagebuch vom 28. März 1902 zur Veranschaulichung meiner Vorstellungen wiedergegeben.

Die Hauptzüge dieser Theorie des Atombaues sind folgende:

1. Die Elektronen in einem Atom sind in konzentrischen Würfeln angeordnet.

2. Jedes Element enthält als neutrales Atom ein Elektron mehr als das vorhergehende Element.

3. Der Würfel ist voll besetzt mit acht Elektronen bei den Atomen der Edelgase, und dieser Würfel ist gewissermaßen der Rumpf, um den der größere Elektronenwürfel der folgenden Periode herumgebaut ist.

4. Die Elektronen eines äußeren unvollständig besetzten Würfels können an ein anderes Atom abgegeben werden, z. B. bei Mg^{++}, oder fehlende Elektronen können anderen Atomen entzogen werden, um den Würfel aufzufüllen, z. B. bei Cl^-. So erklären sich die Begriffe „positive und negative Valenz".

Der Vorstellung von Mendelejeff folgend, der Wasserstoff sei das erste Glied einer vollständigen Periode, nahm ich irrtümlicherweise an, das He hätte eine Schale von acht Elektronen. In bezug auf die Verteilung der positiven Ladung, die den Elektronen in einem neutralen Atom das Gleichgewicht hält, waren meine Vorstellungen ganz unsicher; ich glaube, ich neigte damals

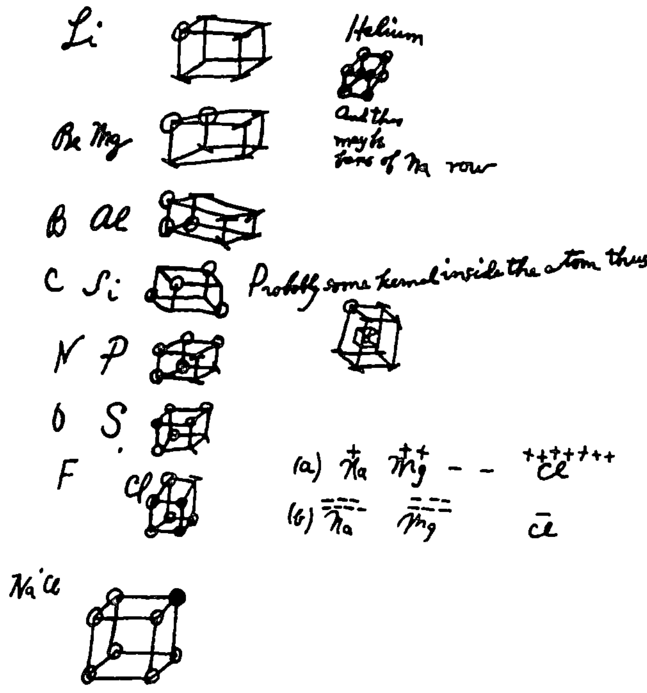

Abb. 3.   Tagebuchblatt aus dem Jahre 1902 (Lewis).

zu der Auffassung, die positive Ladung wäre, gleichfalls aus getrennten Teilchen aufgebaut, deren räumliche Anordnung die der Elektronen bestimme.

Diese Gedanken über die Anordnung der Elektronen im Atom wurden nur zwanglos mit meinen Kollegen und Schülern besprochen, aber nicht weiter veröffentlicht. Diese Vorstellung gibt zwar offenbar eine auffallend einfache und befriedigende Erklärung des Vorganges, der sich bei der Vereinigung von Na und Cl zu NaCl abspielt, scheint aber chemische Verbindungen von weniger polarem Typus, wie sie in den Kohlenwasserstoffen vorliegen, nicht zu erklären.

Ich mochte jedoch selbst nicht recht an zwei verschiedene Arten chemischer Bindung glauben. Eher schien es mir, als ob die Vereinigung von Na und Cl und die von H und C Grenzfälle eines Bindungsmechanismus sein müßten, der letzten Endes bei allen Arten von Verbindungen der gleiche sei. Ich fand nun vor einigen Jahren eine Möglichkeit, diese Vorstellung völlig mit der des würfelförmigen Atoms in Einklang zu bringen.

Die erste Veröffentlichung, welche die Stabilität einer Gruppe von acht Elektronen feststellt, ist die Arbeit Abeggs aus dem Jahre 1904, „Die Valenz und das periodische System. Versuch einer Theorie der Molekularverbindungen" [1]. Am Schluß dieser Arbeit findet sich der bezeichnende Satz: „Die Summe acht unserer Normal- und Kontravalenzen erhält dann die einfache Bedeutung der Zahl, die für alle Atome die Angriffsstellen der Elektronen darstellt, und die Gruppennummer oder positive Valenz gibt an, wie viele von den acht Angriffsstellen Elektronen halten müssen, damit der Stoff als elektroneutrales Element auftrete."

Der nächste wichtige Beitrag zur Deutung des periodischen Systems stammt von J. J. Thomson [96]. Er überlegte sich die mathematischen Folgerungen aus der Annahme, daß die Atome der Elemente aus einer Anzahl Elektronen bestünden, „die in einer Kugel homogener positiver Ladung eingeschlossen sind". Er kam zu dem Schluß, daß ein gleichmäßig besetzter Elektronenring, der um einen positiv geladenen Mittelpunkt rotiert, so lange stabil bleiben müßte, als die Zahl der Elektronen im Ringe einen bestimmten Betrag nicht überschreite, dann aber in zwei konzentrische Ringe zerfallen würde. Wenn nun die Zahl der Elektronen in dem äußeren Ringe weiter wächst, erreicht auch sie einen Grenzwert und es bildet sich ein neuer Ring usf. Die verschiedenen Arten stabiler Anordnungen versinnbildlicht er durch eine Anzahl kleiner Magneten, die mittels Korkstückchen auf Wasser schwimmen, so daß ihre Nordpole nach oben zeigen. Nähert man nun den Südpol eines größeren Magnets der Wasseroberfläche, so ordnen sich die kleinen Magneten in konzentrischen Ringen um den größeren an. Thomson erkannte, daß unter Umständen die Elektronen sich nicht in Ringen, die in einer Ebene liegen, um den Mittelpunkt anordnen, sondern in Polyedern; die Schwierigkeit der mathematischen Behandlung solcher Fälle veranlaßten ihn jedoch, sich auf die Verteilung in einer einzigen Ebene zu beschränken. Diese Beschränkung ist vielleicht zum Teil verantwortlich für einige spätere Theorien, die komplanare Elektronenanordnungen im Atom annehmen.

Thomson bemerkte sofort die Analogie zwischen seiner Elektronenanordnung und dem periodischen System Mendelejeffs. „Wenn wir also die Reihen der Teilchen- (Elektronen-) Anordnungen ins Auge fassen, welche außen einen Ring haben, der nur eine bestimmte Zahl von Teilchen faßt, so haben wir am Anfang und am Ende einer solchen Reihe Systeme, die sich wie die Atome eines Elementes verhalten, das weder positive noch negative Ladung tragen kann. Am Anfang der Reihe (wenn wir nach steigender Teilchenzahl fortschreiten) haben wir ein System, das sich wie ein Atom eines einwertigen elektropositiven Elementes verhält, dann folgt eines mit den Eigenschaften eines zweiwertigen elektropositiven Elementes. Am anderen Ende der Reihe finden wir ein System, das sich wie ein nullwertiges Atom verhält, ihm unmittelbar voran geht eines mit den Eigenschaften eines einwertigen elektronegativen Elementes, vor diesem steht weiterhin eines, das in seinen Eigenschaften dem Atom eines zweiwertigen elektronegativen Elementes entspricht.

Diese Eigenschaftsfolge ist genau dieselbe, wie man sie bei den Atomen der chemischen Elemente beobachtet, z. B. in den Reihen:

He	Li	Be	B	C	N	O	F	Ne
Ne	Na	Mg	Al	Si	P	S	Cl	Ar.

Das erste und letzte Element jeder dieser Reihen ist nullwertig, das zweite einwertig elektropositiv, das vorletzte einwertig elektronegativ, das dritte ist zweiwertig elektropositiv, das drittletzte zweiwertig elektronegativ usf.

Wenn elektronegative Atome mit sehr stabiler Teilchenanordnung mit elektropositiven zusammenkommen, deren Teilchen nicht annähernd so fest gebunden sind, so bewirken die Kräfte, die die Atome aufeinander ausüben, eine Abtrennung einzelner Teilchen von den elektropositiven Atomen und ihren Übergang auf die elektronegativen. Die elektronegativen Atome werden also negativ geladen, die elektropositiven positiv, die entgegengesetzt geladenen Atome ziehen einander an, und es bildet sich eine chemische Verbindung aus elektropositiven und elektronegativen Atomen."

Es leuchtet ohne weiteres ein, daß Thomsons Bild der Vereinigung zweier Atome völlig dem von Abegg angegebenen entspricht; nur nahm Thomson im Gegensatz zu Abegg an, daß seine Ergebnisse sich zum Teil aus bestimmten Kraftgesetzen ableiten ließen, die auf seiner Annahme beruhen, daß die Elektronen in eine positiv geladene Kugel eingebettet seien. Diese Vorstellung über den positiven Teil des Atoms erwies sich bald als unhaltbar. Rutherfords Versuche über die Zerstreuung von α-Strahlen durch verschiedene Stoffe schienen sich nur deuten zu lassen durch die Annahme, der positive Teil eines Atoms sei auf einen sehr engen Bezirk im Atomzentrum zusammengedrängt. Rutherford schlug daher ein Atommodell vor, das man mit einem Planetensystem vergleichen kann; nach diesem Modell kreisen die Elektronen um den kleinen positiv geladenen Kern in Bahnen, die demselben Kraftgesetz (Kraft = umgekehrt proportional dem Quadrat der Entfernung) gehorchen, das auch die Bewegung der Planeten um die Sonne regelt. Diese Theorie des planetenartigen Atoms soll im nächsten Kapitel weiter besprochen werden.

Im Jahre 1915 veröffentlichte Parson eine sehr interessante Arbeit unter dem Titel: „Eine Magnetonentheorie des Atombaues" [71]. Hier wird das Elektron als negativ geladener rotierender Ring betrachtet, der infolge seiner Rotation ein magnetisches Moment[1]) besitzt und daher „Magneton" genannt wurde. Wie bei Thomson, sollten die Elektronen oder Magnetonen im Innern einer großen Kugel mit homogener positiver Ladung liegen, und Parson nahm an, daß die Magnetonen sich infolge der magnetischen Kräfte zu Würfeln anordnen würden (die allerdings nicht konzentrisch, sondern Seite an Seite in der großen positiven Kugel liegen sollten).

Ein Bestandteil der Theorie Parsons, für den ich leider mitverantwortlich bin, gilt jetzt allgemein als falsch. Als Herr Parson mir zum erstenmal seine Magnetonentheorie entwickelte, glaubte er, seine elektrisch geladenen Ringe könnten verschieden große Geschwindigkeiten besitzen, die manchmal sogar über die Lichtgeschwindigkeit hinausgehen könnten. Auf meine Anregung schrieb er seinem Magneton ein ganz bestimmtes magnetisches Moment zu und machte es so gewissermaßen zur Elementareinheit des Magnetismus, so wie das Elektron die Einheit der elektrischen Ladung darstellt. Diese Vorstellung hat sich als nicht fruchtbar erwiesen, und es ist unwahrscheinlich, wenn auch nicht unmöglich, daß ein

---

[1]) Eine kurze Beschreibung einiger Grundbegriffe des Magnetismus wird im nächsten Kapitel gegeben werden.

Elektron irgendwelche magnetische Eigenschaften besitzt, außer
wenn es ein Bestandteil eines Atoms oder Moleküls ist. Ich möchte
jedoch darauf hinweisen, daß in der Bohrschen Theorie (wir werden
sie im nächsten Kapitel besprechen), die ein befriedigenderes Bild
der Elektronenbewegung gibt als die Parsonsche, wiederum eine
ganz bestimmte Einheit des magnetischen Momentes auftritt.

Ein großer Teil von Parsons Arbeit umfaßt die Besprechung
der Stabilität von Gruppen aus acht Elektronen und des Bestrebens
zur Bildung solcher Gruppen bei verschiedenen Arten der chemischen Bindung. Er zeigte, daß die magnetischen Eigenschaften der
Verbindungen, in denen man solche voll ausgebildeten Achter-

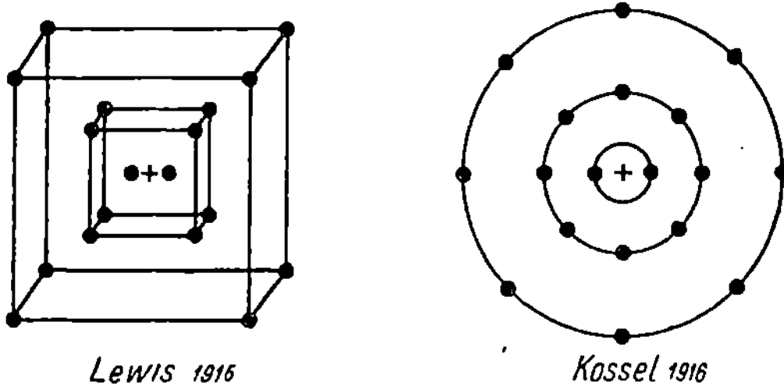

Abb. 4. Zwei Modelle für das Argonatom.

gruppen nicht annehmen kann, auf ein starkes magnetisches Moment
des Moleküls hindeuten.

Im März und April 1916 erschienen zwei Arbeiten, die eine
von Kossel mit dem Titel: „Über Molekülbildung als Frage des
Atombaues" [46], die andere von mir: „Atom und Molekül" [57]. Diese
beiden Arbeiten gaben ganz parallel gehende Darstellungen des
Aufbaues von Atomen und ausgesprochen polaren Molekülen (in
denen die Atome sich völlig im Ionenzustand befinden). In beiden
Arbeiten wurde angenommen, daß die Elektronen im Atom den
kleinen positiven Kern in konzentrischen Gruppen umkreisen, wobei
die erste Gruppe zwei, die zweite acht, die dritte ebenfalls acht
Elektronen enthält, während der Charakter der weiteren Gruppen
unbestimmt bleibt; doch sollte auch in diesen bei den Edelgasen
wie auch in einfach gebauten Atomionen eine äußere Gruppe mit
acht Elektronen vorliegen.

Kossel nahm an, daß diese aufeinanderfolgenden Gruppen
den Kern in konzentrischen Kreisen umgeben; dagegen glaubte ich
(in Übereinstimmung mit meinen weiter oben in Abb. 1 dar-

gestellten Ansichten), daß diese Gruppen konzentrische Schalen mit dreidimensionalem Aufbau um den Atommittelpunkt herum bildeten. Abb. 4 zeigt die beiden Bilder für Ar nebeneinander.

Nach beiden Theorien haben die Elektronengruppen den höchsten Grad von Symmetrie und Festigkeit in den Atomen der Edelgase erreicht, bei He mit 2, Ne mit 2 8, Ar mit 2 8 8 Elektronen usf. Von anderen Atomen wurde angenommen, daß sie ein ausgesprochenes Bestreben zur Abgabe oder Aufnahme von Elektronen haben, um so die Konfiguration des nächstbenachbarten Edelgases nachzuahmen.

In diesem Zusammenhang wies ich nachdrücklich auf die Eigenart des Wasserstoffs hin, der durch Abgabe eines Elektrons das einfachste positive Ion bilden kann, das nur aus einem Atomkern besteht, während er durch Aufnahme von einem Elektron die für das He-Atom charakteristische Gruppe von zwei Elektronen aufbauen kann. Dieser Vorgang ist offenbar der Bildung von F^-- und Cl^--Ionen (die im Bau dem Ne bzw. Ar entsprechen) aus den Atomen durch Aufnahme eines Elektrons so ähnlich, daß ich mich für berechtigt hielt, den Wasserstoff wenigstens in dieser Beziehung als zu den Halogenen gehörig zu betrachten. Ich sagte daher voraus, daß die Metallhydride salzartiger Natur sein müßten, da sie aus Metall- und Wasserstoffionen bestünden, und ferner, daß bei der Elektrolyse eines Hydrids der Wasserstoff sich an der Anode abscheiden würde. Diese Voraussage wurde vollkommen bestätigt durch eine Arbeit von Bardwell*) [8], dem es gelang, eine Schmelze von Calciumhydrid zu elektrolysieren, wobei er Wasserstoff an der Anode erhielt in einem Betrag, wie er dem Faradayschen Gesetz entspricht.

Abgesehen von diesem Fall zeigen die Atome ein ganz ausgesprochenes Bestreben, eine äußere Gruppe von acht Elektronen zu bilden, und diese Tendenz liefert eine einfache Erklärung für eine große Klasse ausgeprägt polarer gebauter chemischer Verbindungen, wie in den verschiedenen Arbeiten von Parson, Kossel und mir gezeigt wird. Meine Arbeit ging noch darüber hinaus und versuchte, eine gleich einfache Erklärung für die Verbindungen von weniger polarem Typus zu geben, dies soll jedoch in einem späteren Kapitel besprochen werden.

---

*) Vgl. auch W. Nernst, Zeitschr. f. Elektrochem. **26**, 323 (1920); K. Moers, Zeitschr. f. anorg. Chem. **113**, 179 (1920); K. Peters, ebenda **131**, 140 (1923).

Drittes Kapitel

Die Serienspektren und das Atombild des Physikers.

Nachdem man erkannt hatte, daß die Natur des von einem Stoffe emittierten oder absorbierten Lichtes für ihn charakteristisch sei, wurde die Untersuchung der Spektren eine wichtige Methode der chemischen Analyse. Kirchhoff und Bunsen [44] bewiesen die große Leistungsfähigkeit der neuen Methode nicht nur für den Nachweis der bekannten Elemente, sondern auch für die Auffindung noch nicht bekannter. Sie entdeckten mit dieser Methode die schweren Alkalimetalle Rb und Cs.

Wenn Metallsalze in eine Flamme gebracht werden, so sind offenbar die scharfen Spektrallinien, die man dabei erhält, im allgemeinen nur charakteristisch ·für das Metall und unabhängig von der Verbindung, die man im einzelnen Falle anwendet. Es war schon lange bekannt, daß die verschiedenartigen Emissionsspektren, seien sie im Lichtbogen, durch Funkenentladung, in der Geisslerröhre oder in der Flamme erzeugt, in zwei Klassen zerfallen, die man als Linien- und Bandenspektren bezeichnet. Es besteht bis heute keine Veranlassung, die zuerst durch Helmholtz vertretene Anschauung aufzugeben, die Bandenspektren seien charakteristisch für die Moleküle, während die Linienspektren von Atomen stammten, die unter den Anregungsbedingungen der Lichtemission in Freiheit gesetzt werden.

Nun ist es klar, daß die mit Vorliebe untersuchten charakteristischen Spektrallinien der Elemente, deren Wellenlängen mit einer Genauigkeit gemessen werden können, die man sonst bei physikalischen und chemischen Messungen schwerlich erreicht, wertvolle Aussagen über den inneren Bau und das Verhalten des Atoms liefern können. Bevor wir aber diese Aussagen nutzbar machen können, müssen wir uns gewisse theoretische Vorstellungen bilden über die Art und Weise, wie das Licht von einem Körper emittiert oder absorbiert wird.

Die Wellentheorie des Lichtes hob die Ähnlichkeit zwischen Licht und Schall hervor. Monochromatisches Licht wird charakterisiert durch seine Frequenz oder seine Wellenlänge, genau so wie ein musikalischer Ton durch seine Frequenz oder seine Wellenlänge in Luft. Die Aussendung eines Tones wird durch einen schwingenden Gegenstand, z. B. eine Stimmgabel, veranlaßt. Genau so kommt nach der sogenannten klassischen Theorie der Lichtemission das Licht durch die Schwingung von irgend einem Bestandteil des Moleküls oder Atoms zustande, und nach der elektromagnetischen Theorie Maxwells nahm man an, daß dieses schwingende Etwas eine elektrische Ladung trüge.

Nach dieser klassischen Theorie gehorchen die Elementaroszillatoren oder -resonatoren den bekannten Gesetzen elastischer Körper und besitzen daher eine Eigenfrequenz oder -periode, die von der Amplitude der Schwingung unabhängig ist, solange diese klein ist. Diese Oszillatoren werden durch Wärmebewegung oder elektrische Entladung in Schwingung versetzt und bilden so die Ursache für die Lichtaussendung. Die Emission einer scharfen Spektrallinie kommt zustande durch das Überwiegen von Oszillatoren mit gleicher Frequenz.

Wenn umgekehrt Licht auf einen Körper mit solchen Oszillatoren fällt, so wird angenommen, daß diese Schwingungsenergie auf Kosten des Lichtes aufnehmen, besonders des Lichtanteils, dessen Frequenz gleich der Eigenfrequenz der Oszillatoren ist. Die so aufgenommene Schwingungsenergie wird dann in Wärme verwandelt. Dies ist der Inhalt der klassischen Theorie der Lichtabsorption.

Diese Theorie der Lichtemission und -absorption durch die Schwingung geladener Teile des Moleküls oder Atoms hat für eine große Zahl von Erscheinungen eine durchaus befriedigende Erklärung geliefert. Es ist daher eigentlich schade, daß wir uns heute gezwungen sehen, dieses einfache Bild der Wechselwirkung zwischen Materie und Licht zum großen Teile, wenn nicht ganz, aufzugeben.

Einen deutlichen Hinweis auf die Unzulänglichkeit der klassischen Theorie gab die Tatsache, daß die Spektrallinien in Gruppen oder Serien auftreten. Zwar mußte man nach der Ähnlichkeit mit einem Musikinstrument, das eine Reihe von Tönen und Obertönen erzeugt, erwarten, daß die Elementaroszillatoren, besonders wenn sie sich gegenseitig beeinflussen, nicht eine, sondern eine ganze Reihe scharfer Linien emittieren müßten, und die Entdeckung, daß ein einzelnes Element wirklich eine ganze Reihe von Spektrallinien emittiert, schien daher zunächst eine Stütze für eine solche Analogie zu liefern. Die quantitative Beziehung zwischen den Frequenzen der einzelnen Linien im Spektrum eines Elements erwiesen sich aber als ganz verschieden von dem, was man nach der Analogie mit den Tönen erwarten sollte.

Verschiedene Versuche, die einzelnen Linien einer Spektralserie in einer einfachen Zahlenbeziehung zusammenzufassen, hatten keinen Erfolg, bis Balmer [7] für die wichtige Wasserstoffserie eine Formel erhielt, die seither der Prototyp aller Formeln für die Serien von Linienspektren wurde. Obgleich diese Formel von Balmer nur eine einzige empirische Konstante enthielt, gab sie doch mit wunderbarer Schärfe die Lage der Linien bei der Wasserstoffserie wieder, wie sie nicht nur in künstlichen Lichtquellen, sondern auch im Sonnen- und Sternspektrum beobachtet wurden. Balmer stellte für diese Linienserie die Formel auf:

$$\lambda = A \, \frac{n^2}{n^2 - 4} \quad \cdots \cdots \cdots \cdots \quad (1)$$

wo λ die Wellenlänge und n irgend eine ganze Zahl zwischen 3 und ∞ ist. Jedem ganzzahligen Wert von n entspricht so eine einzelne Linie einer unendlichen Reihe, in welcher die Linien mit wachsendem n immer näher aneinanderrücken, einer Reihe, die gegen einen Grenzwert, die sogenannte Seriengrenze, konvergiert, bei welcher $\lambda = A$ ist.

Die Frequenz ν (in reziproken Sekunden) einer gegebenen Linie ist $= c/\lambda$ ($c =$ Lichtgeschwindigkeit in cm/sec), und man kann die Gleichung (1) daher auch schreiben:

$$\nu = \frac{c}{A} \left(1 - \frac{4}{n^2} \right) \quad \cdots \cdots \cdots \cdots \quad (2)$$

oder umgeformt:

$$\nu = \frac{4c}{A} \left(\frac{1}{4} - \frac{1}{n^2} \right) \quad \cdots \cdots \cdots \cdots \quad (3)$$

Die modernen Verfeinerungen der spektroskopischen Methoden haben die Genauigkeit der Ausmessung von Spektrallinien erheblich gesteigert. Zwanzig Linien der Balmerserie hat man in

künstlichen Lichtquellen, dreißig in Sternspektren beobachten können;
die Frequenzen dieser Linien weichen von den aus der Formel
berechneten im Durchschnitt um nicht mehr als ein Millionstel ab.

Eine der wichtigsten Entdeckungen auf dem Gebiet der
Serienspektren machte Pickering [76] bei der Beobachtung
des Sternspektrums von ζ-Pupis. Er fand eine Serie, in der jede
zweite Linie mit einer Linie der Balmerserie zusammenzufallen
schien. Die ganze Serie ließ sich scharf wiedergeben durch die
Formel

$$\lambda = A\,\frac{n^2}{n^2-16} \quad \cdots\cdots\cdots \quad (4)$$

Mit dieser Formel erhält man die gleichen Linien wie aus der
Balmerschen Formel für $n = 6, 8$ usw.; für $n = 5, 7$ usw. gibt
sie die weiteren Linien der Pickeringserie wieder. Diese neuen
Linien schrieb man ursprünglich einer besonderen Form des Wasserstoffs zu, aber wie wir sehen werden, hat Bohr gezeigt, daß diese
Serie dem Helium angehört. Die Ähnlichkeit zwischen Balmer-
und Pickeringserie ist so ein schönes Beispiel für die nahe Ver-
wandtschaft zwischen den Linienspektren verschiedener Elemente*).

Die Arbeiten Rydbergs.

So riesig das Material an exakten spektroskopischen Daten
über Linienserien auch ist, so haben sich aus ihm, wenn man von
den letzten zehn Jahren absieht, doch nur zwei fundamentale
Gesetze ableiten lassen. Beide hat Rydberg aufgestellt [85],
der ja auch die Bedeutung der Atomzahlen erkannt und dabei
schon seinen bewundernswerten Scharfsinn bewiesen hatte.

Seine erste Entdeckung war die, daß in dem mathematischen
Ausdruck für die Linienspektren einer ganzen Reihe von Elementen
eine bestimmte Konstante wiederkehrt. Diese Zahl N_0, die er als
„eine Konstante für alle Serien und alle Elemente" bezeichnete,
ist heute als eine universelle Konstante von großer Bedeutung
erkannt. Diese Rydbergsche Konstante ist (mit einer ganz
kleinen Korrektur) gleich dem Koeffizienten $4\,c/A$ in Gleichung (3).

Ein weiteres, ebenso wichtiges Gesetz stammt auch von Rydberg, das sogenannte Kombinationsprinzip**). Wenn ein Element

---

*) Vgl. auch W. Kossel und A. Sommerfeld, „Auswahlprinzip und
Verschiebungssatz bei den Serienspektren". Verh. d. D. Phys. Ges. **21**, 1919.
**) Nach A. Sommerfeld, Atombau und Spektrallinien, 4. Aufl., S. 87,
stammt das Kombinationsprinzip in seiner allgemeinen Form von W. Ritz.

zwei oder mehrere verschiedene Linienserien aussendet, so stehen
die Linien der verschiedenen Serien in einfachen Beziehungen zueinander.   Nach dem Kombinationsprinzip in seiner heute gebräuchlichen Form, kann man die Frequenzen jeder der zahlreichen
Linien der gleichen Atomart darstellen als Differenzen einer verhältnismäßig kleinen Zahl von Grundfrequenzen.   Um dies zu ver-
anschaulichen, wollen wir ·das vollständige Spektrum des einatomigen Wasserstoffs betrachten.

Außer der Balmerserie gibt es noch eine Anzahl anderer
wichtiger Spektralserien, die man den freien Wasserstoffatomen
zuschreibt.   Eine wichtige Serie wurde von Lyman [62] im Ultra-
violett, eine andere von Paschen [73] im Ultrarot aufgefunden,

Abb. 5.   Drei Wasserstoffserien.

und in jüngster Zeit entdeckte Brackett [15] einige Linien einer
vierten Serie im äußersten Ultrarot.   Diese einzelnen Serien werden
durch die folgenden Formeln wiedergegeben:

$$(\text{Lyman}) \ \ldots \ldots \ \nu = N_0\left(\frac{1}{1^2} - \frac{1}{n^2}\right),$$

$$(\text{Balmer}) \ \ldots \ldots \ \nu = N_0\left(\frac{1}{2^2} - \frac{1}{n^2}\right),$$

$$(\text{Paschen}) \ \ldots \ \nu = N_0\left(\frac{1}{3^2} - \frac{1}{n^2}\right),$$

$$(\text{Brackett}) \ \ldots \ \nu = N_0\left(\frac{1}{4^2} - \frac{1}{n^2}\right).$$

Die ersten drei dieser Serien sind in Abb. 5 dargestellt, in
der nur wenige Linien jeder Serie gezeichnet sind (die punktierte
Linie stellt die Seriengrenze dar).

Offenbar kann man jede Linie dieser Serien wiedergeben durch
einen Ausdruck der Form

$$\nu = N_0\left(\frac{1}{n'^2} - \frac{1}{n^2}\right) \ \ldots \ldots \ldots \ldots \ (5)$$

Man kann also die Frequenz jeder Linie betrachten als Differenz zweier Grundfrequenzen:

$$\nu_1^* = \frac{N_0}{1^2}; \quad \nu_2^* = \frac{N_0}{2^2}; \quad \nu_3^* = \frac{N_0}{3^2} \quad \cdots \cdots \quad (6)$$

So ist die Frequenz der zweiten Balmerlinie $\nu_2^* - \nu_4^*$, die der dritten Linie der Lymanserie $\nu_1^* - \nu_4^*$ und die der ersten Paschenlinie $\nu_3^* - \nu_4^*$.

Man pflegt das Kombinationsprinzip graphisch so darzustellen, wie Abb. 6 zeigt, in der wiederum die Frequenzen von links nach rechts aufgetragen sind. Die Vertikallinien geben die Werte für ν^*, die Grundfrequenzen, an, die Längen der horizontalen Doppelpfeile zwischen den Vertikallinien sind ein Maß für die Frequenzen der oben erwähnten drei Spektrallinien.

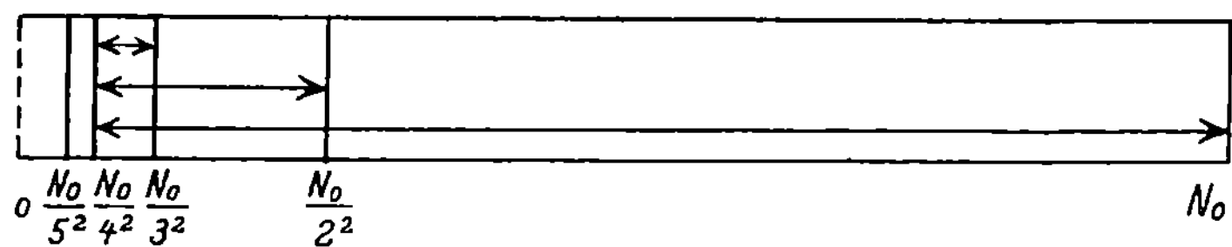

Abb. 6.   Grundfrequenzen des Wasserstoffs.

Wenden wir uns vom Wasserstoff anderen Elementen zu, so werden die Bedingungen wesentlich komplizierter. In der Regel ist es nicht mehr möglich, die Frequenzen der Serienlinien oder die Grundfrequenzen durch einen so einfachen Ausdruck wiederzugeben, wie er im Falle des Wasserstoffs genügt. Die Gleichungen, die diese Serien noch am besten wiedergeben, verlangen mehrere empirische Konstanten und sind offenbar nur angenähert gültig. Trotzdem finden wir auch in diesen komplizierteren Fällen, daß die beobachteten Frequenzen sich scharf wiedergeben lassen als Differenzen bestimmter Grundfrequenzen in völliger Übereinstimmung mit dem Kombinationsprinzip.

Diese Vorstellungen, die Rydberg als erster entwickelt hat, sind zur Grundlage der Theorie der Serienspektren geworden, die im letzten Jahrzehnt so rasche Fortschritte gemacht hat. Bevor wir diese neueren Fortschritte besprechen, wird es nötig sein, eine kurze Betrachtung der Quantentheorie einzuschalten, die bekanntlich eine Revolution für das wissenschaftliche Denken bedeutet hat.

Die Quantentheorie.

Eine der hauptsächlichsten Folgerungen aus der kinetischen Theorie der Gase war die, daß bei gegebener Temperatur die Moleküle aller Gase im Durchschnitt die gleiche kinetische Energie (Translationsenergie) besitzen müßten. Diese Vorstellung wurde durch Analogieschluß auf flüssige und feste Stoffe übertragen, und man nahm an, jedes Teilchen hätte bei gegebener Temperatur im Durchschnitt die gleiche kinetische Energie. Dies ist der bekannte Satz von der Gleichverteilung der Energie.

Mit Hilfe dieses Prinzips konnte Boltzmann eine Erklärung der Regel von Dulong-Petit geben*). Wenn die Atome eines festen Körpers die gleiche kinetische Energie besitzen wie die eines einatomigen Gases, und wenn sie um feste Lagen nach dem Hookeschen Gesetz schwingen, so daß (wie bei einer harmonischen Schwingung) im Durchschnitt die potentielle Energie gleich der kinetischen ist, dann müßte die gesamte Wärmeenergie der gleichen Zahl von Atomen im festen Körper doppelt so groß sein als im einatomigen Gas; weiter müßte dort die Energie mit der Temperatur doppelt so rasch ansteigen als beim einatomigen Gas. Die Regel von Dulong-Petit gilt jedoch nur als Grenzgesetz für hohe Temperaturen. Viele Stoffe zeigen bei gewöhnlichen und alle Stoffe bei tiefen Temperaturen einen viel langsameren Anstieg des Wärmeinhalts mit der Temperatur, als dieses Gesetz es verlangt. In Abb. 7 ist die Energie gegen die absolute Temperatur aufgetragen; die gestrichelte Linie gibt das Gesetz von Dulong-Petit wieder, die ausgezogene Kurve das tatsächliche Verhalten eines Stoffes; nur bei hohen Temperaturen hat sie die gleiche Neigung wie die gestrichelte Linie.

Die Theorie der Gleichverteilung gibt offenbar eine ganz befriedigende Erklärung für den Verlauf der Wärmeenergie eines

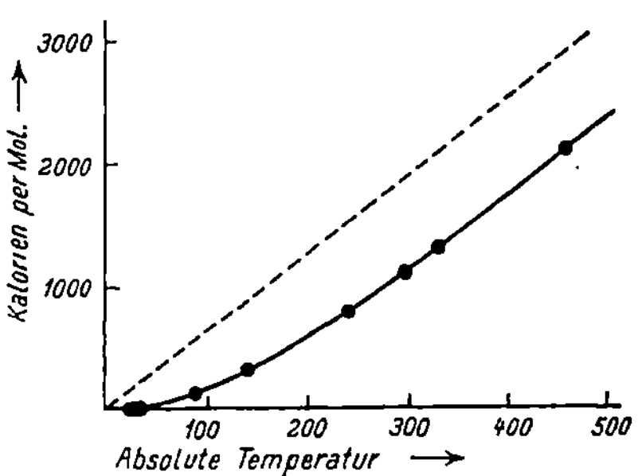

Abb. 7. Wärmeinhalt von Kupfer.

---

*) Näheres siehe z. B. bei K. F. Herzfeld, Kinetische Theorie der Wärme. Braunschweig 1925.

einatomigen Gases. Wir dürfen aber das Atom eines solchen Gases keineswegs als unteilbares Ganzes betrachten, sondern jeder Bestandteil sollte nach dem Gleichverteilungsgesetz seinen Anteil an der Energie verlangen. Andererseits sind wir überzeugt, daß ein einatomiges Gas außer der Energie, die es zur Translation seines Moleküls als Ganzes braucht, keine beträchtliche Wärmeenergie aufnimmt.

Das Energieverteilungsgesetz scheint, obwohl es offenbar nicht richtig ist, eine direkte Folge der geltenden mechanischen Prinzipien zu sein. Vielleicht ist seine Ableitung aus diesen Prinzipien mit den Methoden der statistischen Mechanik nie ganz einwandfrei erfolgt, aber man glaubt allgemein, daß eine solche Ableitung erlaubt sei. Wir kommen so zu dem Schluß, daß die mechanischen Gesetze für die Atome in mancher Hinsicht anders sind, als wir sie bei makroskopischen Körpern kennen.

Das Energieverteilungsgesetz versagt nicht nur bei der Anwendung auf die Wärmeenergie der gewöhnlichen Körper, sondern auch auf die Energieverteilung im Spektrum der Strahlung eines schwarzen Körpers. Bei einer solchen Strahlung haben wir vermutlich Licht aller möglichen Frequenzen von null bis unendlich und wir wollen einen Betrag von Strahlungsenergie herausnehmen, der zwischen zwei beliebigen Frequenzen v_1 und v_2 liegt. Für einen solchen Energiebetrag zwischen zwei festen Frequenzen folgt nach Rayleigh [82] aus dem Gesetz der Gleichverteilung, daß er der absoluten Temperatur proportional sein muß; dies zeigt die gestrichelte Linie in Abb. 8. Die ausgezogene Kurve dieser Abbildung gibt den tatsächlichen Verlauf wieder, wie er durch Wien [107] und noch vollständiger durch Planck [77] festgestellt wurde. Diese Kurve nähert sich der

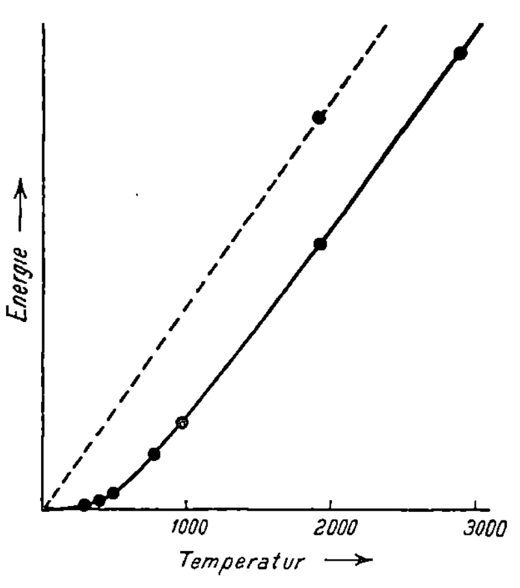

Abb. 8.
Dichte der Strahlungsenergie (innerhalb zweier bestimmter Frequenzen).

vom Gleichverteilungsgesetz verlangten Geraden erst bei hohen Temperaturen.

Planck sah, daß seine Gleichung für die Verteilung der Strahlungsenergie unverträglich sei mit den geltenden mechanischen und elektromagnetischen Gesetzen und sprach eine ungewöhnlich kühne Hypothese aus, die, zusammen mit einer ganzen Menge neuer Gesetze und Hypothesen, die aus ihr hervorgegangen sind, als Quantentheorie bekannt ist. Planck nahm erstens an, daß alle Körper elektrische Oszillatoren enthielten, die Strahlung nicht kontinuierlich, sondern nur in ganz bestimmten endlichen Beträgen absorbieren oder emittieren könnten, von denen jeder einzelne der Eigenfrequenz des Oszillators proportional sei; zweitens behauptete er, der Proportionalitätsfaktor sei für alle Oszillatoren gleich und daher eine universelle Konstante; diese wird Plancksche Konstante genannt und mit h bezeichnet. Nach dieser Theorie kann ein Oszillator mit der Eigenfrequenz ν Energie nur in dem Betrage $h\nu$ oder einem ganzen Vielfachen davon besitzen.

Einstein [28] wollte sogar noch weiter gehen und die Energie $h\nu$, die ein Oszillator emittiert, als Quant oder Atom der Strahlungsenergie betrachtet wissen, das einen gewissen Grad von Individualität besitzen und nur als Ganzes absorbiert werden können sollte. Diese Vorstellung ist vielfach abgelehnt worden, weil sie schwierig mit den Erscheinungen der Interferenz des Lichtes zu vereinen ist. Jedoch fand Einstein auf dieser Grundlage sein photochemisches Äquivalentgesetz, eine der wichtigsten Folgerungen aus der Quantentheorie. Nach diesem Gesetz kann ein Stoff unter der Einwirkung von monochromatischem Lichte der Frequenz ν Energie höchstens im Betrage $h\nu$ pro Elektron aufnehmen.

Einstein überblickte also den Zusammenhang zwischen den beiden oben besprochenen Abweichungen vom Gleichverteilungsgesetz. Wenn man annimmt, daß die Atome eines festen Körpers den hypothetischen Planckschen Oszillatoren analog seien und deshalb Energie nur in Sprüngen aufnehmen könnten, dann kann die Energie keine lineare Funktion der Temperatur sein, wie es das Gesetz von Dulong-Petit verlangt. Bei tiefen Temperaturen würde vielen Atomen Energie im Betrage $h\nu$ gar nicht zur Verfügung stehen, und sie besäßen daher überhaupt keine Energie. Einstein erhielt so aus der Planckschen Strahlungsgleichung seine Formel für die spezifischen Wärmen fester Körper, die, wenn auch nicht quantitativ, so doch qualitativ mit den zahlreichen Messungen der spezifischen Wärmen im Einklang steht, die seither bei tiefen Temperaturen ausgeführt worden sind.

In der Frühzeit der Quantentheorie sagte mir Prof. Einstein einmal, die Quantentheorie wäre eigentlich gar keine neue Theorie, sondern nur die Erkenntnis, daß die früheren Theorien falsch seien. Diese Bemerkung trifft immer noch zu. Einige Forscher haben Neigung gezeigt, Vorstellungen so grundlegender Natur wie die Gesetze der Erhaltung der Bewegungsgrößen und der Energie aufzugeben und sie durch ähnliche Prinzipien zu ersetzen, die nur bei statistischer Betrachtung gelten sollten. Andere sind so weit gegangen, daß sie die Kontinuität von Raum und Zeit durch eine diskontinuierliche Struktur ersetzen wollten. (Vgl. S. 190.)

Im jetzigen Augenblick genügt es, wenn wir annehmen, daß wir bei der Aufgabe der Vorstellung einer kontinuierlichen Materie und bei ihrem Ersatz durch die Theorie diskreter Masseteilchen, die wir Atome (oder Elektronen und Kerne) nennen, es irgendwie an Folgerichtigkeit haben fehlen lassen. Nehmen wir einmal an, es gäbe Geschöpfe mit beschränkterem Wahrnehmungsvermögen, als wir es besitzen; diese könnten bei der Untersuchung der Eigenschaften eines Sandhaufens diese Eigenschaften mit dem Aufbau aus Körnern begründen; wären sie dann aber berechtigt zu der Anschauung, die Körner beständen aus Sand? Eine derartige Schlußweise heißt die moderne Wissenschaft jedoch gut. Die Eigenschaften der Elektrizität haben wir erklärt durch die Annahme ihres Aufbaues aus Elektronen; darauf schließen wir voller Naivität, die Elektronen beständen aus Elektrizität, und zerbrechen uns den Kopf über die Verteilung der Elektrizität um den Mittelpunkt des Elektrons herum. Ebenso nahmen wir an, die Atome besäßen ähnliche Eigenschaften wie die greifbaren Körper, die aus ihnen aufgebaut sind. Die verschiedenen Erscheinungen, die unter der Bezeichnung Quantentheorie zusammengefaßt werden, weisen uns den Weg zur Aufstellung einer neuen Geometrie und einer neuen Mechanik, die in der unmittelbaren Nachbarschaft der Elektronen und Kerne gelten. Man hat der Quantentheorie vorgeworfen, sie gäbe keine rechte Vorstellung von dem Mechanismus der Vorgänge, mit denen sie sich beschäftigt, aber die eigentliche Wurzel des vorliegenden Problems liegt noch tiefer, und es ist wenig wahrscheinlich, daß man überhaupt einen Mechanismus mit unseren heutigen Denkmethoden ersinnen kann, der eine ausreichende Erklärung für die zahlreichen neuen Erscheinungen gibt, die die Atomforschung enthüllt hat*).

Auszug aus der Bohrschen Theorie.

In das Chaos, das in der Spektroskopie infolge des Mangels an leitenden Prinzipien und des Überflusses an meist zusammenhanglosen Einzeltatsachen herrschte, kam mit einem Schlage Ordnung und Übersichtlichkeit durch die geniale Theorie Bohrs [10, 11]. Wir wollen uns jetzt dieser Theorie, die die Physiker mit Recht so begeistert hat, zuwenden. Wir wollen eine Darstellungsweise wählen, die etwas von der ursprünglichen Bohrschen abweicht, um den Teil der Theorie, der unabhängig von irgend einem Atommodell behandelt werden kann, abzutrennen von dem Teil, der das Bohrsche Atommodell behandelt.

Für das einfachste Atom, das des einatomigen Wasserstoffs, der nur einen Kern und ein Elektron enthält, ergibt sich als erste Forderung, es solle für das Elektron eine ganz bestimmte Reihe verschiedener Zustände geben, die als Energieniveaus bezeichnet werden, und nur in einem dieser Zustände könne sich das Elektron befinden. In Abb. 9 sind diese Niveaus durch verschiedene Linien dargestellt, derart, daß der Abstand zweier Linien gleich ist der Energiedifferenz im Atom zwischen zwei entsprechenden Zuständen. Das tiefste Niveau bezeichnet den kleinsten Energieinhalt und entspricht daher dem stabilsten Zustand des Atoms.

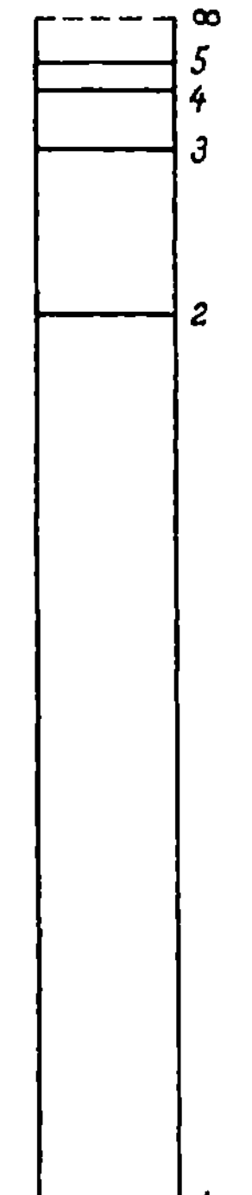

Abb. 9.
Energieniveaus des Wasserstoffatoms.

Diese Niveaus bilden eine unendliche Reihe, und das Ende dieser Reihe (das durch die punktierte Linie bezeichnet wird) soll die Energie des Systems bedeuten, wenn das Elektron vollständig aus dem Bereich des Kernes entfernt ist. Die Differenz zwischen

---

*) Vgl. hierzu die neueren Arbeiten über Quantenmechanik, namentlich von Born und Jordan, Heisenberg, Schrodinger. Literaturzusammenstellung bei H. Cremer, Artikel Atomtheorien im Handbuch der physikalischen Optik, 2. Band, 2. Hälfte. Leipzig 1927.

dem Energieinhalt des n ten Niveaus und dem der Seriengrenze soll mit E_n^* (einer negativen Größe) bezeichnet werden. Es ist üblich, den Energieinhalt an der Seriengrenze $= 0$ zu setzen, wir wollen dann den des ersten Niveaus mit E_1^*, den des zweiten mit E_2^* usw. bezeichnen. Alle die E^*-Werte sind dann negativ.

Die zweite Annahme Bohrs ist die folgende: der Energieinhalt jedes Niveaus ergibt bei der Division durch die Plancksche Konstante h den negativen Wert einer der in einem vorangehenden Abschnitt besprochenen Grundfrequenzen, aus denen man die verschiedenen Spektrallinien eines Elements ableiten kann. Diese Annahme besagt also:

$$\frac{E_n^*}{h} = -\nu_n^* \quad \ldots \ldots \ldots \ldots \ldots \quad (7)$$

Nach der dritten Annahme emittiert ein Atom Licht nur dann, wenn ein Elektron aus einem Niveau in ein anderes fällt (und es absorbiert Licht nur, wenn ein Elektron aus einem Niveau auf ein anderes gehoben wird). Die Energie des emittierten Lichtes ist gleich der Energiedifferenz der beiden Niveaus, seine Frequenz ergibt sich aus dieser Energiedifferenz durch Division mit h. Es gilt also:

$$\nu = \frac{E_n^* - E_n'^*}{h} = \nu_n'^* - \nu_n^* \quad \ldots \ldots \ldots \quad (8)$$

Nach dieser Vorstellung soll die zweite Linie der Balmerserie mit der Frequenz $\nu_2^* - \nu_4^*$ erzeugt werden, wenn das Elektron aus dem vierten in das zweite Niveau des Wasserstoffatoms fällt; die übrigen Linien der Balmerserie treten auf, wenn ein Elektron aus den verschiedenen höheren Niveaus in das zweite fällt. Die Linien der Lymanserie entstehen beim Übergang des Elektrons von verschiedenen Niveaus zum ersten, stabilsten Niveau.

Ohne tiefer auf die komplizierten Spektren der Elemente einzugehen, als das in dieser kurzen Übersicht geschehen konnte, läßt sich unmöglich zeigen, welche wunderbare Einsicht in das Wesen der Spektrallinien durch die Bohrsche Theorie gewonnen worden ist. Auch vermag dieser Auszug allein nicht der ganz überraschenden Tragweite der Theorie gerecht zu werden; bei der Betrachtung des Bohrschen Atommodells werden wir nämlich sehen, daß eine Reihe gleich einfacher Annahmen zu noch viel weiter reichenden Schlüssen führt, als wir sie allein aus den bisher besprochenen Annahmen zu ziehen vermögen.

Es wird sich jedoch zeigen, daß die Theorie, soweit wir sie entwickelt haben, die beiden wesentlichen Züge der Quantentheorie aufweist; nämlich erstens: monochromatisches Licht der Frequenz ν kann die Energie eines Elektrons nur um den Betrag $h\nu$ ändern; zweitens: im Atom liegt ein Mechanismus vor, dessen Energie sich wie bei den Oszillatoren Plancks (vgl. S. 30) nicht kontinuierlich, sondern nur in bestimmten Stufen ändern kann.

Die Deutung der Röntgenspektren.

Die Bohrsche Theorie macht nicht nur die lange bekannten experimentellen Ergebnisse der Spektroskopie verständlich; sie gibt auch mit einer kleinen Abänderung eine gleich befriedigende Deutung des neueren Tatsachenmaterials der Röntgenspektroskopie. Um dies zu erläutern, wollen wir ein schweres Element betrachten, dessen Atome eine große Zahl von Elektronen enthalten, und wieder die Forderung aufstellen, es solle bestimmte Energieniveaus geben, deren erstes wir jetzt K-, das nächste L-, das folgende M-Niveau usw. nennen. Dann wollen wir annehmen, daß jedes dieser Niveaus nur eine ganz bestimmte Anzahl von Elektronen fassen kann. Während wir nun bei Atomen wie Wasserstoff diese Niveaus nur als leeres Rahmenwerk betrachten müssen, wollen wir jetzt annehmen, jedes von ihnen — oder wenigstens von den tieferen — enthalte seine volle Anzahl Elektronen. Wenn dann irgendwie ein Elektron des K - Niveaus aus dem Atomverband herausgeworfen wird, so kann ein Elektron aus dem L- in das K-Niveau fallen und seine Stelle einnehmen; es entsteht so eine Spektrallinie, die mit K_α bezeichnet wird. Fällt ein Elektron aus dem M-Niveau auf den freien Platz, so bekommt man die K_β-Linie, und wenn Elektronen aus noch höheren Niveaus herunterfallen, so gibt es ein Linienbündel, das gewöhnlich als einfache Linie K_γ beobachtet wird, wenn das Auflösungsvermögen des Spektroskops nicht groß ist. Genau so kann ein Elektron aus dem L-Niveau herausgeworfen werden; wird sein Platz durch ein Elektron des M-Niveaus ausgefüllt, so entsteht die Linie L_α. Entsprechendes gilt für die anderen Linien.

Diese Theorie erklärt sehr schön die Eigentümlichkeit der Absorption von Röntgenstrahlen. Anders wie bei den optischen Spektren finden wir hier keine Absorptionslinien, die den einzelnen Emissionslinien entsprechen. Die Absorption von Röntgenstrahlen der Frequenz K_α würde bedeuten, daß ein Elektron aus dem K- zum L-Niveau übergegangen sei; in einem normalen Atom ist aber dieser Vorgang unmöglich, weil das L-Niveau bereits seine volle Anzahl von Elektronen enthält. Die Absorption kann nicht eintreten, bevor die Frequenz der Röntgenstrahlen genügend hoch ist, um das Elektron gänzlich aus dem Atom zu entfernen oder es wenigstens auf eines der äußeren nicht voll besetzten Niveaus zu heben. Tatsächlich beobachten wir ein kontinuierliches Absorptionsband von Linien höherer Frequenz bis herab zu einer Frequenz, die ein wenig größer ist als die der K_α-Linie; hier bricht das Band plötzlich ab *).

Wenn wir annehmen, daß die Energie eines gegebenen Niveaus bei verschiedenen Elementen in erster Linie von der Kernladung abhängt, so haben wir eine neue Erklärung für die einfache, von Moseley gefundene Beziehung zwischen Röntgenspektrum und Ordnungszahl, die in Abb. 2 (Kap. 2) dargestellt wurde.

Die hier entwickelte einfache Vorstellung hat für die Erkenntnis der wichtigsten Eigenschaften der Röntgenstrahlen die besten Dienste geleistet; jedoch gibt es auch hier wie bei den optischen Spektrallinien gewisse Schwierigkeiten, deren Erörterung uns zu weit führen würde. Die Vorstellung von Energieniveaus verlangt die Gültigkeit des Kombinationsprinzips, das sich für das Verständnis der optischen Spektren so nützlich erwies, auch für die Röntgenspektren. Dieses Prinzip verlangt z. B. folgendes: Wenn die Linie K_β durch die Energiedifferenz zwischen K- und M-Niveau, die K_α-Linie durch den Unterschied zwischen K- und L-Niveau und L_α durch den zwischen L- und M-Niveau bestimmt ist, so muß die Frequenz der K_α-Linie gleich der Differenz der beiden anderen Frequenzen sein; die Experimente zeigen, daß dies tatsächlich der Fall ist.

Ionisierungs= und Anregungsspannung.

In einer evakuierten Röhre erlangen Elektronen, die von einer Glühkathode emittiert werden und auf dem Wege zur Anode ein Potentialgefälle durchlaufen, eine kinetische Energie, die dieser Potentialdifferenz proportional ist. Wenn nun Gase in die Röhre hineingebracht werden, so stoßen die Elektronen zwar mit

---

*) Wegen der Deutung dieser Erscheinungen vgl. z. B. W. Gerlach, „Materie, Elektrizität, Energie" (Dresden 1923), S. 91 ff.

den Gasmolekülen zusammen und prallen zurück, aber in elastischer Weise, so daß sie schließlich an der Anode mit der gleichen kinetischen Energie ankommen, die sie in der gasfreien Röhre bekommen würden. Dies gilt keineswegs für alle Gase, aber in vielen sind diese Zusammenstöße zwischen Elektronen und Molekülen innerhalb der Versuchsfehler anscheinend völlig elastisch. Mit anderen Worten: Die Bewegung eines Elektrons durch diese Gase kann als reibungslos betrachtet werden.

Aber gerade bei derartigen Gasen wird bei schrittweiser Steigerung der Potentialdifferenz zwischen Kathode und Anode ein bestimmter Punkt erreicht, an dem das Elektron beim Zusammenstoß offenbar Energie verliert. Wir können sagen, ein langsam bewegtes Elektron prallt vom Molekül elastisch zurück; wenn aber die kinetische Energie des Elektrons einen bestimmten Wert erreicht, so wird beim Zusammenstoß ein Teil seiner Energie an das Molekül abgegeben. Diese wichtige Beobachtung wurde zuerst von Franck und Hertz [33] gemacht; sie wurde seither in vielen Untersuchungen bestätigt gefunden.

Wenn man die kinetische Energie des Elektrons über den Punkt hinaus steigert, an dem unelastische Zusammenstöße erfolgen, so kommt man zu weiteren Punkten, an denen sich der Vorgang einer teilweisen Energieabgabe vom Elektron an das Gasmolekül wiederholt. Der erste dieser beobachteten kritischen Punkte ist oft von einer plötzlichen Lichtemission begleitet. Die Frequenz dieses Lichtes ist gleich der Frequenz einer für das Gas charakteristischen Spektrallinie. Das Potential, das gerade ausreicht, einen solchen unelastischen, unter Lichtemission erfolgenden Zusammenstoß zu bewirken, wird als Anregungsspannung bezeichnet.

In den einfacheren Fällen beobachtet man, wenn das höchste dieser kritischen Potentiale erreicht ist, eine Ionisation des Gases. Das Elektron wirft also offenbar beim Anprall an das Molekül ein anderes Elektron heraus, so daß die beiden Elektronen losfliegen und ein positiv geladenes Ion zurücklassen. Das kleinste Potential, das nötig ist, diese Erscheinung hervorzurufen, heißt Ionisierungsspannung.

Die Bohrsche Theorie gibt eine qualitativ und quantitativ durchaus befriedigende Erklärung dieser Erscheinungen. Betrachten wir ein Atom mit einem Elektron in der stabilsten Lage, d. h. auf dem niedrigsten Energieniveau. Ein solches Atom kann Energie nur aufnehmen, wenn der dargebotene Betrag ausreicht, das Elektron auf ein höheres Energieniveau zu heben. Wenn daher ein solches Atom mit einem Elektron zusammenstößt, dessen Energie dazu nicht ausreicht, so muß der Zusammenstoß elastisch erfolgen. Besitzt dagegen das aufprallende Elektron genug Energie, um in dem Atom ein Elektron auf das nächst höhere Energieniveau zu heben, so kann es seine ganze kinetische Energie verlieren. Durch einen solchen unelastischen Zusammenstoß wird das Atom angeregt und das Elektron, das auf das zweite Niveau gehoben wurde, kann einen Augenblick später wieder auf das erste Niveau zurückfallen und dabei die erste Linie des Serienspektrums des Elements aussenden. Weiterhin kann die Geschwindigkeit des aufprallenden Elektrons so groß werden, daß sie ausreicht, ein Elektron über die ganze Reihe der Energieniveaus hinaus aus dem Atombereich zu entfernen, so daß das Atom ionisiert wird. So werden Anregung und Ionisation qualitativ erklärt.

Gleich befriedigend lassen sie sich quantitativ wiedergeben. Die zur ersten Anregung nötige Energie muß gleich h mal der Frequenz der ersten Linie des Serienspektrums sein. Die zur Ionisation erforderliche Energie muß gleich h mal der Grenzfrequenz der Serie sein. Diese Folgerungen aus der Theorie wurden durch Versuche an einer großen Anzahl von Elementen bestätigt innerhalb der Grenzen, die der experimentellen Genauigkeit gesteckt sind; diese ist leider noch nicht so groß, wie man wünschen möchte.

Die Erscheinungen der Anregungs- und Ionisierungsspannung sind besonders deutlich zu beobachten bei Metalldämpfen. Bei Wasserstoff kompliziert das Vorliegen zweiatomiger Moleküle die Verhältnisse; könnten wir jedoch reinen einatomigen Wasserstoff untersuchen, so würden wir zweifellos finden, daß das erste Anregungspotential und die Ionisierungsspannung sich verhalten wie $3:4$. Jenes ist nämlich proportional dem Ausdruck $\left(\dfrac{1}{1^2} - \dfrac{1}{2^2}\right) = \dfrac{3}{4}$, dieses dem Ausdruck $\left(\dfrac{1}{1^2} - \dfrac{1}{\infty^2}\right) = 1$; die beiden Ausdrücke entsprechen der ersten Linie und der Grenze der Lymanserie.

Die Versuche über Anregungs- und Ionisierungsspannung liefern wohl einen vollgültigen Beweis für die Annahme der Quantentheorie, daß es bestimmte Energieniveaus im Atom gebe und daß ein Elektron nur aus einem Niveau entfernt werden könne, wenn man ihm einen Energiebetrag zuführt, der ausreicht, es völlig auf ein anderes Niveau zu heben.

Das Bohrsche Atommodell.

Wir haben gesehen, wie außerordentlich nützlich sich schon ein Auszug aus der Bohrschen Theorie erweisen kann, und wollen nun dazu übergehen, die Theorie der Struktur des Wasserstoffatoms vollständig zu besprechen. Bohr nahm zunächst wie Rutherford an, das Wasserstoffatom bestünde aus einem kleinen positiven Kern und einem Elektron, das sich auf einer Kreisbahn um den Kern bewegt. Die Zentripetralkraft sollte durch das Coulombsche Gesetz bestimmt sein, nach dem die Kraft dem Produkt der beiden Ladungen proportional und umgekehrt proportional dem Quadrat ihrer Entfernung ist. Die Eigenschaften des Systems sind hiernach dieselben wie die eines Systems aus der Sonne und einem Planeten, der auf einer Kreisbahn umläuft.

Nach diesem Kraftgesetz müßte es eine kontinuierliche Reihe von Kreisbahnen geben, deren Radien jeweils die Umlaufsgeschwindigkeit in der Bahn und die Energie (kinetische und potentielle) des Systems bestimmen. Bohr führte nun die Quantentheorie ein mit der Annahme, es seien nicht alle diese Bahnen erlaubt, sondern nur eine ausgezeichnete Anzahl, in denen das Impulsmoment*) des Elektrons ein ganzes Vielfaches von $h/2\pi$ ist (Abb. 10). In der dem Kerne nächsten Bahn hat das Impulsmoment diesen Wert selbst, in der zweiten den doppelten usw. Nach dem angenommenen Kraftgesetz müssen die Radien dieser Bahnen sich verhalten wie 1 : 4 : 9 : 16 usw. bis unendlich; der Radius der ersten Bahn hat die Größenordnung 10^{-8} cm. Die dritte Bohrsche Annahme haben wir bereits oben besprochen, sie lautete: Lichtemission erfolgt, wenn ein Elektron aus einer Bahn in eine weiter innen fällt, wobei die

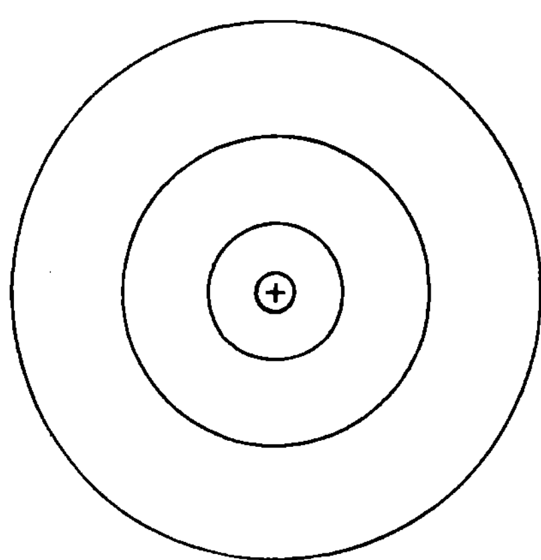

Abb. 10.   Elektronenbahnen im Wasserstoffatom (Bohr).

---

*) Das Impulsmoment ist das Produkt aus Trägheitsmoment und Winkelgeschwindigkeit.

Frequenz des emittierten Lichtes proportional der Energiedifferenz zwischen den beiden Bahnen (oder Energieniveaus) ist.

Durch diese erstaunlich einfachen Annahmen ist es möglich, die ganze Reihe von Serienspektren des Wasserstoffatoms quantitativ wiederzugeben. Wir können den Energieinhalt eines Atoms für jede beliebige Bahn berechnen, wenn wir nur das Coulombsche Gesetz und die Annahme benutzen, das Impulsmoment in jeder Bahn sei ein Vielfaches von $h/2\,\pi$. Er ergibt sich zu:

$$E_n^* = -\,\frac{2\,\pi^2 e^2 e'^2 m}{h^2}\cdot\frac{1}{n^2} \quad \cdots\cdots \quad (9)$$

Hier bedeutet e' die Ladung des Kernes, e die des Elektrons, m die Masse des Elektrons und h die Plancksche Konstante.

Für das Wasserstoffatom ist $e' = e$, und aus Gleichung (8) und (9) ergibt sich für die Frequenz irgend einer Linie:

$$\nu = \frac{2\,\pi^2 e^4 m}{h^3}\left(\frac{1}{n'^2} - \frac{1}{n^2}\right) \quad \cdots\cdots\cdots (10)$$

Diese Gleichung ähnelt in ihrer Form der Gleichung (5), durch die wir oben die Spektrallinien des einatomigen Wasserstoffs wiedergeben konnten. Das Glied vor der Klammer muß also der Rydbergschen Konstanten gleich sein und ist es auch tatsächlich bis auf die geringen Versuchsfehler, mit denen die Bestimmung der einzelnen Größen behaftet ist.

Weiter berechnete Bohr, daß die Spektrallinien eines Atoms mit der Kernladung 2 (doppelt so groß wie die des Wasserstoffs) und einem einzigen Elektron der Formel

$$\nu = 4 N_0\left(\frac{1}{n'^2} - \frac{1}{n^2}\right)\cdot\;\cdot\quad\cdots\cdots (11)$$

gehorchen müßten. Diese Formel gibt die Pickeringserie und auch noch eine Anzahl weiterer Spektrallinien wieder, die man früher dem Wasserstoff zuschrieb, die aber nach Bohr einem Heliumatom, dem eines seiner beiden Elektronen entrissen wurde, dem Heliumion, angehören müssen. Diese Folgerung ist dann völlig bestätigt worden durch die Beobachtung dieser Linien in Röhren, die reines Helium enthielten.

Tatsächlich sind die Werte für die Rydbergkonstante, die man aus der Balmerserie und dem Funkenspektrum des He erhält, nicht völlig identisch. Die Abweichung ist zwar nur gering, sie kann jedoch mit den verfeinerten Methoden der Spektroskopie ziemlich genau gemessen werden. Sie ließ sich aber leicht dadurch erklären, daß man die Masse eines Elektrons nicht völlig vernachlässigen dürfe gegen die des Wasserstoff- oder Heliumkernes; wir müssen daher an Stelle eines Systems, in dem der Kern feststeht und das Elektron ihn umkreist, ein anderes annehmen, in dem beide um ihren gemeinsamen Massenschwerpunkt rotieren, der dem Kernmittelpunkt sehr nahe liegt. Durch Einsetzung der bekannten Massen des Wasserstoff- und Heliumatoms und der beiden Werte für die Konstante in die Gleichungen der Serienspektren hat man die Masse des Elektrons mit einer Genauigkeit berechnen können. die der durch andere Methoden erreichbaren sicher gleichkommt.

Es würde uns zu weit führen, die vielen interessanten Erweiterungen und Verfeinerungen zu beschreiben, die die Bohrsche Theorie dadurch erfahren hat, daß man annahm, es gäbe neben den Kreisbahnen auch elliptische Bahnen, deren Exzentrizität, wenn man auch auf diesen Fall die Quantentheorie anwendet, sich nicht kontinuierlich, sondern schrittweise ändert. Viele an den Spektrallinien beobachtete Feinheiten, die wir nicht behandeln konnten, wurden so mit der Bohrschen Theorie in Übereinstimmung gebracht*).

Alles in allem drängt uns die quantitative Übereinstimmung zwischen Experiment und der einfachen Bohrschen Annahme zu der Überzeugung, das Bohrsche Modell des Wasserstoff- und einfach geladenen Heliumatoms sei mehr als eine reine Arbeitshypothese: es komme ihm die Bedeutung einer Grundwahrheit zu. Nichtsdestoweniger müssen wir mit einer solchen Folgerung vorsichtig sein. Als die Theorie des Lichtäthers im Vordergrund des Interesses stand, wurden einige Modelle oder mechanische Bilder des Äthers aufgestellt, die mit ziemlich guter Annäherung die Eigenschaften des elektromagnetischen Feldes wiedergaben. Auch heute noch stimmen die Gleichungen der Hydrodynamik und des Elektromagnetismus in ihrer mathematischen Form weitgehend überein, aber derartige Äthermodelle werden jetzt doch durchaus abgelehnt.

Es erscheint natürlich, dasselbe Kraftgesetz auf zwei geladene Teile eines Atoms anzuwenden, das für zwei makroskopische geladene Körper gilt, die sich in größerer Entfernung voneinander befinden, und der Erfolg rechtfertigt die Übertragung. Ich möchte aber darauf hinweisen, daß unsere Genugtuung darüber etwas ab-

---

*) Vgl. A. Sommerfeld, Atombau und Spektrallinien, 4. Aufl., 6. Kapitel. Braunschweig 1924.

geschwächt wird dadurch, daß wir eine neue Annahme einführen müssen, die die Gültigkeit des Coulombschen Gesetzes auf bestimmte ausgezeichnete Bahnen beschränkt. Dies leuchtet besonders ein, wenn man bedenkt, daß man sich noch keinerlei Vorstellung über die Gesetze gebildet hat, die den Übergang des Elektrons zwischen zwei Bahnen quantitativ oder auch nur qualitativ wiedergeben. Die Vereinigung der Quantentheorie mit der Rutherfordschen Atomtheorie scheint tatsächlich zu einem Modell zu führen, dessen Eigenschaften in gewissem Sinne die Mitte halten zwischen einem Atom mit rasch bewegten Teilen und einem statischen Atom; die folgenden Betrachtungen werden das zeigen.

Die klassische Theorie des Elektromagnetismus sagt aus, eine beschleunigte Ladung müsse Strahlung emittieren; nun besitzt das Elektron auf einer der nach Bohr stabilen Bahnen eine konstante Beschleunigung zum Atommittelpunkt hin, und doch soll es keine Strahlung emittieren. Es scheint jedoch, als ob auch die klassische Theorie nicht ganz unbedingt eine solche Energieemission durch eine beschleunigte Ladung verlangt; wir wollen uns daher einer ganz einfachen Betrachtung zuwenden, mittels welcher ich versuchte [59], den Widerspruch aufzuzeigen, der zwischen den Eigenschaften eines Bohrschen Atoms und denen besteht, die man früher einem System mit einem rotierenden Elektron zuschrieb.

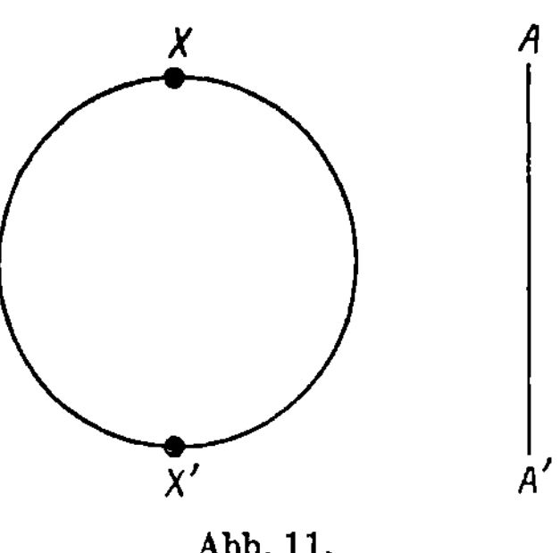

Abb. 11.

Abb. 11 soll ein Wasserstoffatom nach Bohr darstellen, dessen Elektron sich in der ersten Bahn, d. h. im stabilsten Zustand, befindet; weiter soll $A A'$ ein dünner Draht sein, den man in die Nähe des Wasserstoffatoms bringt. Wenn nun das Elektron von seiner Bahn aus irgendwelche elektrischen Fernkräfte ausübt, so möge z. B. in der Stellung X ein geringer Strom von positiver Elektrizität in dem Draht nach A zu fließen, in der Stellung X' nach A'. Es müßte also bei jeder endlichen Entfernung zwischen Draht und Atom in jenem dauernd ein merklicher Wechselstrom fließen. Ein solcher Strom müßte Wärme erzeugen, aber da sich das Atom im Zustand geringster Energie befinden soll, so sieht man keine Quelle, aus der die Wärmeenergie stammen könnte. Wir müssen mit

anderen Worten schließen, daß entweder kein derartiger Wechselstrom entsteht, oder aber, daß er entsteht, jedoch ohne Ohmschen
Widerstand fließt.

Das letztere wäre möglich. Man muß annehmen, daß die Elektronen im Metalldraht auch Quantengesetzen unterliegen; da nun
die Bewegung, die sie wegen ihrer Nähe zum Wasserstoffatom erlangen müßten, nur sehr gering sein könnte, so kann man sich vorstellen, daß ihre Hin- und Herverschiebung ohne Reibungsverlust
geschieht. Man kann vielleicht voraussagen, daß in einem vollkommen ausgebildeten Kristall bei sehr tiefer Temperatur ein
minimales Potentialgefälle nötig ist, um die Elektronen so stark
aus ihren Gleichgewichtslagen zu verschieben, daß die gewöhnliche
Stromleitung entsteht*). Aber bei gewöhnlichen Metallen und gewöhnlicher Temperatur gibt es keinen experimentellen Befund, der
dafür spräche, daß das Ohmsche Gesetz nicht auch für ganz kleine
Spannungen gelte, und es gibt auch keine theoretischen Gründe für
die Wahrscheinlichkeit dieser Annahme.

Wenn diese Überlegungen richtig sind, so muß man annehmen,
daß ein auf einer Bohrschen Bahn befindliches Elektron auf andere
Elektronen keine Kräfte ausübt, die von seiner Lage auf der Bahn
abhängen. Mit anderen Worten: es scheint so, als ob wir den
Bohrschen Annahmen noch eine weitere hinzufügen müßten, nämlich
die, daß zwar zwei Elektronenbahnen als ganze einander beeinflussen,
daß wir aber keinen Effekt erwarten dürfen, der von der augen-
blicklichen Lage eines Elektrons auf seiner Bahn abhängt. Wenn
diese Vorstellung sich als brauchbar erweist, so wird sie das Suchen
nach geeigneten Atom- oder Molekülmodellen mit zwei oder mehr
Elektronen wesentlich vereinfachen.

Der bemerkenswerte quantitative Erfolg des Bohrschen Atommodells beschränkt sich auf den Spezialfall eines Atomkernes, der
nur von einem Elektron umkreist wird. Alle Versuche, ebenso
vollständig befriedigende Modelle für Atome mit zwei oder mehr
Elektronen aufzustellen, sind bisher fehlgeschlagen. Ursprünglich
stellte Bohr sich vor, daß bei einem Atom mit mehreren Elektronen
diese in aufeinanderfolgenden konzentrischen Ringen um den Kern
als Mittelpunkt angeordnet seien, wobei in jedem Ringe die Elektronen gleichmäßig verteilt sein und mit gleicher Geschwindigkeit

---

*) Über die Erscheinungen der „Supraleitfähigkeit" vgl. W. Cromelin,
Phys. Zeitschr. 21, 274, 300, 331 (1920). Ferner Rep. and Communication
of the 4. internat. Congress of Refrig. London 1924.

umlaufen sollten. Diese Vorstellung wurde jedoch aufgegeben, und wir wollen im nächsten Kapitel die neueren Ansichten Bohrs über den Bau solcher Atome besprechen.

Einige magnetische Erscheinungen.

Nächst der Erforschung der Spektrallinien scheint die Untersuchung der magnetischen Eigenschaften die unmittelbarste und meistversprechende Methode für das Studium der Atomstruktur zu sein. Leider sind die experimentellen Schwierigkeiten auf diesem Gebiet groß, wir besitzen daher im Augenblick nur sehr spärliche Daten über die magnetischen Eigenschaften der Stoffe. Aber selbst das, was wir bisher wissen, ist von der größten Bedeutung für jede Theorie des Atom- und Molekülbaues.

Das Verhalten der Stoffe im Magnetfeld ist in vieler Hinsicht ähnlich dem Verhalten im elektrischen Felde. Die zwei entgegengesetzt geladenen Platten eines im Vakuum befindlichen elektrischen Kondensators ziehen einander an; bringt man nun einen Körper, der an einem Ende positiv, am anderen negativ geladen ist, zwischen die Platten, dann sucht er sich so zu richten, daß sein positives Ende der negativen Platte, sein negatives Ende der positiven Platte zugekehrt ist. Dabei vermindert er nach den elektrostatischen Grundgesetzen die Anziehung zwischen den beiden Platten.

Ebenso sinkt die Anziehung, wenn das vorher vorhandene Vakuum zwischen den beiden Platten durch irgend eine Substanz ausgefüllt wird; das Verhältnis zwischen der ursprünglichen Anziehung und der jetzt beobachteten bezeichnet man als Dielektrizitätskonstante des betreffenden Stoffes. Auch in diesem Falle nimmt man an, daß die Moleküle des Stoffes an den beiden Enden entgegengesetzt geladen sind; man nennt sie daher Dipole. Man glaubt, daß der Zahlenwert der Dielektrizitätskonstante bestimmt wird durch die Größe der Bewegung, die diese Ladungen ausführen, entweder durch Drehung oder Dehnung der Dipole oder durch geringe Verschiebungen der Elektronen oder Kerne aus ihrer normalen Gleichgewichtslage.

Wegen der Wärmebewegung ist nicht zu erwarten, daß die molekularen Dipole ihrem Bestreben, sich genau in die Richtung der elektrischen Kraftlinien einzustellen, restlos folgen; in Übereinstimmung mit dieser Anschauung zeigen die Versuche, daß die Dielektrizitätskonstante jedes Stoffes mit steigender Temperatur sinkt.

Nun verhält sich ein Magnet im Magnetfeld ganz ähnlich wie ein Dipol im elektrischen Felde. Seine Drehung ist seinem sogenannten magnetischen Moment proportional. Bei einem einfachen Stabmagnet ist dieses Moment proportional der Polstärke und dem Abstand der beiden Pole. Wenn der Magnet ein stromdurchflossener kreisförmiger Leiter ist, so hängt das Moment von der Stromstärke und den Dimensionen des Stromkreises ab.

Zwei entgegengesetzte Magnetpole, die sich im Vakuum befinden, ziehen einander an; diese Anziehung nimmt ab, wenn man einen kleinen Magnet so zwischen die beiden Pole bringt, daß er seinem magnetischen Moment folgen und sich richten kann, wobei er seinen Südpol dem Nordpol, seinen Nordpol dem Südpol des Magnets zukehrt (Abb. 12). Ähnlich wie beim elektrischen Felde vermindert eine Reihe von Stoffen die gegenseitige Anziehung der beiden Magnetpole, wenn sie dazwischengebracht werden.

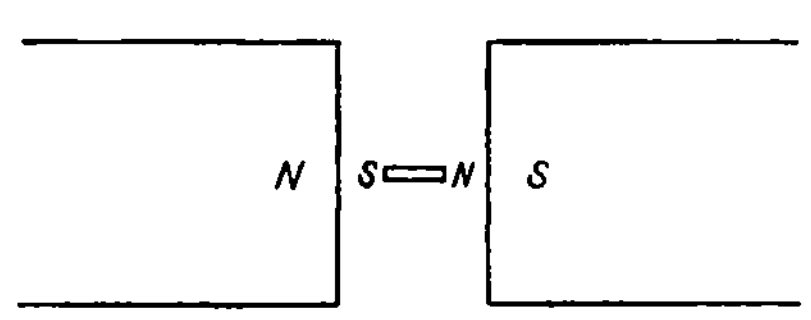

Abb. 12. Orientierung eines paramagnetischen Elementarmagnets im Magnetfeld.

Das Verhältnis zwischen der ursprünglichen Anziehung und der, die man beobachtet, wenn man zwischen die beiden Pole einen beliebigen Stoff bringt, heißt die Permeabilität dieses Stoffes. Vermindert der Körper die Anziehungskraft, so nennt man ihn paramagnetisch, oder bei außerordentlich starker Verminderung ferromagnetisch. Man nimmt an, daß der Körper Molekularmagnete enthält, die das Bestreben haben, sich im magnetischen Felde zu richten, daß sie dies aber nicht vollständig tun können wegen der Wärmebewegung. Man hat beobachtet, daß die Permeabilität solcher paramagnetischer Stoffe stets mit steigender Temperatur abnimmt.

Es gibt jedoch noch eine andere Klasse von Stoffen, welche die Anziehung zwischen zwei Magnetpolen erhöhen. Diese Stoffe haben in der Elektrizität kein Gegenstück, ihre Permeabilität ist kleiner als eins; sie werden diamagnetisch genannt. Bei einem typisch diamagnetischen Körper ist die Permeabilität unabhängig von der Temperatur.

Nach der Langevinschen Theorie des Para- und Diamagnetismus enthält jedes Molekül elektrische Kreisströme oder kreisende Elektronen. Jeder elektrische Kreisstrom entspricht einem

kleinen Magnet, und es wird angenommen, daß diese Elementarströme oder -magnete durch die Temperatur nicht beeinflußt
werden, und daß sie innerhalb des Moleküls nicht so frei beweglich
sind, daß im magnetischen Felde eine nennenswerte Orientierung
erfolgen könnte. Wenn aber einige dieser Elementarmagnete im
Molekül ein resultierendes magnetisches Moment besitzen, so kann
das Molekül als Ganzes sich im magnetischen Felde richten und so
die Erscheinung des Paramagnetismus erzeugen.

Wenn nach dieser Betrachtung also auch die einzelnen Elektronenbahnen nicht so frei beweglich sind, daß sie sich im magnetischen Felde richten könnten, so läßt sich als Folgerung aus der
elektromagnetischen Theorie doch zeigen, daß das Feld eine geringfügige Veränderung in der Bahn selbst bewirken wird, und daß
diese Änderung in der Richtung verläuft, daß sie das Phänomen
des Diamagnetismus hervorbringt. Nach der Langevinschen
Theorie zeigt nun jeder Stoff die Erscheinung des Diamagnetismus,
nur wird in paramagnetischen Stoffen dieser Effekt durch einen
stärkeren mit umgekehrtem Vorzeichen verdeckt, der durch die
Orientierung der Molekularmagnete zustande kommt.

Die quantitative Durchführung der Theorie Langevins gestattet eine Berechnung der Größe der Elektronenbahnen, die die
erwartete Größenordnung ergibt; jedoch glaubt man heute allgemein,
daß die Theorie im einzelnen in Anlehnung an die Quantentheorie
abgeändert werden muß.

Wir werden später Gelegenheit finden, auf die magnetischen
Eigenschaften der Stoffe zurückzukommen; vorläufig ist sicher, daß
allein die Existenz der magnetischen Eigenschaften aller Stoffe ohne
Rücksicht auf irgend eine ins einzelne gehende Theorie das Vorhandensein geladener, sich rasch bewegender Teilchen im Atom
wahrscheinlich macht. Es ist denkbar, daß ein ruhendes Elektron
in ausgesprochen unsymmetrischer Lage ein magnetisches Feld verursachen könnte, aber diese Annahme wurde bisher nicht gemacht,
auch scheint es heute noch nicht möglich zu sein, sie nutzbringend
weiter zu entwickeln. Bei dem heutigen Stande unseres Wissens
muß man daher wohl in der Existenz von Magneten den eindeutigen Beweis für das Vorhandensein bewegter elektrischer
Ladungen sehen.

Viertes Kapitel

Vereinigung der beiden Standpunkte; die Elektronenanordnung im Atom.

Wir haben jetzt die beiden verschiedenen Anschauungen über die Struktur des Atominnern besprochen. Nach beiden besteht das neutrale Atom aus einem Kern im Mittelpunkt mit einer positiven Ladung gleich der Atomnummer Z und einer Gruppe von Z Elektronen, die um das Zentrum herumliegen.

Die Betrachtungsweise, die auf dem periodischen System und dem chemischen Verhalten der Elemente fußt, führt zu dem Bilde eines bis zu einem gewissen Grade statischen Atoms. Nach diesem Bilde nehmen die Elektronen feste Lagen auf Schalen ein, die den Kern konzentrisch umgeben. Es wird damit nicht verlangt, daß die Elektronen nicht durch die Wirkung von Wärme und Licht aus diesen Lagen entfernt oder in neue Lagen verschoben werden könnten, sobald chemische Reaktionen eintreten. Auch ist kein Punkt dieser Anschauung wirklich unverträglich mit der Annahme eines rasch bewegten Elektrons, wie es z. B. das Parsonsche Ringelektron ist, solange man das Elektron als Ganzes als an eine feste Lage im Atom gebunden betrachtet. Die Theorie dieses statischen Atoms gibt aber offenbar die Annahme auf, daß die gewöhnlichen Gesetze der elektrischen Anziehung und Abstoßung im Atominnern gelten.

Die Versuche der Physiker ergaben ein von diesem stark abweichendes Atombild. Nach der Rutherfordschen Theorie wirken zwischen geladenen Teilchen im Atominnern die gleichen Kräfte wie zwischen geladenen makroskopischen Körpern. Das Atom wird betrachtet als eine Art von Planetensystem, in dem sich die Anziehungskraft zwischen Kern und Elektron und die aus ihrer rotierenden Bewegung resultierende Zentrifugalkraft das Gleichgewicht halten. Die Elektronen sollen nach dieser Anschauungsweise eher in aufeinanderfolgenden Ringen als in Schalen angeordnet sein.

Diese beiden Standpunkte scheinen völlig unvereinbar zu sein, und doch ist es dasselbe Atom, das der Chemiker und der Physiker untersuchen. Wenn man annimmt, daß die Elektronen einen wesentlichen Anteil an dem Mechanismus der Atombindung im Molekül hätten, so ist es wohl unmöglich, daß ihre Bewegung nur den einfachen Kraftgesetzen unterworfen ist und daß sie auf Bahnen umlaufen, wie es die Planetentheorie verlangt. Die Beständigkeit von Atomanordnungen auch in recht komplizierten Molekülen ist eine der auffallendsten Erscheinungen in der Chemie. Isomere können oft jahrelang ohne die geringste merkbare Veränderung nebeneinander bestehen bleiben. Eine organische Verbindung, die man mit einem scharf wirkenden Reagens behandelt, erfährt häufig in einem Teile des Moleküls eine Veränderung von Grund auf, während der Rest unverändert bleibt. Es scheint unbegreiflich, daß diese beständigen und doch im Grunde unstabilen Gebilde als Folge eines so einfachen Kraftgesetzes, wie es das Coulombsche ist, entstehen könnten.

Den ersten Schritt zur Entfernung der Schranken zwischen den beiden Arten von Atommodellen tat Bohr, als er die Anwendung des Coulombschen Gesetzes auf ausgezeichnete Zustände oder Bahnen beschränkte. Ich habe im vorangehenden Kapitel zu zeigen versucht, daß sich die wesentlichen Aussagen der Bohrschen Theorie auf die Bahn als Ganzes und nicht auf die genaue Lage des Elektrons in der Bahn beziehen. Ist die Lage und Richtung dieser Bahn festgelegt, so kann sie als Baustein eines Atoms dienen, das im wesentlichen statischen Charakter hat.

Jedoch bleiben in der ursprünglichen Bohrschen Theorie einige Punkte übrig, die sich nur schwer mit dem Atombild des Chemikers vereinbaren lassen. Dies gilt besonders für Atome mit mehr als einem Elektron. Bohr nahm bei diesen Ringe von Elektronen an, die jeweils in einer gemeinsamen Bahn umlaufen; eine Annahme, die offenbar in scharfem Gegensatz zu den allgemein bekannten chemischen Eigenschaften steht.

Aber auch von physikalischer Seite wurde immer mehr Material geliefert, das in schroffem Gegensatz zur Ringtheorie stand. Die Röntgenspektroskopie von Kristallen schien dafür zu sprechen, daß der Elektronenhülle des Atoms eine kubische oder sonstwie regelmäßige polyedrische Struktur zukommt, wie die Untersuchungen Hulls [41] zeigten. Zum gleichen Schlusse gelangten Born und Landé [14] bei dem Versuch einer mathematischen

Behandlung der einfachsten physikalischen Eigenschaften der Kristalle. Sie behielten zwar den Standpunkt bei, daß das Elektron auf einer Bahn umlaufe, nahmen aber kleine Dimensionen der Bahn an und wiesen der Lage der Bahn die Rolle zu, die nach Parson und mir der Lage der Elektronen zukommt.

In einer späteren Arbeit [12] gab Bohr die Elektronenringe vollständig auf. Er fand, daß gerade die Erscheinungen der Spektrallinien im Gebiet des sichtbaren und des Röntgenlichtes nicht quantitativ wiedergegeben werden könnten durch eine Theorie, die mit gekoppelten Elektronen in zusammenhängenden Bahnen rechnet. Er schreibt jetzt jedem Elektron seine eigene Bahn zu und denkt sich diese Bahnen in Schalen um den Atommittelpunkt angeordnet.

Wie mir scheint, hat Bohr durch diesen Schritt alle wesentlichen Streitpunkte zwischen der Anschauungsweise des Physikers und der des Chemikers aus der Welt geschafft. Wenn wir die Bahn als Ganzes und nicht die Stellung des Elektrons in ihr als das Wesentliche ansehen, und wenn wir weiter jedem Elektron seine eigene Bahn zuschreiben, dann können wir uns jede Elektronenbahn in einer bestimmten Lage im Raume denken. Die Stellung, die das Elektron im Mittel in der Bahn einnimmt, können wir die Lage des Elektrons nennen, und diese würde dann völlig der festen Lage entsprechen, welche die Theorie des statischen Atoms dem Elektron zuweist.

Wir wollen jetzt versuchen, die besprochenen verschiedenen Anschauungen zu einer einzigen Theorie des Atombaues zusammenzuschweißen, die zwar sicherlich keinen Anspruch auf Endgültigkeit erheben kann, aber doch alles das zusammenfassen soll, was Chemiker und Physiker heute über den Atombau sicher wissen.

1. Zunächst wollen wir die ganze Bohrsche Theorie übernehmen, soweit sie sich auf ein einzelnes Atom mit nur einem Elektron erstreckt. Es gibt keine chemischen Tatsachen, die diesem Teile der Theorie widersprechen; in diesem neuen Modell (vgl. S. 38) ist alles das enthalten, was von der Bohrschen Theorie streng quantitativ gilt.

2. Bei Systemen mit mehr als einem Kern oder mehr als einem Elektron wollen wir ebenfalls annehmen, daß die Elektronen auf Bahnen umlaufen, denn eine solche Bewegung ist offenbar nötig zur Erklärung der magnetischen Erscheinungen. Jedes Elektron auf einer Bahn kann als einem Elementarmagnet oder Magneton gleichwertig betrachtet werden. Bei solchen komplizierten Atomen

und Molekülen wollen wir jedoch nicht annehmen, daß ein Atomkern notwendig im Mittel- oder Brennpunkt der Bahn stehen muß.

3. Diese Bahnen haben feste Lagen zueinander und zum Kern. Wenn wir von der Lage eines Elektrons sprechen, so meinen wir damit die Lage der Bahn als Ganzes und nicht die Lage des Elektrons auf der Bahn. Auf Grund dieser Definition können wir feststellen, daß der Übergang eines Elektrons von einer Lage zur anderen stets von einer bestimmten Energieänderung begleitet ist. Wenn die Lagen der einzelnen Teile des Atoms oder Moleküls derartig sind, daß bei keiner Änderung Energie frei wird, so können wir sagen, das System befinde sich im stabilsten Zustand.

4. Bei einem Vorgang, der nur aus dem Fallen eines Elektrons aus einer Lage in eine stabilere besteht, wird Energie als monochromatische Strahlung emittiert; die Frequenz dieser Strahlung, multipliziert mit der Planckschen Konstante h, ist gleich der Energiedifferenz zwischen den beiden Zuständen des Systems.

5. Die Elektronen eines Atoms sind um den Kern in konzentrischen Schalen angeordnet. Die Elektronen der äußersten Schalen werden als Valenzelektronen bezeichnet. Die Valenzschale eines freien (unverbundenen) Atoms enthält nie mehr als acht Elektronen. Der Rest des Atoms, der den Kern und die inneren Schalen umfaßt, wird Atomrumpf genannt. Bei den Edelgasen nimmt man gewöhnlich an, daß sie keine Valenzschale besitzen, und daß bei ihnen Atom und Atomrumpf identisch sind.

6. In meiner Arbeit „Atom und Molekül" legte ich großen Nachdruck auf das paarweise Auftreten der Elektronen. Ich bin inzwischen zu der Überzeugung gekommen, daß diese Erscheinung von noch größerer Bedeutung ist, als ich damals annahm, und daß sie nicht nur für die Valenzschale gilt, sondern auch für den Atomrumpf und sogar auch für das Kerninnere. Ich halte es nicht für wünschenswert, in diesem Buche die äußerst interessanten Vorstellungen über den Bau des Atomkerns zu besprechen; nur so viel soll hier angeführt werden: Wenn man die Hypothese von Prout gelten läßt, so kann man aus Atomgewicht und Atomzahl allein die Zahl der Wasserstoffkerne und Elektronen berechnen, die den Kern eines bestimmten Atoms aufbauen. Es ist eine auffallende Tatsache, daß die Zahl der so berechneten Kernelektronen mit ganz wenigen Ausnahmen eine gerade Zahl ist. Weiterhin ist bemerkenswert, daß immer, wenn ein radioaktives Atom ein β-Teilchen aussendet, fast unmittelbar darauf die Aussendung eines zweiten β-

Teilchens erfolgt *), ein neues Beispiel für die Instabilität unpaarer
Elektronenzahlen im Kern. Ferner finden wir, daß in allen stabilen
Zuständen des Atoms die Elektronen in den verschiedenen inneren
Schalen in gerader Anzahl auftreten. Wir werden später sehen,
daß die Valenzelektronen fast ohne Ausnahme der gleichen Regel
folgen. Wohl die einfachste Erklärung dieser Tatsache wird durch
die Annahme gegeben, daß die Elektronen in physikalischem Sinne
paarweise gekoppelt sind. Es gibt nun weder in den bekannten
Gesetzen der Elektrizitätslehre noch in der Quantentheorie des
Atombaues, soweit sie bis jetzt entwickelt ist, eine Erklärung für
dieses paarweise Zusammengehören der Elektronen. Jedoch haben
wir gesehen, daß ein Elektron im Atom als Magnet betrachtet
werden kann, und zwei solcher Magnete werden das Bestreben
haben, einander anzuziehen. Die klassische Theorie des Magnetismus
wird zwar diese Erscheinung des paarweisen Auftretens der Elektronen kaum ganz erklären können, aber ohne Frage ist die Kopp-
lung der Elektronen innig verknüpft mit den magnetischen Eigenschaften der Elektronenbahnen; die Erklärung dieser Erscheinung
muß als eines der wichtigsten noch ungelösten Probleme der
Quantentheorie betrachtet werden.

7. Wir wollen ferner eine ganz neuerdings (1921) von Bohr [12]
ausgesprochene Vorstellung benutzen, die nicht so sehr auf Folgerungen aus seinem Atommodell, als auf direkter Auswertung der
experimentellen Daten über Serienspektren fußt. Seine wesentlichen Annahmen sind, daß zur ersten Schale nur ein einziges
Energieniveau gehört, und daß dieses Niveau nur ein einziges Elektronenpaar beherbergen kann; die zweite Schale soll zwei Energieniveaus enthalten, deren jedes zwei Elektronenpaare aufnehmen
kann, so daß im Maximum acht Elektronen in der zweiten Schale
enthalten sein können. Die dritte Schale hat drei Energieniveaus, deren jedes drei Elektronenpaare aufnehmen kann, so
daß die maximale Elektronenzahl in der dritten Schale 18 ist.
Die vierte Schale enthält vier Niveaus, von denen jedes vier
Elektronenpaare aufnehmen kann, was im ganzen 32 Elektronen ausmacht usw. **).

---

*) Vgl. K. Fajans, Radioaktivität usw., 4. Aufl., S. 90. L. Meitner,
Zeitschr. f. Phys. 4, 146 (1921).

**) Die Untergruppeneinteilung von Bohr steht nicht im Einklang mit
dem Niveauschema, das die röntgenspektroskopische Forschung ergeben
hat. E. C. Stoner, Phil. Mag. [6] 48, 719 (1924) und J. D. Main Smith,

Wir werden den großen Nutzen dieser Annahme einsehen, wenn wir nun dazu übergehen, die Anordnung der Elektronen in den verschiedenen Elementen zu betrachten.

Die innere Struktur einzelner Atome.

Im Wasserstoff ist der Atomrumpf mit dem Kern identisch, und es gibt nur ein Valenzelektron. Dieses einzige Elektron müßte dem Atom ein großes magnetisches Moment erteilen, und daher müssen wir erwarten, daß einatomiger Wasserstoff stark paramagnetisch ist. Leider hat noch niemand eine experimentelle Methode ersonnen, mit der es möglich wäre, die Suszeptibilität des einatomigen Wasserstoffs zu bestimmen, da dieser nur bei sehr hohen Temperaturen oder durch starke elektrische Entladungen erhalten werden kann.

In einer neuen, außerordentlich interessanten Untersuchung ist es Stern und Gerlach [92] gelungen, die magnetischen Eigenschaften des Silberatoms direkt zu messen, welches, wie das Wasserstoffatom, nach unserer Annahme nur ein Elektron in seiner Außenschale hat. Sie finden, daß es sich ähnlich verhält, wie es für das Wasserstoffatom von der Bohrschen Theorie vorausgesagt wurde.

(Es besteht natürlich die Möglichkeit, daß der Atomkern selbst ein magnetisches Moment besitzt. In der Regel findet man jedoch, daß die magnetischen Eigenschaften der Stoffe weitgehend von dem physikalischen Zustand eines Elements oder von seinem chemischen Bindungszustand abhängen; man kann daher annehmen, daß die äußeren Elektronen, die hauptsächlich bei den gewöhnlichen physikalisch-chemischen Änderungen beteiligt sind, allein für die magnetischen Eigenschaften verantwortlich sind. Wir haben jedoch keinen direkten Beweis dafür, daß der Kern selbst nicht auch magnetisch sein kann.)

Ursprünglich nahm Bohr an, daß im zweiatomigen Wasserstoff und im Helium die beiden Elektronen auf derselben Bahn und im gleichen Sinne umlaufen. Dadurch müßte ein starkes magnetisches Moment erzeugt werden, und man sollte daher erwarten, daß die beiden Gase paramagnetisch seien. Sie sind jedoch im

---

Journ. Chem. Ind. **43**, 323 (1924); Chemistry and Atomic Structure, London 1924, haben etwa gleichzeitig eine neue Untergruppeneinteilung vorgeschlagen, die einer Reihe von empirischen Tatsachen besser Rechnung trägt als die Bohrsche und die zurzeit wohl allgemein angenommen ist.

Gegenteil diamagnetisch, und daher ist dieses Modell offenbar un-
befriedigend. Ein späteres Modell, in welchem die beiden Elektronen auf verschiedene Bahnen verlegt wurden, die einen Winkel
miteinander bilden, kann aus demselben Grunde beanstandet werden,
da auch diese Anordnung zu Paramagnetismus führen müßte. Zwei
Magnete können auf zweierlei Arten durch ihre magnetischen Kräfte
zusammengehalten werden. Diese beiden Möglichkeiten sind in
Abb. 13 veranschaulicht, in welcher die Magnete als elektrische
Kreisströme und außerdem — was auf dasselbe herauskommt —
als Stabmagnete gezeichnet sind. In der ersten Anordnung ver-
stärken sich die beiden Magnete und erzeugen ein magnetisches
Moment, das größer ist als das jedes einzelnen Magnets. In der
zweiten Anordnung heben sich die beiden magnetischen Momente
auf, und die magnetischen Kraftlinien sind fast völlig auf die un-

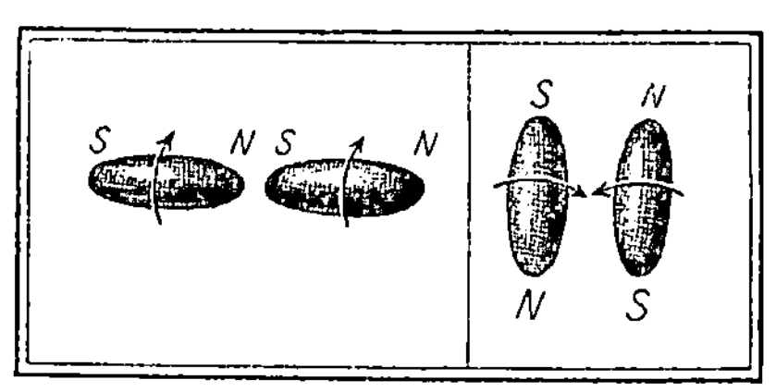

Abb. 13. Die beiden Möglichkeiten
stabiler Anordnung eines Magnetpaares.

mittelbare Nachbarschaft
der beiden Magnete be-
schränkt. Da die Erschei-
nung des Diamagnetismus
in der großen Mehrzahl der
Stoffe vorherrscht, müssen
wir annehmen, daß die
zweite Anordnung dem nor-
malen Zustand eines Elek-
tronenpaares näherkommt.

Die zwei Elektronen des He werden gewöhnlich nicht als
Valenzelektronen angesehen, wir können daher das ganze He-Atom
als Atomrumpf betrachten. Im vorhergehenden Abschnitt haben
wir unter 7. gesehen, daß nach Bohr die erste Schale eines Atoms
nur ein Energieniveau enthält und zwei Elektronen aufnehmen
kann. Das Elektronenpaar im He besetzt diese Schale, und ebenso
ist die erste Schale aller Atome höherer Ordnungszahl mit diesem
einen Elektronenpaar besetzt.

Das System aus dem Kern und der ersten Schale mit einem
Elektronenpaar bildet den Atomrumpf der Elemente von Li bis F
einschließlich. Das neutrale Li-Atom hat die Kernladung $+ 3$
und ein Valenzelektron; dieses wird vom Atom leicht abgegeben
und es bleibt dann der Atomrumpf (das Li^+-Ion) übrig. Be hat
zwei Valenzelektronen, die ebenfalls leicht abgegeben werden,
wodurch das Be^{++}-Ion entsteht. Das B dagegen mit drei Valenzelektronen gibt diese nicht so leicht ab, und die Existenz des

freien B^{+++}-Ions ist nicht bekannt. Ebenso haben C vier, N fünf, O sechs und F sieben Valenzelektronen. Die letzten drei Atome zeigen ein wachsendes Bestreben, so viele Elektronen aufzunehmen, als zu der stabilen Achtergruppe, dem Oktett, noch fehlen; wir haben im 2. Kapitel (S. 20 f.) gesehen, daß dieses Bestreben eine der augenfälligsten Erscheinungen der Chemie ist. Die Existenz des N^{---}-Ions mit drei aufgenommenen Elektronen ist noch nicht ganz sicher erwiesen. Das O^{--}-Ion hat zwei Elektronen aufgenommen; F reagiert heftig mit fast allen Substanzen und nimmt dabei das eine Elektron auf, das ihm zur Bildung des F^{-}-Ions noch fehlt.

Im Ne enthält das neutrale Atom acht Elektronen in der zweiten Schale und bildet ein außerordentlich stabiles System. Man kann hier wieder wie beim He das ganze Atom als Atomrumpf betrachten, es besteht also aus dem Kern, der ersten Schale mit zwei und der zweiten Schale mit acht Elektronen. Nach der Bohrschen Annahme enthält diese äußere Gruppe von acht Elektronen die für die zweite Schale maximal mögliche Elektronenzahl, und zwar sollen vier dieser Elektronen auf einem etwas verschiedenen Energieniveau gegenüber den vier anderen liegen, aber wir können diese Unterscheidung vernachlässigen, wenn wir nur die chemischen Eigenschaften der Atome betrachten.

Alle Elemente der nächsten Periode sind durch einen Atomrumpf gekennzeichnet, der völlig dem Ne-Atom gleicht. Wir können die Verteilung der Elektronen in den aufeinanderfolgenden Schalen wie folgt darstellen: Na 2 8 1, Mg 2 8 2 usw. bis Cl 2 8 7. Bei jedem Atom gibt die letzte Ziffer die Zahl der Valenzelektronen an, und wie in den vorhergehenden Perioden haben die Elemente mit kleiner Valenzelektronenzahl das Bestreben, Elektronen abzugeben und positive Ionen zu bilden; die mit größerer Valenzelektronenzahl suchen dagegen so viele Elektronen aufzunehmen, daß sie negative Ionen mit einer vollständigen Achtergruppe in der äußeren Schale bilden.

Die erste große Periode.

Die Verteilung der Elektronen im Argon kann wiedergegeben werden durch die Zahlen 2 8 8; in Analogie zu den beiden vorhergehenden Perioden könnten wir nun erwarten, daß die Atomrümpfe der Elemente der dritten Periode wie das Ar-Atom gebaut seien und tatsächlich finden wir, daß den Eigenschaften der drei ersten Elemente

die folgenden Elektronenanordnungen gerecht werden: K 2 8 8 1,
Ca 2 8 8 2, Sc 2 8 8 3. Aber schon beim Ti gilt dies einfache
Schema nicht mehr. Wir haben ja gefordert, daß ein Atom in keinem
Falle mehr als acht Valenzelektronen haben darf, und hier handelt
es sich um eine Periode von 18 Elementen, so daß wir die Reihe
vom ersten zum letzten Element nicht einfach durch Addition von
je einem Elektron zur Außenschale fortführen können. Offenbar
passiert hier etwas Neues.

Schon vor vielen Jahren war mir klar, daß der sogenannte
Valenzwechsel von Elementen zwei ganz verschiedene Arten von
Erscheinungen umfaßt, daß z. B. eine Reaktion wie die Oxydation
von H_2S zu SO_2 oder SO_3 ein ganz andersartiger Vorgang ist als
der Übergang eines Ferrosalzes in ein Ferrisalz oder eines Titano-
salzes in ein Titanisalz. Es gibt zahlreiche Gründe für die Annahme eines fundamentalen Unterschiedes zwischen diesen beiden
Arten von Oxydation. Zum Beispiel kommen bei der ersten Art
Oxydation und Reduktion gewöhnlich nur in Schritten von zwei
Valenzstufen vor, während bei der zweiten Art häufig eine Änderung
um nur eine Stufe auftritt. Stoffe der zweiten Art sind gewöhnlich
gefärbt, während die der ersten Art farblos zu sein pflegen. Den
Unterschied zwischen den beiden Arten stellte ich in meiner Arbeit
vom Jahre 1916 [57] fest; dort bezeichnete ich die Atome, bei denen
der Valenzwechsel nach der zweiten Art auftritt, als Atome mit
veränderlichem Rumpf.

Die Eigenschaften der verschiedenen Elemente vor Titan
stehen mit der Annahme im Einklang, daß die zum Atomrumpf ge-
hörigen Elektronen sich an chemischen Reaktionen nicht beteiligen;
wenn wir aber nun zu Elementen höherer Ordnungszahl übergehen,
so werden wir sehen, daß diese einfache Regel keinesfalls all-
gemeingültig ist.

Es ist eine bemerkenswerte Tatsache, daß die bisher besprochenen Metalle bei der Ionenbildung alle Elektronen ihrer
Außenschale gleichzeitig abgeben. Wenn man Ca bei der Elektrolyse zur Elektrode macht, so verliert es niemals ein einziges
Elektron, um Ca^+-Ion zu bilden. Wäre dies doch der Fall, so
müßte dieses Ion unbeständig sein und sofort die Reaktion eingehen: $2\,Ca^+ = Ca + Ca^{++}$. Nun muß man zwar im ionisierten
Ca-Dampf das Ion Ca^+ annehmen, um das sogenannte Funkenspektrum des Ca zu erklären; aber vermutlich würden zwei derartige Ionen beim Zusammenstoß in der oben angegebenen Weise

reagieren. Verbindungen des Typus $CaCl$ sind unbekannt[*]. Al bildet keine Ionen Al^+ und Al^{++}, und man kennt auch keine Verbindungen vom Typus $AlCl$ und $AlCl_2$. Mit anderen Worten, ein solches Metall benutzt bei der Reaktion entweder alle seine Valenzelektronen oder keines[**]. (Wahrscheinlich gibt es bei einigen Elementen höheren Atomgewichts Ausnahmen von dieser Regel. Es ist wahrscheinlich, daß beim Übergang vom Thallo- zum Thalli-Ion oder vom Auro- zum Auri-Ion der Atomrumpf sich nicht verändert.)

Wir wollen nun sehen, was für Konsequenzen sich aus dieser Regel ergeben, wenn man sie auf die Elemente des periodischen Systems anwendet, mit denen wir uns gerade beschäftigen. Ti liefert drei Klassen von Verbindungen; die erste leitet sich vom Titano-Ion Ti^{++}, die zweite vom Titani-Ion, Ti^{+++}, die dritte vermutlich von dem vierfach positiven Ion Ti^{++++} ab. Wenn wir nun annehmen, daß das Atom in jedem dieser Ionen alle seine Valenzelektronen abgegeben hat, so müssen wir schließen, daß es für das Ti-Atom drei mögliche Zustände gibt, in denen es zwei, drei bzw. vier Valenzelektronen enthält. Da die Gesamtzahl der Elektronen für jeden Zustand des neutralen Atoms die gleiche sein muß, so heißt das, daß der Atomrumpf im ersten Zustand ein Elektron mehr als im zweiten, und im zweiten eins mehr als im dritten haben muß. Wenn man annimmt, daß diese zum Rumpf hinzukommenden Elektronen in die vorhergehende Schale gehen, so kann man die drei Zustände des neutralen Atoms folgendermaßen wiedergeben: 2 8 8 4 (bildet das Ti^{++++}-Ion), 2 8 9 3 (Ti^{+++}, Titanisalze) und 2 8 10 2 (Ti^{++}, Titanosalze).

Wenn man die gleiche Vorstellung auf die nächsten Glieder von Elementen mit veränderlichem Atomrumpf anwendet, so findet man für die einzelnen Atomrümpfe Elektronenverteilungen, wie sie Tabelle 3 zeigt. Bei Ar, K, Ca und Sc tritt lediglich der durch 2 8 8 bezeichnete Atomrumpf auf, der auch bei den Titanaten, Vanadaten, Chromaten und Permanganaten vorkommt. Jede Anordnung von 2 8 8 bis 2 8 18 kommt in der Tabelle vor. Der

---

[*] Nach Abeggs Handbuch der anorgan. Chemie (Leipzig 1905), **2**, 2. Abt., S. 105, 253 sind $CaCl$ und $BaCl$ doch bekannt.

[**] H. G. Grimm und K. F. Herzfeld, Zeitschr. f. Phys. **19**, 141 (1923), haben die Valenzzahlen der Metalle mit Hilfe des Bornschen Kreisprozesses [M. Born, Verh. d. D. Phys. Ges. **21**, 13, 679 (1919)] mit den energetischen Verhältnissen bei der Verbindungsbildung in Zusammenhang gebracht.

Tabelle 3. Bau der Atomrümpfe bei den Elementen der ersten großen Periode.

2 8 8	2 8 9	2 8 10	2 8 11	2 8 12	2 8 13	2 8 14	2 8 15	2 8 16	2 8 17	2 8 18
A K^+ Ca^{++} Sc^{+++} Ti^{++++} V^{+++++} Cr^{++++++} $Mn^{+++++++}$	Ti^{+++} V^{++++} Mn^{++++++}	Ti^{++} V^{+++} Fe^{++++++}	V^{++} Cr^{+++} Mn^{++++}	Cr^{++} Mn^{+++}	Mn^{++} Fe^{+++}	Fe^{++} Co^{+++}	Co^{++} Ni^{+++}	Ni^{++}	Cu^{++}	Cu^+ Zn^{++} Ga^{+++} usw.

Die Schreibweise von Formeln wie Cr^{+++} und Mn^{++++} soll nicht bedeuten, daß wir tatsächlich an die Existenz dieser Ionen glauben; wir wollen damit nur durch eine abgekürzte Schreibweise den Zustand des Chroms in den Chromaten, bzw. des Mangans in den Permanganaten ausdrücken.

Atomrumpf 2 8 11 findet sich z. B. in den Vanado- und Chromi-
verbindungen sowie im MnO_2. Der Atomrumpf 2 8 18 scheint wie
die Anordnung 2 8 8 einen höheren Grad von Stabilität zu besitzen
als die Übergangsformen[*]). Diese Verteilung finden wir bei Cu in
den Cuproverbindungen, und alle übrigen Elemente dieser Periode Zn,
Ga, Ge, As, Se und Br[**]) besitzen ebenfalls die Anordnung 2 8 18.

Es ist sicher, daß wenigstens einige Elektronen in den Atomrümpfen der verschiedenen Übergangsformen zwischen 2 8 8 und
2 8 18 sich in einem ganz anderen Zustand befinden als die Elektronen der inneren Schalen bei den bisher besprochenen Elementen.
Einfache Vorgänge wie Oxydation und Reduktion können schon
die Elektronenzahl im Atomrumpf verkleinern oder vergrößern.
Daß einige dieser Elektronen nicht fest gebunden sind, zeigt auch
das Auftreten von Farbe bei den Verbindungen dieser Übergangselemente. Ein ebenso auffallendes Kennzeichen der Übergangselemente sind ihre magnetischen Eigenschaften. Abgesehen von
dem ausgesprochenen Ferromagnetismus bei einigen Elementen
selbst, findet man bei vielen ihrer Verbindungen starken Paramagnetismus[***]).

Tatsächlich ist ausgesprochener Paramagnetismus fast ausschließlich eine Eigenschaft dieser Elemente und der Übergangselemente der anderen großen Perioden, bei denen die Erscheinung
der Valenzänderung sich ebenfalls findet. Bei der Durchsicht des
sehr unvollständigen Materials in den Tabellen von Landolt-
Börnstein-Roth fällt auf, daß (mit der wichtigen Ausnahme des
molekularen Sauerstoffs O_2) dort kein Stoff in elementarem oder
verbundenem Zustand verzeichnet ist, der eine höhere magnetische
Suszeptibilität als 10^{-6} pro Gramm besitzt, außer Ti, V, Cr, Mn, Fe,
Co, Ni und Cu (in Cupriverbindungen) in der ersten großen Periode,
Nb, Rh und Pd, den Übergangselementen der zweiten großen
Periode, Ce und Pr in der dritten großen Periode.

Ferner ist zu beachten, daß der stark paramagnetische
Charakter dieser Elemente verschwindet, wenn der Rumpf eine der
beiden Anordnungen 2 8 8 oder 2 8 18 annimmt. So sind Chromate
und Permanganate schwach paramagnetisch, Cuproverbindungen

---

[*]) Vgl. H. G. Grimm, Zeitschr. f. phys. Chem. **98**, 353 (1921); **101**,
410 (1922).

[**]) Vgl. die Anmerkung [**]) auf S. 110.

[***]) Vgl. R. Ladenburg, Zeitschr. f. Elektrochem. **26**, 262 (1920);
Naturwiss. **8**, 6 (1920).

besitzen geringen Para- oder Diamagnetismus. Andererseits treten
die am stärksten magnetischen Stoffe in der Mitte der Übergangsgruppe auf.

In diesem Übergangsstadium, das vor der Vervollständigung
des neuen Rumpfes auftritt — der gleiche Vorgang spielt sich
offenbar in jeder der folgenden Perioden ab —, bemerkt man eine
ausgesprochene Abkehr von der sonst allgemein beobachteten Regel,
daß Elektronenschalen eine gerade Anzahl von Elektronen an-
streben. Bei den zweiwertigen Ionen von Ti, V, Cr, Mn, Fe, Co,
Ni und Cu treten abwechselnd Atomrümpfe mit geraden und ungeraden Elektronenzahlen auf; eine Ände-
rung der Stabilität ist jedoch nicht zu
beobachten.

In den stabilen Atomrümpfen sind die
Elektronenbahnen, die man sich als elektrische Elementarströme oder Elementarmagneten zu denken hat, offenbar so angeordnet, daß sich ihre Magnetfelder
neutralisieren, wodurch die Ausbildung eines
resultierenden magnetischen Momentes verhindert wird; ganz anders scheinen die Verhältnisse bei den instabilen Anordnungen
der Übergangsgruppen zu liegen. Ich möchte
nicht versuchen, eine Annahme über die wirkliche Struktur dieser
instabilen Rümpfe zu machen *), vielleicht ist aber doch interessant,
zu bemerken, daß die erwähnten magnetischen Eigenschaften bei
folgender Anordnung resultieren würden:

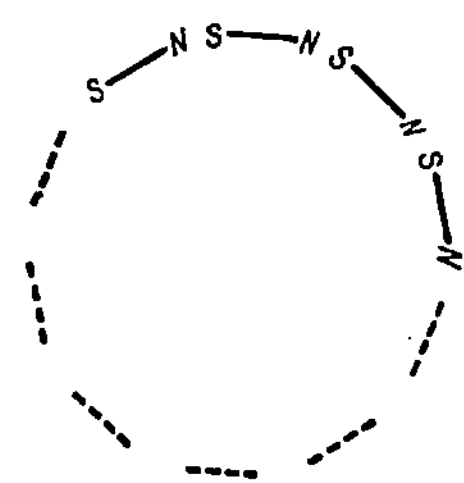

Abb. 14. Eine mögliche
Anordnung der Elemen-
tarmagnete bei den
Übergangselementen.

Die zu der stabilen Anordnung 2 8 8 noch weiter hinzutretenden
Elektronenbahnen (als Elementarmagnete betrachtet) ordnen sich im
Rumpf in einer Reihe an, und zwar immer Nordende an Südende,
so daß jeder hinzukommende Magnet das Gesamtmoment vergrößern
muß. Wenn wir uns an Stelle einer geraden Reihe einen Ring
von zehn Magneten, wie ihn Abb. 14 zeigt, vorstellen, der aus den
einzelnen Magneten nacheinander aufgebaut werden soll, dann müßte
am Anfang des Ringes jeder Magnet das resultierende Moment
vergrößern; wenn der Ring sich seiner Vervollständigung nähert,

---

*) Vgl. hierzu R. Swinne, Zeitschr. f. Elektrochem. **31**, 417 (1925).
Wiss. Veröff. aus dem Siemenskonzern **5**, 80 (1926); F. Hund, Zeitschr. f.
Phys. **33**, 345 (1925); **34**, 296 (1925); R. Samuel und E. Markovicz,
ebenda **38**, 22 (1926).

so müßte das Moment wieder abnehmen und im geschlossenen Ring ganz verschwinden. So können wir uns roh vorstellen, wie der stabile unmagnetische Rumpf 2 8 8 in den ebenfalls stabilen Rumpf 2 8 18 übergeht, wobei das höchste magnetische Moment in der Mitte der Übergangsperiode auftritt.

Wenn ein Metallion nur aus einem Rumpf besteht, der alle Valenzelektronen verloren hat, und wenn der Bau dieses Rumpfes die magnetischen Eigenschaften des Ions bestimmt, dann müssen wir eine große Ähnlichkeit zwischen zwei Ionen erwarten, die genau denselben Bau des Rumpfes haben und sich nur durch die Kernladung unterscheiden (vorausgesetzt, daß die magnetischen Eigenschaften der Ionen der Eisengruppe nicht sehr oder immer in gleichem Maße durch die Hydratation beeinflußt werden). Kossel [46] hat auf einige sehr wichtige Resultate Webers [104] über die atomare Suszeptibilität solcher Ionen aufmerksam gemacht. Die folgenden Zahlen zeigen, daß die paramagnetische Suszeptibilität der zweiwertigen Ionen vom Cr^{++} zum Mn^{++} steigt und dann zum Ni^{++} fällt:

Ion	Cr^{++}	Mn^{++}	Fe^{++}	Co^{++}	Ni^{++}
Suszeptibilität .	0,011	0,015	0,013	0,010	0,004

Bei den entsprechenden dreiwertigen Ionen findet Weber 0,006 für Cr^{+++}. Mn^{+++}, das einen gleichgebauten Rumpf hat wie Cr^{++}, hat auch dieselbe Suszeptibilität, nämlich 0,011; ebenso hat Fe^{+++} mit dem gleichen Rumpfaufbau wie Mn^{++} die gleiche Suszeptibilität wie dieses, nämlich 0,015. (Bei Co^{+++} wurde eine viel geringere Suszeptibilität als bei Fe^{++} gefunden, aber das ist jedoch sehr wahrscheinlich auf die Schwierigkeit, ein reines Co^{+++}-Salz herzustellen, zurückzuführen). Diese Tatsachen zeigen sehr klar, daß in diesen Ionen der Bau des Rumpfes die magnetischen Eigenschaften bestimmt und daß die magnetische Suszeptibilität ein Maximum erreicht bei dem Rumpf, der fünf Elektronen mehr besitzt als das Ar.

Alle diese Tatsachen rechtfertigen wohl die Behauptung, daß in dieser ersten großen Periode eine Gruppe von Elementen vorliegt, von denen viele einen veränderlichen Atomrumpf besitzen, und daß von Sc zu Zn der Atomrumpf zehn weitere Elektronen aufgenommen hat. Dies stimmt völlig mit der Bohrschen Theorie überein. Wir haben gesehen, daß bei einem Atomrumpf vom He-Typus die erste Schale voll besetzt ist mit den zwei Elektronen, die als einzige auf diesem Energieniveau aufgenommen werden können. Im Rumpf vom Ne-Typus enthält auch die zweite Schale ihren vollen Betrag von acht Elektronen; in dem Rumpf vom Ar-Typus 2 8 8 enthält die dritte Schale aber nur acht Elektronen von den 18, die sie aufnehmen kann; wir können daher schließen, daß die zehn Elektronen, die in der Übergangsgruppe vom Sc zum Zn aufgenommen werden, die dritte Schale von 18 Elektronen auffüllen, so daß im Kr ein Rumpf vom Typus 2 8 18 8 vorliegt.

Die übrigen Perioden.

Die vierte Elektronenschale sollte 32 Elektronen aufnehmen können, und es ist zu erwarten, daß die nächste mit Rb beginnende große Periode alle diese Plätze auch wirklich besetzt. In Wirklichkeit finden wir jedoch eine beinahe genaue Wiederholung der vorhergehenden Periode. Wir treffen wieder eine Reihe von Übergangselementen, wobei das Nb das erste mit veränderlichem Rumpf ist. Jedes der vier vorhergehenden Elemente Rb, Sr, Y und Zr gibt nur ein Ion, und die Verbindungen dieser Elemente sind farblos und haben geringe magnetische Suszeptibilitäten. Die folgenden Elemente verhalten sich ganz ähnlich wie die der ersten großen Periode; dem Schlußglied X kann der Rumpfbau 2 8 18 18 8 zugeschrieben werden.

Dieser Rumpf vom X-Typ bleibt in den ersten Gliedern der nächsten Periode, Cs, Ba und La erhalten. Im Ce haben wir das erste Element mit veränderlichem Rumpf, und wir können annehmen, daß die weiterhin vom Rumpf aufgenommenen Elektronen die vierte Schale von 32 Elektronen auffüllen. Dieser Vorgang würde keine Änderung in der Valenzschale von Element zu Element nach sich ziehen, und auch nicht in der nächst inneren Schale; er würde daher nur „unterirdische" Veränderungen im Atom erzeugen. Auf diese Weise kann man die große Ähnlichkeit in den Eigenschaften der seltenen Erden erklären.

Es ist anzunehmen, daß die Auffüllung beendigt ist, sobald die vierte Schale ihre volle Besetzung mit 32 Elektronen erreicht und die fünfte Schale 18 Elektronen von den ihr zukommenden 50 aufgenommen hat; dem Atomrumpf des Edelgases Em, daß diese Periode beschließt, kommt dann der Bau 2 8 18 32 18 8 zu.

Dies ist in großen Zügen die Ansicht über die Zusammensetzung der inneren Schalen, die beinahe gleichzeitig (1921) ausgesprochen wurde von Bohr [12], der das spektroskopische Verhalten der Elemente diskutierte, und von Bury [20], der ihre physikalischen und chemischen Eigenschaften heranzog. Dieses Modell erscheint sehr plausibel und gibt ohne Frage für den heutigen Stand der Wissenschaft das beste Bild vom Bau der Atomrümpfe. Einige noch ungeklärte Einzelheiten werden sich zweifellos durch weitere Erforschung der optischen und der Röntgenspektren der Elemente, der magnetischen Eigenschaften und der Ionisierungsspannungen aufklären lassen.

Es muß zugegeben werden, daß das Problem heute noch keineswegs vollständig gelöst ist. Bohr und Bury nehmen beide an, daß die letzte unvollständige Periode 32 Elemente enthalten müsse*), aber, wie ich in einem früheren Kapitel ausführte, ähneln die Eigenschaften von Thorium und Uran viel weniger denen der entsprechenden Elemente der vorhergehenden Periode von 32 Elementen als denen der dieser vorangehenden Periode mit 18.

Ferner ist die Ursache der Stabilität bestimmter Gruppen noch nicht hinreichend erklärt. Vermutlich wird es von den Energieverhältnissen der einzelnen möglichen Zustände abhängen, ob ein Elektron in die Außenschale oder in eine der inneren unvollständigen Schalen eines Atoms eintritt. Wir können zwar für erwiesen halten, daß 2, 8 und 18 die maximalen Elektronenzahlen für die erste, zweite und dritte Schale des Atoms sind, aber wir haben kein Anzeichen dafür, warum die gleichen Gruppen auch in unvollständigen Schalen auftreten. Wir kennen weiter keine Erklärung für die außerordentlich wichtige Tatsache, daß alle Edelgase (außer He) und alle gewöhnlichen Atomionen wie S^{--}, Cl^-, K^+, Ba^{++}, Al^{+++} gerade acht Elektronen in der Außenschale enthalten.

Auch das paarweise Auftreten der Elektronen, das allen stabilen Atomrümpfen eigentümlich zu sein scheint, wissen wir nicht recht zu erklären. Wir werden sehen, daß das Bestreben, Gruppen von zwei und acht Elektronen zu bilden, auch bei den Verbindungen einen Hauptzug der Anordnung der Valenzelektronen darstellt.

---

*) Vgl. auch Anmerkung **) auf S. 14.

Fünftes Kapitel

Die Vereinigung der Atome;
die moderne dualistische Theorie.

Wir haben jetzt ein Bild vom Bau des Atoms bekommen, das zwar in Einzelheiten unvollständig oder zum Teil sogar fehlerhaft sein mag, das aber sicherlich in den wesentlichen Zügen die Anordnung der Elektronen um den Atomkern herum richtig wiedergibt. Unsere nächste Aufgabe besteht nun darin, möglichst genau die Art und Weise zu erforschen, wie sich zwei oder mehr Atome miteinander vereinigen, um so auch vom Bau des Moleküls ein ähnlich eingehendes Bild zu bekommen. Kurz, wir müssen uns bemühen, den großen Komplex von Tatsachen und Hypothesen zu verstehen, den die sogenannte Valenztheorie umfaßt.

Ich habe an anderer Stelle bemerkt [56]: „In wissenschaftlichen Arbeiten besteht immer die Gefahr, daß ein Ausdruck, der von verschiedenen Autoren für verschiedene Vorstellungen und Gedanken gebraucht wird, alle reale Bedeutung verliert, wenn er nicht jedesmal von neuem definiert wird. So wird der Ausdruck Valenz zur Bezeichnung einer ganzen Menge von Vorstellungen benutzt, die vielleicht nicht mehr miteinander zu tun haben, als daß sie alle auf Daltons Gesetz der multiplen Proportionen zurückgehen. Selbst die Forderung der Ganzzahligkeit der Valenz wurde von den Anhängern der ‚Partialvalenz‘-Theorie aufgegeben."

Den Männern, denen wir den großartigen Ausbau der organischen Strukturchemie verdanken, war jedoch der Begriff der Valenz nicht doppeldeutig. Die Valenz eines Atoms in einem organischen Molekül stellte die Zahl der Bindungen dar, die dieses Atom mit anderen verknüpfen. Dem Organiker ist ferner die chemische Bindung keine bloße Abstraktion; sie hat eine bestimmte physikalische Bedeutung als ein Ding, das Atom mit Atom verknüpft. Obgleich die Natur einer solchen Verknüpfung geheimnisvoll bleibt, wurde doch die Bindungshypothese weitgehend gerechtfertigt durch die außerordentliche Rationalität und Einfachheit der Theorie des Molekülbaues, die aus ihr hervorging.

Der große Erfolg der organischen Strukturchemie führte zu nicht immer glücklichen Versuchen, anorganische Verbindungen ähnlich zu behandeln. Ich erinnere mich noch deutlich an die Nöte, die ich in meinen ersten Semestern vor etwa 30 Jahren mit vielen anderen erlitt, als wir Strukturformeln einer großen Zahl anorganischer Verbindungen auswendig lernen mußten. Sogar Stoffe wie die Ferro- und Ferricyanide wurden in ein System gezwängt, und man zog Bindungsstriche zwischen verschiedenen Atomen ohne Rücksicht auf das chemische Verhalten, um nur nicht gegen gewisse künstliche Regeln zu verstoßen. Heute schreibt man derartigen Formeln nur noch geringe oder gar keine wissenschaftliche Bedeutung mehr zu.

Ein solcher Mißbrauch der Strukturformel führte notwendig zu einer Reaktion, wie sie am deutlichsten in den Arbeiten Werners zum Ausdruck kommt. Sein Buch: „Neuere Anschauungen auf dem Gebiete der anorganischen Chemie" [105], leitete eine neue Epoche der Chemie ein. Bei dem Versuch, die grundlegenden Vorstellungen über die Valenz klar darzustellen, fühle ich mich niemand so sehr persönlich verpflichtet, wie Werner. Einige seiner theoretischen Schlüsse haben sich zwar als nicht zwingend erwiesen, er brachte aber in meisterhafter Weise eine große Zahl von Tatsachen in ein geordnetes System und deckte dabei die Widersprüche auf, die sich infolge der Aufstellung der Strukturformeln in der anorganischen Chemie ergeben hatten.

Werner machte besonders auf die weitgehende Analogie aufmerksam zwischen der Bildung einer Sauerstoffsäure durch Vereinigung des Anhydrids mit Wasser und der Bildung von Halogenosäuren durch Vereinigung gewisser Halogenide mit Halogenwasserstoffen. So ist die Reaktion $H_2O + SO_3 = H_2SO_4$ analog den Reaktionen $HF + BF_3 = HBF_4$ und $2\,HCl + PtCl_4 = H_2PtCl_6$. Nun kann man zwar der Schwefelsäure die Strukturformel

$$H-O-\overset{\displaystyle O}{\underset{\displaystyle O}{\overset{\|}{\underset{\|}{S}}}}-O-H$$

zuschreiben, aber die Bindungen in den beiden Halogensäuren kann man durch eine analoge Formel nicht darstellen. Man bezeichnete daher letztere als Molekülverbindungen. Es besteht jedoch zwischen den beiden Typen kein grundlegender Unterschied im chemischen Verhalten, der eine solche Unterscheidung rechtfertigen würde. Nach meiner Ansicht muß jeder, der alle die von Werner angeführten Tatsachen berücksichtigt, zugeben, daß wir entweder der Borfluorwasserstoffsäure eine ähnliche Formel wie der Schwefelsäure zuschreiben oder daß wir die Strukturformeln überhaupt ablehnen müssen.

Das Aufkommen solcher Ideen und der Erfolg der Arrheniusschen Theorie der elektrolytischen Dissoziation lenkte noch einmal die Aufmerksamkeit der Chemiker von der Strukturformel weg auf die elektrische Ladung der Atome eines Moleküls. So entstand die moderne dualistische Theorie, wie wir sie nennen wollen.

Die ältere von Davy und insbesondere von Berzelius entwickelte dualistische Theorie wurde hauptsächlich aufgegeben, weil man gefunden hatte, daß in organischen Verbindungen der elektropositive Wasserstoff durch das elektronegative Chlor ersetzt werden kann, ohne daß eine wesentliche Änderung in den Eigenschaften der Verbindung eintritt. Spätere Messungen der elektrischen Leitfähigkeit zeigten aber, daß Essigsäure und Trichloressigsäure doch in mancher Beziehung sehr verschiedenen Verbindungstypen angehören und daß man den Unterschied leicht mit der alten Annahme deuten kann, daß Cl eine viel größere Affinität zur negativen Elektrizität hat als Wasserstoff.

In der Theorie von Berzelius wurde die Elektrizität als ein Fluidum angesehen, das in größerem oder geringerem Betrage von einem Atom zum anderen übergehen können sollte. Die Erkenntnis der atomaren Natur der Elektrizität machte nun offenbar die Annahme notwendig, daß bei einem aus geladenen Atomen aufgebauten Molekül jedes Atom gegenüber seinem neutralen Zustand eine ganze Zahl von Elektronen zuviel oder zuwenig haben müßte. Nach der modernen dualistischen Theorie beruhen daher die chemischen Reaktionen in erster Linie auf dem Sprung von Elektronen von Atom zu Atom.

Die Eigenschaften der Elektrolyte deuten zweifellos auf eine solche Trennung der Ladungen hin. Wenn Na, Cl und H_2O sich zu einer Lösung von NaCl vereinigen, so verliert sicherlich das Na-Atom ein Elektron, und das Cl-Atom nimmt eins auf. Es lag nahe, anzunehmen, daß jedes undissoziierte NaCl-Molekül die gleichen geladenen Teilchen enthielte, also Na, dem ein Elektron fehlt, und Cl mit einem aufgenommenen Elektron, beide durch elektrische Kräfte zusammengehalten. Dieselbe Theorie könnte dann auf HCl angewendet werden, ferner auf Wasser und Alkohol und vielleicht sogar auf Substanzen wie Cl_2 und H_2.

Es gibt zwar nur eine beschränkte Anzahl von Ionen, deren Existenz in wässeriger Lösung in höheren Konzentrationen nachgewiesen wurde; aber die Existenz vieler anderer Ionen in geringen Konzentrationen ist erwiesen, und in anderen Fällen muß man ihr Vorhandensein in minimalen Konzentrationen annehmen, um das Verhalten verschiedener Stoffe erklären zu können. So enthält eine Lösung von Natriumaluminat Al^{+++}-Ionen zwar nur in äußerst kleiner, aber genau berechenbarer Konzentration. Es liegt daher der Schluß nahe, daß auch in den Aluminaten jedes Al-Atom dreifach positiv geladen ist.

In einigen ähnlichen Fällen kann die Existenz der Ionen nicht einmal nachgewiesen werden, aber man könnte annehmen, daß z. B. das hypothetische Ion Cr^{+++} den wirklichen Zustand des Cr-Atoms in Chromsäureanhydrid und in den Chromaten darstelle. Analog würde das S-Atom in den Sulfaten als S^{++++}, in den Sulfiten als S^{++++} und in den Sulfiden als S^{--} vorliegen.

Eine derartige Theorie gibt offenbar eine sehr einfache Erklärung für solche Vorgänge, bei denen ein bestimmtes Element in verschiedenen Stufen oxydiert oder reduziert werden kann. Wenn z. B. Mangano-Ion zu Permanganat-Ion oxydiert wird, so heißt das, es erhält das Mangan fünf Oxydationseinheiten, und gleichzeitig müssen ein oder mehrere andere Atome um fünf Einheiten reduziert werden. Nach der modernen dualistischen Theorie bedeutet das einfach, daß das Manganoion, das bereits zwei Elektronen verloren hat, noch weitere fünf verliert, also von Mn^{++} in Mn^{+++++} übergeht, wobei die fünf Elektronen von anderen Atomen aufgenommen werden.

In der ganzen Chemie gibt es keine wichtigeren Begriffe als die der Oxydation und Reduktion. Unter den Namen Phlogistierung und Dephlogistierung wurden derartige Vorgänge schon vor der Entdeckung des Sauerstoffs unterschieden und die Klassifizierung chemischer Vorgänge nach der Oxydationsstufe hat sich seitdem als äußerst brauchbar erwiesen. Niemand kann daran zweifeln, daß es wünschenswert ist, Ammoniak, die Alkylamine und die Ammoniumsalze in eine Klasse für sich zusammenzufassen, in eine andere N_2O_3, HNO_2 und die Nitrite und wieder in eine andere N_2O_5, HNO_3 und die Nitrate.

Aber es bleibt noch eine Frage, ob eine derartige Klassifikation auch absolut richtig ist.

Kann diese Einteilung, die bequem und für das Studium vieler chemischer Reaktionen tatsächlich notwendig ist, ohne Doppeldeutigkeit auf alle chemischen Stoffe angewendet werden? Wenn dies der Fall ist, so bedeutet es, daß wir jedem Atom in jeder Verbindung einen bestimmten Oxydations-Reduktionszustand zuschreiben. Wenn man dies elektrisch deutet, so bedingt das umgekehrt die völlige Anerkennung der modernen dualistischen Theorie, die jedem Atom in einer Verbindung eine ganze Zahl von positiven oder negativen Ladungseinheiten zuschreibt.

Diese Zahl, die positiv oder negativ (oder Null) sein kann und die den elektrischen Zustand jedes Atoms bezeichnen soll, wurde mitunter als positive oder negative Valenz des Atoms bezeichnet. Da aber diese Ausdrücke auch benutzt wurden, um die positive oder negative Maximalladung anzugeben, die das Element in einer großen Zahl von Verbindungen annehmen kann, und nicht die Ladung, die es in einer bestimmten Verbindung wirklich trägt, so schlugen Bray und Branch [18] die bessere Bezeichnung polare Valenzzahl (polar number) vor. So wird im $FeSO_4$ dem Eisen die polare Valenzzahl $+ 2$, dem Schwefel $+ 6$ und jedem Sauerstoff $- 2$ zugeschrieben.

Man pflegt in der anorganischen Chemie das Ferrieisen als dreiwertig, das Ferroeisen als zweiwertig zu bezeichen. Diese Bezeichnungsweise stimmt nun nicht nur nicht mit der der organischen Chemie überein, sondern ist überhaupt schlecht, weil sie eine Zahl ohne Vorzeichen einführt. So müßte man den Stickstoff sowohl in NH_3 als HNO_2 als dreiwertig bezeichnen. Für alle Fälle, wo die polare Valenz gemeint ist, schlage ich eine etwas abweichende Bezeichnungsweise vor. So soll Stickstoff im NH_3 als trinegativ, in HNO_2 als tripositiv, ebenso Fe in den Ferrisalzen als tripositiv, in den Ferrosalzen als bipositiv bezeichnet werden.

Ich möchte darauf hinweisen, daß diese polaren Valenzzahlen auch dann zu einer systematischen Behandlung der chemischen Reaktionen geeignet sind, wenn die klare Trennung der Atomladungen, die die dualistische Theorie verlangt, nicht stattfindet. Ich zitiere aus einer Arbeit von mir [56], die zusammen mit der von Bray und Branch erschien: „Oxydation ist gleichbedeutend mit einem Anwachsen, Reduktion mit einer Abnahme der polaren

Valenzzahl. Dieses einfache System liefert eine gute Methode zur Behandlung aller Fälle von Oxydation und Reduktion. Es muß jedoch bemerkt werden, daß dieses System wegen seiner sehr allgemeinen Fassung auch dann passen würde, wenn man ganz beliebige Werte für die polaren Valenzzahlen annehmen würde, solange nur gegen das Grundgesetz der Erhaltung der elektrischen Neutralität nicht verstoßen wird. Weiterhin können nichtpolare Verbindungen vorläufig wie polare behandelt werden und fiktive polare Valenzzahlen können angegeben werden, ohne daß dies zu falschen Schlüssen führt."

Wir wollen ein sehr interessantes, von Bray und Branch angeführtes Beispiel betrachten. Die Verbindung $C_6H_5SO_2OH$ kann als Derivat entweder der Schwefelsäure oder der schwefligen Säure aufgefaßt werden, nämlich a) als H_2SO_4, in der eine OH-Gruppe durch die C_6H_5-Gruppe ersetzt ist, und b) als H_2SO_3, in der ein H-Atom durch die C_6H_5-Gruppe ersetzt ist. Nach a) müßte man dem Schwefel die polare Valenzzahl $+ 6$, der Phenylgruppe $- 1$ zuschreiben; nach b) hätte Schwefel die polare Valenzzahl $+ 4$, die Phenylgruppe $+ 1$. Von den Vertretern der dualistischen Theorie wird nun als erwiesen angesehen, daß bei der Hydrolyse ein positives Radikal Hydroxyl, ein negatives Radikal Wasserstoff addiert. Wenden wir dieses Kriterium auf den vorliegenden Fall an, so finden wir, daß die Verbindung in saurer Lösung zu Benzol und Schwefelsäure, in alkalischer Lösung zu Phenol und schwefliger Säure hydrolisiert wird. Bray und Branch zeigten, daß man, um die Vorstellung, jedes Atom habe eine bestimmte polare Valenzzahl, aufrecht erhalten zu können, die Existenz zweier verschiedener Tautomeren im Gleichgewicht miteinander annehmen müsse, nämlich eines mit den polaren Valenzzahlen $S = + 4$ und $C_6H_5 = + 1$ und eines mit $S = + 6$ und $C_6H_5 = - 1$.

In den soeben angeführten Arbeiten von Bray und Branch und von mir wurde jedoch sehr deutlich gezeigt, daß bei vielen Verbindungen von einer so weitgehenden Trennung der elektrischen Ladungen, wie sie die moderne dualistische Theorie verlangt, keine Rede sein könnte. Tatsächlich existieren viele Stoffe des von uns als nicht polar bezeichneten Typus, deren Eigenschaften für eine nur geringfügige oder für gar keine Trennung der elektrischen Ladungen im Molekül sprechen. Die Eigenschaften eines Stoffes wie $NaCl$, unterscheiden sich so außerordentlich z. B. von denen des molekularen Wasserstoffs, daß es notwendig schien, wenigstens graduell, wenn nicht prinzipiell zwischen extrem polaren und mehr oder weniger nichtpolaren Typen zu unterscheiden; ich bemerkte jedoch, daß „nicht angenommen werden muß, daß irgend eine Verbindung vollständig und in jedem Augenblick einem von beiden Typen angehöre."

Für die gleiche Vorstellung setzte sich J. J. Thomson sehr nachdrücklich ein [99]. Er brachte zu den vielen chemischen Tatsachen auch noch physikalisches Beweismaterial bei, das sich auf Versuche mit Kanalstrahlen und auf Messungen der Dielektrizitätskonstanten stützte, und demonstrierte so den großen Unterschied zwischen verschiedenen Stoffen in bezug auf den Grad der Polarisation, oder wie er es zu nennen pflegte, der „intramolekularen Ionisation". Dies bedeutete eine völlige Abkehr von Thomsons ursprünglichem Standpunkt, der mit dem Abeggs übereinstimmte, daß alle chemischen Vorgänge durch Elektronenübergang von einem Atom zum anderen zustande kämen. Diese frühere Ansicht war der Anlaß gewesen, die Theorie des elektrochemischen Dualismus in vollem Umfang auf organische Verbindungen anzuwenden. In zahlreichen Arbeiten von Falk und Nelson [30], Fry [34] und anderen wurde die „Elektronenauffassung der Valenz" entwickelt, und diese Theorie hat heute noch viele Anhänger unter den Organikern, wie aus einer neueren interessanten Arbeit von Stieglitz [93] hervorgeht. Ich möchte daran erinnern, daß die Auffassung dieser Autoren mit der Annahme vieler Anorganiker übereinstimmt, nach der jedes Atom eines Moleküls sich in einem bestimmten Oxydations-Reduktionszustand befinde, der durch eine ganze polare Valenzzahl wiedergegeben werden kann.

Falk und Nelson zitierten am Anfang ihrer Abhandlung die folgende Stelle aus Thomsons Arbeit: „Für jede Bindung zwischen zwei Atomen hat der Übergang eines (negativ geladenen) Teilchens von einem Atom zum anderen stattgefunden; dadurch erlangt das eine Atom durch die Aufnahme eines Teilchens die Ladung — 1, das andere durch den Verlust eines Teilchens die Ladung + 1. Dieser elektrische Vorgang kann so dargestellt werden, daß man sich eine elektrische Einheitskraftröhre zwischen den beiden Atomen denkt, die vom positiven Atom ausgeht und am negativen endet . . . Es besteht jedoch ein wesentlicher Unterschied zwischen den Strichen, die die Bindung versinnbildlichen und den elektrischen Kraftröhren. Die Striche, die der Chemiker zieht, werden als nicht gerichtet angesehen . . . In der Elektrizitätslehre werden jedoch die Kraftröhren als gerichtet angesehen, indem sie vom positiven Atom ausgehen und am negativen enden . . .“

Um in den chemischen Formeln den Übergang der Elektrizität von einem Atom zum anderen auszudrücken, zogen Falk und Nelson einen Pfeil, der von dem Atom, das ein Elektron verloren hat, zu dem geht, das eins aufgenommen hat. So werden das Methan, in welchem jedes H-Atom die Ladung $+ 1$, das C-Atom die Ladung $- 4$ haben soll, und der Tetrachlorkohlenstoff, in welchem jedes Cl-Atom die Ladung $- 1$ und das C-Atom die Ladung $+ 4$ haben soll, durch folgende Schreibweisen wiedergegeben.

$$\begin{array}{ccc} H & & Cl \\ \downarrow & & \uparrow \\ H \rightarrow C \leftarrow H; & & Cl \leftarrow C \rightarrow Cl. \\ \uparrow & & \downarrow \\ H & & Cl \end{array}$$

Entsprechend müßte der Methylalkohol folgendermaßen geschrieben werden:

$$\begin{array}{c} H \\ \downarrow \\ H \rightarrow C \rightarrow O \leftarrow H. \\ \uparrow \\ H \end{array}$$

Man sieht ohne weiteres, daß die Pfeile, die den Übergang eines Elektrons bezeichnen, hier an Stelle des traditionellen Bindungsstriches der organischen Chemie gesetzt werden.

Es gibt jedoch zahlreiche Einwände gegen eine solche uneingeschränkte Anwendung der dualistischen Theorie auf die organische Chemie. Nur einige von ihnen sollen hier erwähnt werden.

Wenn das negativ geladene Cl-Atom im CCl_4 mit dem Cl^--Ion identisch wäre, das in Elektrolyten wie $NaCl$ vorkommt, so wäre zu erwarten, daß es ein Kraftfeld nach allen Richtungen hervorriefe und daher jedes positiv geladene Atom anzöge. Es gibt jedoch keine physikalische oder chemische Tatsache, die für einen solchen Zustand beim CCl_4 sprechen würde. Ferner kann der Pfeil, den Falk und Nelson anwenden, nur dann eine chemische Bindung darstellen, wenn er mehr bedeuten soll, als die

Autoren (und Thomson) sagen wollten; denn nach ihnen soll die Formel von Methylchlorid

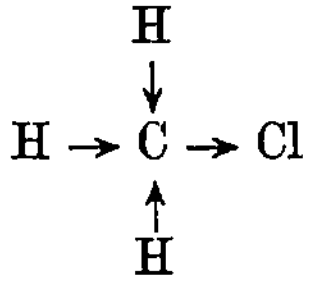

$$H \rightarrow \overset{\displaystyle \overset{H}{\downarrow}}{\underset{\displaystyle \overset{\uparrow}{H}}{C}} \rightarrow Cl$$

nur aussagen, daß jedes H-Atom positiv, jedes Cl-Atom negativ und das C-Atom doppelt negativ geladen ist. Wir haben aber durchaus keinen Anhaltspunkt dafür, von welchem Atom im einzelnen ein bestimmtes Elektron stammt. Wir glauben nicht, daß das Elektron eine Spur hinterläßt, wie eine Spinne, die ihr Netz webt; wenn dies aber nicht der Fall ist, was sollen dann die Pfeile bedeuten?

Eine der von Falk und Nelson für Äthylen vorgeschlagenen Formeln ist die folgende:

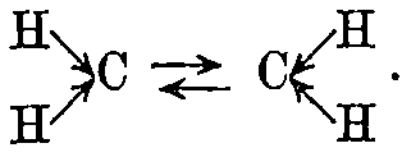

$$\overset{H}{\underset{H}{\Large{>}}}C \rightleftarrows C\overset{H}{\underset{H}{\Large{<}}} \; .$$

Die Autoren erkennen die logische Schwierigkeit einer solchen Formel an, wenn sie schreiben, „in solchen Fällen, wo zwei Valenzen in entgegengesetzter Richtung auftreten, wird angenommen, daß die abgegebenen Elektronen an bestimmten Stellen der Atome lokalisiert sind, da sonst die Kohlenstoffatome elektrisch neutral würden". Aber wir können die Annahme, daß ein Kohlenstoffatom an einer Stelle ein Elektron verloren und an einer anderen eins aufgenommen hat, ebenso gut durch vertikale Pfeile andeuten, nämlich folgendermaßen:

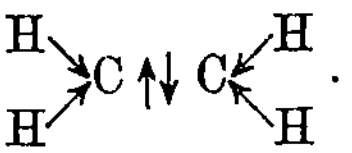

$$\overset{H}{\underset{H}{\Large{>}}}C \; \updownarrow \; C\overset{H}{\underset{H}{\Large{<}}} \; .$$

Hier fehlt jedoch jeder Hinweis auf eine Bindung, die die beiden Kohlenstoffatome zusammenhält.

Wenn man nach der dualistischen Theorie das organische Molekül als ein Gebilde aus geladenen Atomen auffaßt, so ist es kaum zu verstehen, wie kompliziert gebaute Verbindungen oft lange Zeit unverändert existieren können. Man sollte eher erwarten, daß ein solcher Bau in die einzelnen Atomhaufen zerfallen würde, die das Minimum an elektrischer Energie darstellen.

Schließlich soll bemerkt werden, daß sich aus der dualistischen Theorie eine Voraussage ableiten ließ, die sich nicht erfüllte.

W. A. Noyes [70], der schon sehr früh für möglich hielt, daß einfache Moleküle polar gebaut seien, nahm lange Zeit an, Chlorstickstoff sei eine Verbindung mit positivem Chlor von der Formel $N^{---}(Cl^+)_3$. Vom dualistischen Standpunkt aus wurde die Existenz eines Isomeren dieser Verbindung vorausgesagt, nämlich: $N^{+++}(Cl^-)_3$. Viele Jahre hindurch suchte Noyes nach derartigen Isomeren, aber ohne Erfolg. Aus dem Mißerfolg aller derartiger Versuche, die von der dualistischen Theorie vorausgesagten Isomeren zu fassen, geht hervor, daß man sich bei solchen Untersuchungen irgendwie auf falschem Wege befindet.

Alle diese Versuche, zu einer Theorie der Valenz zu gelangen, scheinen in einer Sackgasse zu enden. Die dualistische Theorie gibt zwar eine befriedigende Erklärung für die Natur der extrem polaren Verbindungen, indem sie besonderen Nachdruck auf die elektrischen Eigenschaften der Elemente legt, sie versagt aber bei der Erklärung der chemischen Bindung und des Verhaltens der weniger polaren Verbindungen, insbesondere denen der organischen Chemie. Andererseits erklärt die reine Strukturtheorie völlig befriedigend die wichtigsten Tatsachen der organischen Chemie, scheint aber wenig geeignet, den Eigenschaften von Verbindungen stark polaren Baues Rechnung zu tragen, bei deren Extremen eine völlige Teilung des Moleküls in geladene Ionen stattfindet. Endlich verträgt sich die Annahme zweier völlig verschiedener Arten der chemischen Bindung für polare und nichtpolare Verbindungen nicht mit dem Gefühl des Chemikers, das verlangt, daß alle Typen der chemischen Bindung im wesentlichen gleichartig sein müssen. Es gibt jedoch schon einige Hinweise darauf, wie man aus dieser Verlegenheit herauskommen kann. Da die Eigenschaften der Stoffe durch die bloße Annahme geladener Atome nicht erklärt werden können, so kommt man vielleicht dadurch weiter, daß man das Atom nicht mehr als einheitliches Ganzes betrachtet, sondern untersucht, wo die Ladung oder die Ladungen im Atom selbst sitzen.

J. J. Thomson hatte angenommen [97], daß man sich zwei Atome durch elektrische Kräfte zusammengehalten denken könne, ohne daß elektrische Polarisation angenommen zu werden brauche. Er ging damals von der Anschauung aus, der positive Teil des Atoms sei eine Kugel, in welche die Elektronen eingebettet seien (vgl. S. 17) und behandelte den Fall zweier gleich großer Kugeln, die einander durchdringen (Abb. 15), wobei die Elektronen symmetrisch in dem beiden Kugeln gemeinsamen Gebiet liegen sollten. Er sagt: „In diesem Falle gibt es zwischen den beiden Kugeln keinen Unterschied der elektrischen Ladungen, man kann nicht sagen, die eine ist positiv, die andere negativ geladen, und wenn man die Kugeln nachträglich trennen würde, so wäre jede neutral ... Wir erkennen so die Möglichkeit, daß Kräfte elektrischen Ursprungs die beiden Systeme zusammenhalten, ohne daß für jedes System eine elektrische Ladung resultiert." Thomson machte keinen weiteren Gebrauch von dieser Betrachtung, und sein Modell der positiv geladenen Kugel wurde durch andere verdrängt (vgl. S. 19). Die Vorstellung, daß die Lokalisierung der Ladungen

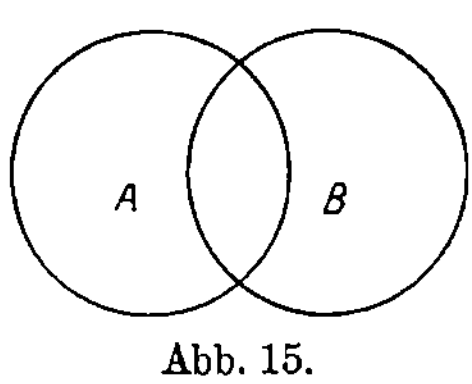

Abb. 15.

im Atom selbst den Schlüssel zum Verständnis der chemischen Affinität liefern müsse, enthält jedoch den Keim zu der schließlich erfolgreichen Erklärung der chemischen Bindung.

Stark hat als erster[1] die Ansicht geäußert, daß das Valenzelektron die positiven Teile zweier Atome zugleich anziehe und so

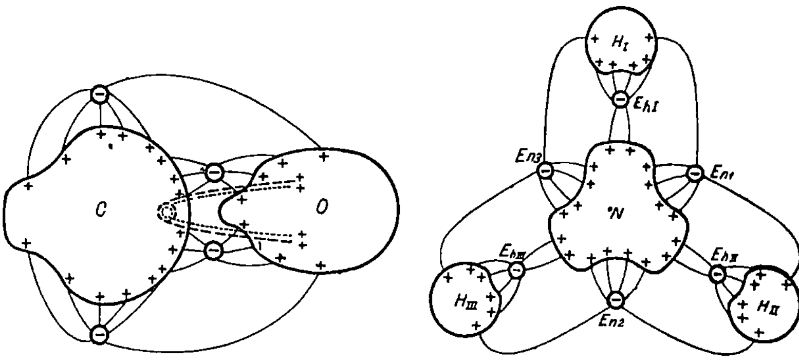

Abb. 16.
Starks Modell des CO-Moleküls.

Abb. 17.
Starks Modell des NH₃-Moleküls.

das Bindeglied zwischen den Atomen sei; er entwickelte diese Vorstellung sehr ausführlich in seiner „Atomdynamik" [91]. Zunächst nahm er an, daß ein innerhalb eines Atoms gelegenes Elektron Kraftlinien zu dem positiven Teile des Atoms und ebenso zu dem positiven Teile eines Nachbaratoms aussende. Später ließ er ein

---

[1] Die Vorstellung der Verteilung von Elektronen auf zwei Atome wurde schon im Jahre 1908 von Ramsay angedeutet.

solches Elektron sich aus dem Atom heraus gegen das zweite Atom hin bewegen und nahm an, daß gewöhnlich ein solches irgendwo zwischen den beiden Atomen gelegenes Elektron die chemische Bindung bewirke. In zwei Fällen jedoch, nämlich bei der C—C- und C—H-Bindung, schrieb er das Zustandekommen der chemischen Bindung zwei Elektronen zu, die gemeinsam Atom mit Atom durch ihre Kraftlinien verbinden sollten. Abb. 16 bis 19 zeigen seine Bilder der Struktur von CO, NH_3, der C—C- und C—H-Bindung. In den beiden letzten Zeichnungen wird zum ersten Male von einer Annahme Gebrauch gemacht, die, wie wir im nächsten Kapitel zeigen wollen, eine äußerst einfache Erklärung der chemischen Bindung liefert und die auseinandergehenden Anschauungen der dualistischen und der Strukturchemie miteinander versöhnt.

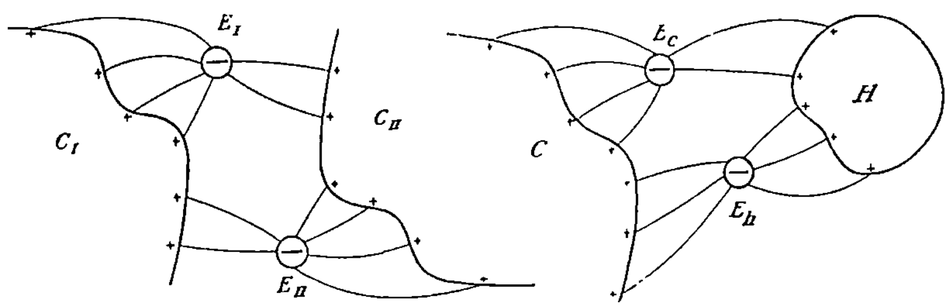

<table>
<tr><td align="center">Abb. 18.</td><td align="center">Abb. 19.</td></tr>
<tr><td align="center">S t a r k s Modell der C—C-Bindung.</td><td align="center">S t a r k s Modell der C—H-Bindung.</td></tr>
</table>

Als B o h r [11] seine Atomtheorie auf Systeme mit mehr als einem Atom ausdehnte, glaubte er, die chemische Bindung werde durch einen Ring von Elektronen bewerkstelligt, die auf einer Kreisbahn rotieren sollten, deren Ebene senkrecht zur Verbindungslinie der Atomzentren steht. An der betreffenden Stelle sagt er: „Diese Überlegungen machen für das Wassermolekül eine Anordnung wahrscheinlich, bei der ein Sauerstoffkern von einem kleinen Ring mit vier Elektronen umgeben ist, und zwei Wasserstoffkerne auf der Achse des Ringes in gleichen Abständen seitlich vom ersten Kern liegen; das Ganze wird im Gleichgewicht gehalten durch zwei Ringe von größerem Radius, deren jeder mit drei Elektronen besetzt ist . . .“ Jeder dieser Ringe von drei Elektronen stellt eine Bindung dar. Bei der Betrachtung des H_2- und CH_4-Moleküls nahm er jedoch an, daß auf dem Ring, der die Bindung bewerkstelligt, sich zwei Elektronen befinden und erhielt so ein Bild, das dem von S t a r k vorgeschlagenen nicht unähnlich ist.

Kossel [46] gebraucht Molekülmodelle mit Elektronenringen, die zwei Atomen gemeinsam sind. Abb. 20 zeigt sein Bild für das N_2-Molekül.

Parson [71] nahm drei verschiedene Arten der chemischen Bindung an, bei einem dieser Typen soll die gemeinsame Wirkung eines Elektronenpaares zwei Atome zusammenhalten, wie es der rechte Teil von Abb. 21 zeigt, der sein Bild für das H_2-Atom wiedergibt. Dagegen stellte er sich die Verbindung zweier Cl-Atome viel komplizierter vor, wie der linke Teil von Abb. 21 zeigt. Die

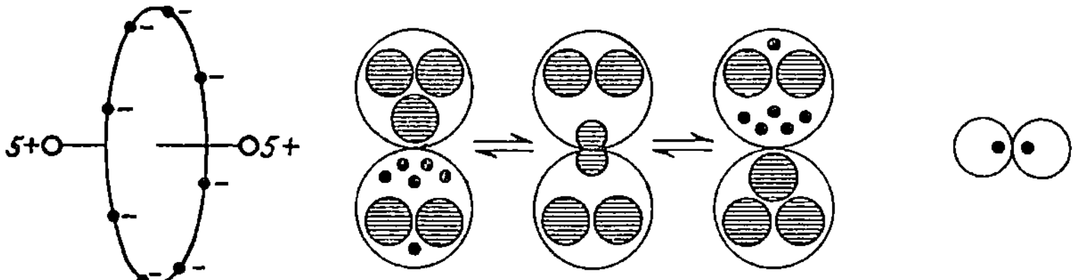

Abb. 20. Kossels Modell des N_2-Moleküls.   Abb. 21. Parsons Modell des Chlor- und Wasserstoffmoleküls.

Punkte bedeuten Valenzelektronen, die schraffierten Kreise Achtergruppen (einige dieser Achtergruppen sind identisch mit unseren jetzigen inneren Schalen).

Wir sehen also, daß diese Autoren von sehr verschiedenen Ausgangspunkten zu demselben Schluß kommen, nämlich, daß zwei Atome von Elektronengruppen, die beiden gemeinsam sind, zusammen gehalten werden. Ferner nimmt jeder dieser Autoren gelegentlich an, die Gruppe der Bindungselektronen bestünde aus zwei Elektronen, aber keiner von ihnen sah dies als wesentlich für die chemische Bindung an. Wir werden im nächsten Kapitel sehen, wie weitgehend die Folgen der einfachen Annahme sind, daß die chemische Bindung jederzeit und in allen Molekülen nur durch Elektronenpaare bewirkt werden, die von beiden Atomen gemeinsam stammen.

Sechstes Kapitel

Die neue Valenztheorie; die chemische Bindung.

Am Schluß des letzten Kapitels verfolgten wir die Entstehung der Annahme, daß Elektronen zwei Atomen gleichzeitig angehören. Diese Annahme wird uns erlauben, die zwei Haupttheorien der chemischen Bindung miteinander in Einklang zu bringen, die früher so unvereinbar schienen. Bei der Entwicklung dieser Theorie müssen wir uns mit den neuen und etwas revolutionären Ideen über Valenz beschäftigen, die ich 1916 in meiner Arbeit „Atom und Molekül" [57] aussprach.

Wir haben bereits festgestellt, daß jedes Atom ganz ausgesprochen das Bestreben hat, eine Anordnung mit acht Elektronen in der Außenschale zu erlangen. Diese Anordnung der Außenelektronen, die Parson und ich „Achtergruppe" nannten und die Langmuir dann prägnanter als „Oktett" bezeichnete, wird dadurch erreicht, daß die Atome Ionen bilden und dabei Elektronen abgeben oder aufnehmen.

So gehen Ca und Cl bei ihrer Vereinigung in den Ionenzustand über, wobei das Ca-Atom zwei Elektronen abgibt und jedes Cl-Atom eins aufnimmt; es hat dann jedes Atom eine Achtergruppe in der Außenschale. Wir haben jedoch gesehen, daß die Annahme, das Zustandekommen einer chemischen Verbindung sei stets notwendig von einer solchen Ionisation begleitet, selbst wenn nur „intramolekulare" Ionisation angenommen wird, zu Schlüssen führt, die sich mit den chemischen Tatsachen nicht vereinbaren lassen.

Die neue Theorie, welche die Möglichkeit einer vollständigen Ionisation als Spezialfall mit einschließt, soll wie folgt formuliert werden: Zwei Atome können der Achter- oder Oktettregel nicht nur dadurch gehorchen, daß Elektronen von einem zum anderen übergehen, sondern auch dadurch, daß zwei oder mehrere Elektronen beiden Atomen paarweise zugeteilt werden. Diese den beiden Atomen gemeinsamen Elektronen sollen als zu den Außenschalen beider Atome gehörig betrachtet werden.

Das paarweise Auftreten von Elektronen.

Aus der Auffassung, daß die zwei Atomen gemeinsamen Elektronen stets paarweise auftreten, folgt, daß die „Zweierregel" von noch größerer Bedeutung ist als die „Achterregel". Wir sehen, daß das am Beginn des periodischen Systems stehende He mit seinen zwei Elektronen die gleiche Stabilität aufweist, welche die übrigen Edelgase mit Oktetts in der Außenschale auszeichnet. Wasserstoff kann das elektronenlose H^+-Ion bilden, ferner das H^--Ion, indem es ein Elektron aufnimmt und so die stabile Zweiergruppe bildet; schließlich können zwei Wasserstoffatome zum Wasserstoffmolekül zusammentreten, wobei die beiden Atome sich in das stabile Elektronenpaar teilen.

Ich wies mit besonderem Nachdruck auf die wichtige Tatsache hin, daß wir beim Zusammenzählen der Elektronen, die sich in den Valenzschalen der Atome verschiedener Moleküle befinden, zu dem Resultat kommen, daß die einigen hunderttausend bekannten Substanzen fast sämtlich eine gerade Anzahl solcher Elektronen besitzen. Die Regel, daß in allen Molekülen die Zahl der Valenzelektronen ein Vielfaches von zwei ist, gilt daher fast unbeschränkt.

Ausnahmen sind gewisse Metalldämpfe, die bei hohen Temperaturen entstehen. Andere Ausnahmen, ebenfalls nur bei hohen Temperaturen beständige Stoffe, sind einatomiger Wasserstoff und die einatomigen Halogene; bei gewöhnlicher Temperatur finden wir NO, NO_2 und ClO_2 mit 11, 17 und 19 Valenzelektronen.

Solche Moleküle mit einer ungeraden Anzahl von Valenzelektronen, die also von der Zweierregel abweichen, bezeichnete ich als unpaare Moleküle (odd molecules). Bis vor wenigen Jahren waren die eben erwähnten Substanzen die einzigen von bekannter Molekülgröße, die sicher ungeradzahlige Moleküle bildeten. Gomberg [37] entdeckte 1900 im Triphenylmethyl einen neuen Typus von ungeradzahligen Molekülen, und seither wurden viele ähnliche Verbindungen mit dreiwertigem Kohlenstoff dargestellt. Analoge Verbindungen mit zweiwertigem Stickstoff fand Wieland [106], der auch den interessanten Körper $(C_6H_5)_2NO$ isolierte. Ich nahm an [58], daß in Analogie dazu entsprechende Verbindungen mit einwertigem Sauerstoff dargestellt werden könnten; Versuche machten das Auftreten derartiger Verbindungen wahrscheinlich, ganz sicher erwiesen ist ihre Existenz jedoch noch nicht.

Diese unpaaren Moleküle bilden eine Ausnahme von der Zweierregel, und wir können sagen, daß sie im besten Sinne des alten Sprichworts die Regel bestätigen, denn sie sind eine Stoffklasse mit sehr auffallenden Eigenschaften. Mit Ausnahme von NO absorbieren sie alle Licht im sichtbaren Teil des Spektrums, und die meisten von ihnen sind intensiv gefärbt. Soweit sie untersucht sind, zeigen sie starken Paramagnetismus. Sie sind sehr reaktionsfähig und lagern sich an eine große Zahl der verschiedensten Stoffe an. Sogar ein Körper mit so geringem Additionsvermögen wie Hexan gibt mit Triphenylmethyl eine Verbindung.

Diese unpaaren Moleküle haben ein starkes Bestreben, miteinander oder mit anderen unpaaren Molekülen zu Verbindungen mit einer geraden Elektronenzahl zusammenzutreten, z. B. J_2, JCl, $(\varphi_3 C)J$, $(\varphi_3 C)(N\varphi_2)$, $(\varphi_3 C)_2$, $(NO_2)_2$ (wo φ eine Phenyl- oder andere Arylgruppe vorstellen soll). Die so entstehenden Verbindungen sind gewöhnlich, jedoch nicht immer, farblos. Ihre Eigenschaften deuten nicht auf einen stark „ungesättigten" Charakter hin, wie er die unpaaren Moleküle kennzeichnet.

Unter anderen Bedingungen und besonders in einem Medium hoher Dielektrizitätskonstante, kann anstatt einer Vereinigung von zwei unpaaren Molekülen auch das eine ein Elektron abgeben, das andere eins aufnehmen, wobei Ionen mit einer geraden Anzahl von Elektronen gebildet werden. So leitet reines geschmolzenes Jod den Strom, was auf die Existenz von Ionen J^+ und J^- hindeutet. Die Leitfähigkeit einer Lösung von Triphenylmethyl in flüssigem SO_2 kommt vermutlich durch die Ionen $\varphi_3 C^+$ und $\varphi_3 C^-$ zustande. Löst man ClO_2 in Wasser, so bildet es chlorige und Chlorsäure. Ähnlich erhält man aus NO_2 salpetrige und Salpetersäure; ja sogar reines flüssiges N_2O_4 leitet den Strom, was auf das Vorhandensein der Ionen NO_2^+ und NO_2^- hindeutet.

Wenn wir andere Radikale, z. B. das freie Methyl, isolieren könnten, so würden die eben besprochenen Eigenheiten unpaarer Moleküle noch ausgesprochener hervortreten. Die Tatsache, daß die wenigen untersuchten unpaaren Moleküle überhaupt isoliert werden können, beweist, daß sie nur in ganz geringem Grade die Eigenschaften besitzen, die man freien Radikalen im allgemeinen zuschreiben muß.

Die einfachste Erklärung für das starke Überwiegen einer geraden Elektronenzahl in den Valenzschalen der Moleküle ist die

Annahme, daß die Elektronen zu festen Paaren zusammengefaßt
sind. Wir hielten dieses paarweise Auftreten in den inneren
Schalen und sogar im Kern selbst für wahrscheinlich, doch war
dies nur eine Vermutung. In der Valenzschale des normalen
Moleküls dagegen ist das paarweise Auftreten von Elektronen so
wahrscheinlich, daß es fast als bewiesen gelten kann. Wenn das Gas
NO_2 sich zum N_2O_4 polymerisiert, so verliert es zugleich mit seiner
lebhaften Farbe auch alle anderen Eigenschaften, die ein unpaares
Molekül kennzeichnen. Das einfache Molekül zeigt alle Eigenschaften, die wir auf lose gebundene Elektronen zurückführen. Bei
der Bildung des Doppelmoleküls sieht es so aus, als würden die
beiden übrigbleibenden Elektronen plötzlich durch irgend einen
Mechanismus zusammengeklammert.

Vermutlich ist dieses Bestreben, Paare zu bilden, keine Eigenschaft der freien Elektronen, sondern nur der Elektronen im Atomverband. Auch hier braucht nicht unbedingt angenommen zu
werden, daß die Elektronen s t e t s diese Erscheinung zeigen. Bei
den Metallen der Eisengruppe z. B. findet sich bei einigen Elektronen, die besonders beweglich zu sein scheinen, kein Anzeichen
für die Bildung von Paaren. In fast allen Molekülen jedoch
müssen wir die Elektronen als zu festen Paaren vereinigt betrachten. In meiner ersten Theorie des Atoms stellte ich die
normale Gruppe von acht Elektronen durch einen Würfel mit
einem Elektron an jeder Ecke dar, aber die Vorstellung der ge-
kuppelten Elektronen legt nahe, daß das stabile Oktett besser
durch ein Tetraeder mit einem Elektronenpaar in jeder Ecke
wiedergegeben wird.

Die Bildung eines typischen Elektronenpaares scheint einen
besonders stabilen Zustand herbeizuführen, in dem die Elektronen
fest gebunden sind, und umgekehrt ist dieser stabile Zustand
ein Anzeichen für die paarweise Anordnung der Elektronen. Wir
haben uns darauf geeinigt, das Elektron im Atom als gleichbedeutend
mit der Elektronenbahn oder mit einem Elementarmagnet anzusehen. Die Bildung von Elektronenpaaren kann daher sinngemäß
als eine Koppelung zweier solcher Bahnen betrachtet werden,
wobei gleichzeitig die beiden Magnetfelder sich aufheben und das
magnetische Moment verschwindet. Wir werden später Gelegenheit haben, diese Fragen weiter zu erörtern.

Die Bindung.

Nach meiner Ansicht besteht die chemische Bindung darin, daß zwei derartig gekoppelte Elektronen zwischen zwei Atomzentren liegen und gleichzeitig den Schalen beider Atome angehören. Wir haben so ein konkretes Bild dieses physikalischen Begriffs, der „Haken und Ösen", die einen Teil des Glaubensbekenntnisses der Organiker bilden.

Wenn zwei Wasserstoffatome sich zum zweiatomigen Molekül vereinigen, so liefert jedes ein Elektron zu dem Elektronenpaar, das die Bindung bewirkt. Wir können daher die Strukturformel für Wasserstoff H:H schreiben, wobei jeder Punkt ein Valenz-

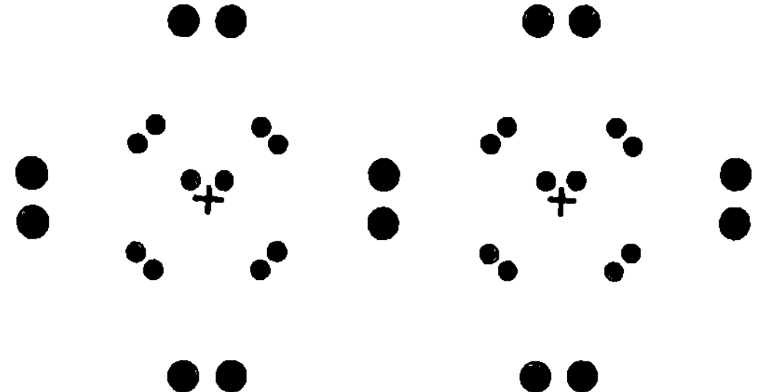

Abb. 22.   Die Elektronenanordnung im Chlormolekül.
(Die dicken Punkte stellen Valenzelektronen dar.)

elektron bezeichnet. Vereinigen sich ein Wasserstoffatom mit einem und ein Chloratom mit sieben Elektronen, so entsteht ein Molekül, das man durch die Formel H:C̈l: wiedergeben kann.

Zwei Chloratome bilden das Molekül :C̈l:C̈l:.

Zur Wiedergabe der vollständigen Struktur des Chlormoleküls mit seinen zwei Kernen und 34 Elektronen können wir ein Bild zeichnen, wie es Abb. 22 zeigt. Jedoch kann eine derartige zweidimensionale Darstellung die räumliche Anordnung des Moleküls nicht befriedigend wiedergeben; auch können wir bis jetzt noch nicht die Lage der Elektronen, aus denen der Atomrumpf besteht, mit einiger Sicherheit angeben. Wir können jedoch sicher sein, daß jede der äußeren Schalen durch Elektronenpaare wiedergegeben werden kann, die an den Ecken eines Tetraeders angeordnet sind. Ein solches Tetraeder wird im allgemeinen aber nur bei einem symmetrischen Atom wie bei Kohlenstoff im Methan oder Tetrachlorkohlenstoff ein reguläres sein:

$$\begin{array}{ccc}
\text{H} & & :\!\ddot{\text{C}}\text{l}\!: \\[4pt]
\text{H}\!:\!\ddot{\text{C}}\!:\!\text{H} & & :\!\ddot{\text{C}}\text{l}\!:\!\ddot{\text{C}}\!:\!\ddot{\text{C}}\text{l}\!: \ . \\[4pt]
\ddot{\text{H}} & & :\!\ddot{\text{C}}\text{l}\!:
\end{array}$$

Es wird sich jedoch im allgemeinen nicht empfehlen, irgend eine Verzerrung des Oktetts in diesen einfachen Strukturformeln anzudeuten, obwohl wir annehmen können, daß eine solche Verzerrung häufig eintritt. Weiter müssen wir immer daran denken, daß ebenso, wie in den gewöhnlichen Formeln der organischen Chemie, unsere zweidimensionale Darstellung nicht die wirkliche stereochemische Anordnung wiedergeben kann. Zum Beispiel erscheint auf den ersten Blick die Formel für Wasser, $\text{H}\!:\!\ddot{\text{O}}\!:\!\text{H}$, symmetrisch, während wir in Wirklichkeit die beiden Wasserstoffatome nicht als symmetrisch zum Sauerstoff, sondern vielmehr als an zwei Ecken eines mehr oder weniger verzerrten Tetraeders liegend betrachten. Einen ähnlichen Schluß zog auch Vorländer [102] aus den Eigenschaften flüssiger Kristalle*).

Mit Hilfe dieser einfachen Annahme, daß die chemische Bindung aus einem Paar beiden Atomen angehöriger Elektronen bestünde, konnte ich zeigen, wie die verschiedenen Molekültypen, „vom extrem polaren bis zum extrem nichtpolaren" erklärt werden könnten. Ich zitiere aus meiner früheren Arbeit [57]: „So groß der Unterschied zwischen den typisch nichtpolaren und polaren Stoffen auch sein mag, so können wir doch zeigen, wie ein und dasselbe Molekül je nach seiner Umgebung vom extrem polaren in den extrem nichtpolaren Zustand übergeht, und zwar nicht sprungartig, sondern in unmerklichen Schritten, wenn wir nur daran festhalten, daß ein Elektron gleichzeitig zu zwei Atomschalen gehört." Ob der Ausdruck „unmerkliche Schritte" streng gültig ist, werden wir später erörtern.

Das die Bindung besorgende Elektronenpaar kann so zwischen zwei Atommittelpunkten liegen, daß keine elektrische Polarisation eintritt, oder es kann zum einen oder anderen Atom hin verschoben

---

*) Auch F. Hund, Zeitschr. f. Phys. **31**, 81 (1925); **32**, 1 (1925), gelangt bei Modellrechnungen zu dem Ergebnis, daß die drei Atomkerne im Wasser miteinander einen Winkel bilden.

sein und so dem einen Atom eine negative und folglich dem anderen eine positive Ladung erteilen. Wir können daher nicht mehr jedem Atom eine ganze Zahl von Ladungseinheiten zuschreiben mit Ausnahme des Falles, daß ein Atom allein das verbindende Elektronenpaar an sich reißt und ein Ion bildet.

Wir können z. B. annehmen, daß im normalen Zustand des Wasserstoffmoleküls das Elektronenpaar symmetrisch zwischen den beiden Atomen liegt. Im NaH dagegen hat man sich vorzustellen, daß das Bindungspaar dem Wasserstoff näher liegt als dem Natrium und ihn daher negativ auflädt; im HCl ist die Bindung nach dem Cl zu verschoben, so daß der Wasserstoff eine positive Ladung erhält. In einem Lösungsmittel von großem Dissoziationsvermögen zieht das Cl das Bindungspaar ganz auf seine Seite, und wir haben völlige Ionisation. Ich versuchte, diese Elektronenverschiebungen durch Formeln wie

$$\text{H}:\text{H}, \qquad \text{Na} \ :\text{H}, \qquad \text{H} \ :\overset{..}{\underset{..}{\text{Cl}}}:, \qquad \left[\text{H}\right]^{+} + \left[:\overset{..}{\underset{..}{\text{Cl}}}:\right]^{-}$$

darzustellen.

Selbst ein symmetrisches Molekül wie H_2 oder J_2 kann ab und zu in dem einen oder anderen Sinne polarisiert werden infolge der störenden Wirkung der Wärmebewegung. Wenn Joddampf auf hohe Temperatur erhitzt wird, zerfällt das Molekül unter Trennung des Bindungspaares in zwei ungeladene J-Atome. Andererseits zerfällt in flüssigem Jod ein Teil der Moleküle in anderem Sinne. Das Bindungspaar bleibt unversehrt, ist aber ausschließlich dem einen Atom zugeteilt, so daß J^{+} und J^{-} entstehen. Diese beiden Arten der Dissoziation kann man in folgender Weise darstellen:

$$:\overset{..}{\underset{..}{\text{J}}}:\overset{..}{\underset{..}{\text{J}}}: \ = \ :\overset{..}{\underset{..}{\text{J}}}. \ + .\overset{..}{\underset{..}{\text{J}}}: ; \qquad :\overset{..}{\underset{..}{\text{J}}}:\overset{..}{\underset{..}{\text{J}}}: \ = \ :\overset{..}{\underset{..}{\text{J}}} + :\overset{..}{\underset{..}{\text{J}}}: .$$

In anderen Molekülen kann eine gewisse Elektronenverschiebung eintreten ohne völlige Ionisation; das Molekül wird dadurch mehr oder weniger polar.

Die Neigung, nach einer oder der anderen der beiden angeführten Arten zu dissoziieren, nimmt in der Reihenfolge Jod, Brom, Chlor, Fluor und Wasserstoff ab. Wir sagen, die Bindung im Jodmolekül ist lockerer als im Chlor, oder auch, Jod ist stärker polar als Brom.

Diese beiden Begriffe sind nicht gleichbedeutend, aber in der Regel ist das Molekül um so weniger polar, je fester die Bindung ist. Prof. Branch hat mich auf eine gewisse Doppeldeutigkeit in dieser Bezeichnungsweise aufmerksam gemacht. Wenn wir von einem polaren Körper oder Molekül sprechen, so wollen wir damit sagen, daß die Moleküle entweder weitgehend polarisiert oder daß sie leicht polarisierbar sind. Mit anderen Worten, wir meinen damit, das Bindungspaar ist entweder in der einen oder anderen Richtung verschoben oder es kann leicht verschoben werden; in diesem Falle können wir sagen, das Paar sei beweglich. Gewöhnlich gehen die beiden Dinge parallel, aber das ist nicht notwendig so. Zum Beispiel ist das NaCl-Molekül stark polarisiert, aber das Elektronenpaar wird vom Cl-Atom so festgehalten, daß es nur noch eine sehr kleine Beweglichkeit besitzt.

Ich zitiere wieder aus meiner früheren Arbeit [57]: „Wir wollen uns nun einem Problem zuwenden, bei dessen Lösung die eben entwickelte Theorie sehr gute Dienste leisten wird. Die elektrochemischen Theorien von Davy und Berzelius wurden durch die »Valenz«theorie zurückgedrängt, als die Chemiker sich in erster Linie mit den nichtpolaren Stoffen der organischen Chemie beschäftigten. Später traten die elektrochemischen Theorien noch einmal in den Vordergrund, aber es bestand stets ein Kampf zwischen den beiden Anschauungen, wie er sich niemals vermeiden läßt, wenn von zwei rivalisierenden Theorien eine die andere ausschließt, während beide etwas Wahres enthalten. Wir werden jedoch sehen, daß mit der Auslegung, die wir jetzt benutzen, die beiden Theorien einander nicht ausschließen müssen, sondern sich eher gegenseitig ergänzen. Es beschäftigt sich nämlich die »Valenz«theorie, die klassische Grundlage der organischen Strukturchemie, mit der eigentlichen Struktur des Moleküls, während die elektrochemische Betrachtungsweise den Einfluß von positiven und negativen Gruppen zeigt, der in geringfügigen Verzerrungen der Grundformen besteht. Wir wollen ein für allemal festlegen, daß wir unter einem negativen Element oder Radikal ein solches verstehen, das die Elektronenpaare der äußeren Schalen aller Nachbaratome zu sich herüber zu ziehen trachtet; eine elektropositive Gruppe soll dadurch gekennzeichnet sein, daß sie diese Elektronen nur in geringem Betrage anzieht oder sogar abstößt. In der Mehrzahl der Kohlenstoffverbindungen ist die Trennung der Ladungen, die den polaren Charakter einer Verbindung ergibt, sehr geringfügig; gewisse Gruppen jedoch, wie Hydroxyl und solche mit mehrfachen Bindungen, besitzen nicht nur an sich einen ausgesprochen polaren Charakter, sondern steigern nach den bereits erörterten Grundsätzen auch den polaren Charakter aller benachbarter Molekülteile. Eine der gebräuchlichen Theorien nimmt an, daß in Molekülen wie CH_4 und CCl_4 im ersten Falle vier Elektronen vollständig vom Wasserstoff zum Kohlenstoff übergegangen sind, im zweiten vom Kohlenstoff zum Chlor (vgl. S. 69). Wir wollen dagegen den Fall so betrachten, daß im CH_4 eine geringe Verschiebung der Ladungen gegen den Kohlenstoff hin eingetreten ist, so daß dieser schwach negativ geladen erscheint, und daß sie im CCl_4 gegen das Chlor hin leicht verschoben sind, wodurch der Kohlenstoff schwach positiv geladen wird. Wir müssen daran denken, daß wir es auch hier mit durchschnittlichen Zuständen zu tun haben und daß in einzelnen CH_4-Molekülen der Wasserstoff negativ und der Kohlenstoff positiv geladen sein kann.

In einem Stoff wie Wasser werden die Elektronen vom Wasserstoff zum Sauerstoff hingezogen, und eine bestimmte Anzahl von Wasserstoffatomen wird im Grenzfall völlig abgespalten als H^+-Ionen. Der Betrag, bis zu dem das geschieht, also der Dissoziationsgrad, ändert sich sehr stark, wenn das andere Wasserstoffatom durch eine positive oder negative Gruppe ersetzt ist. Als allgemein bekanntes Beispiel wollen wir Essigsäure, in der ein H-Atom durch Cl ersetzt ist, $H_2ClCCOOH$, betrachten. Die Elektronen werden zum Cl herübergezogen und veranlassen daher das Elektronenpaar, das die Methyl- und Carboxylgruppen verbindet, näher an den Methylkohlenstoff heranzukommen. Dieses Elektronenpaar stößt daher die Elektronen des Hydroxylsauerstoffs weniger stark ab und veranlaßt auch diese, sich in derselben Richtung zu verschieben. Mit anderen Worten, alle Elektronen bewegen sich nach links (dem Cl zu) und bewirken daher ein stärkeres Abrücken der Elektronen vom Hydroxylwasserstoff und so eine Erhöhung des Säurecharakters. Diese einfache Erklärung läßt sich auf eine große Zahl von Einzelfällen anwenden. Man muß dabei nur beachten, daß die Wirkung einer solchen Elektronenverschiebung an einem Ende der Kette sich zwar durch die ganze Kette hindurch fortsetzt, aber immer weniger bemerkbar wird, je größer die Entfernung ist und je stärker die Kräfte sind, die die Elektronen der zwischenliegenden Atome festhalten."

Wir haben schon von dem interessanten Stoff $C_6H_5SO_2OH$ gesprochen, der manchmal zu Phenol, manchmal zu Benzol hydrolysiert wird. Man braucht diesen Stoff jetzt nicht mehr als eine Mischung zweier tautomerer Formen zu betrachten, in denen das

Phenyl die Ladung $+1$ bzw. -1 hat. Wenn wir nämlich die
Formel wie folgt

$$\varphi : \overset{..}{\underset{..}{S}} : \overset{: \overset{..}{O} :}{\underset{: \overset{..}{O} :}{}} \overset{..}{\underset{..}{O}} : H$$

schreiben, sehen wir, daß das Bindungspaar zwischen Phenyl und
Schwefel in der einen oder anderen Richtung verschoben werden
kann; wenn sich das Molekül an dieser Stelle spaltet, so wird sich
die Phenylgruppe mit dem H- oder O H-Ion vereinigen, je nachdem,
ob sie das Bindungspaar behält oder verliert.

Auch im Falle des Chlorstickstoffs braucht man die Existenz
zweier verschiedener Formen nicht mehr zu fordern. Wir müssen
vielmehr annehmen, daß die Bindungspaare mehrere Lagen in verschiedenen Abständen zwischen N und Cl einnehmen können. Alle
diese Möglichkeiten umfaßt die Formel:

$$\overset{: \overset{..}{Cl} :}{: \overset{..}{\underset{..}{Cl}} : \overset{..}{\underset{..}{N}} : \overset{..}{\underset{..}{Cl}} :} .$$

Dies mag für den Augenblick genügen, um zu zeigen, wie die
„Paar"theorie der chemischen Bindung alle wesentlichen Züge der
Valenztheorie beibehält, die sich so wertvoll für das Verständnis
der organischen Chemie erwiesen hat, während sie auch den elektrochemischen Eigenschaften des Moleküls Rechnung trägt. Die Bestimmung der Größe der Verschiebung der Elektronenpaare zwischen
zwei Atomen bleibt der späteren Forschung vorbehalten. Wir haben
gesehen, daß die eben besprochene Theorie die moderne dualistische
Theorie als Extremfall mit umfaßt; aber während diese Theorie
verlangte, daß die einzelnen Elektronen in allen Fällen dem einen
oder anderen Atom ausschließlich zugeordnet werden können, nimmt
die neue Theorie diese vollständige Trennung der Ladungen nur in
einigen Molekülen unter bestimmten Bedingungen an.

Weitere Züge der neuen Valenztheorie.

Außer einer Erklärung der einfachen Bindung, sowie der
doppelten und dreifachen, die im nächsten Kapitel besprochen
werden sollen, bringt meine eben besprochene neue Theorie einige
andere wichtige Änderungen unserer Valenzvorstellungen mit sich.

Man hat immer angenommen, daß das Sauerstoffatom in allen
seinen Verbindungen mit einem oder mehreren Atomen durch zwei

Bindungen verknüpft ist. Bei der Anwendung der neuen Vorstellung des Bindungselektronenpaares wurde offenbar, daß viele der von Werner hervorgehobenen Unstimmigkeiten der veralteten Strukturformeln auf einmal verschwinden, wenn man dem Sauerstoff in vielen seiner Verbindungen und besonders in den Sauerstoffsäuren eine einfache Bindung zuschreibt. Dabei verschwindet der künstliche Unterschied, den man früher zwischen Sauerstoff- und Halogenosäuren machte. Ich bewies dies durch die folgende Formulierung der Ionen einiger Orthosäuren*):

$$
\left[\begin{array}{c} :\ddot{O}: \\ :\ddot{O}:\ddot{Cl}:\ddot{O}: \\ :\ddot{O}: \end{array}\right]^{-}
\qquad
\left[\begin{array}{c} :\ddot{O}: \\ :\ddot{O}:\ddot{S}:\ddot{O}: \\ :\ddot{O}: \end{array}\right]^{--}
$$

$$
\left[\begin{array}{c} :\ddot{O}: \\ :\ddot{O}:\ddot{P}:\ddot{O}: \\ :\ddot{O}: \end{array}\right]^{=-}
\qquad
\left[\begin{array}{c} :\ddot{O}: \\ :\ddot{O}:\ddot{Si}:\ddot{O}: \\ :\ddot{O}: \end{array}\right]^{==}
$$

Man ist überrascht von der Ähnlichkeit zwischen diesen Formeln und denen, die wir dem OsO_4, dem BF_4^--Ion und dem CCl_4 zuschreiben müssen:

$$
\begin{array}{c} :\ddot{O}: \\ :\ddot{O}:\ddot{Os}:\ddot{O}: \\ :\ddot{O}: \end{array}
\qquad
\left[\begin{array}{c} :\ddot{F}: \\ :\ddot{F}:\ddot{B}:\ddot{F}: \\ :\ddot{F}: \end{array}\right]^{-}
\qquad
\begin{array}{c} :\ddot{Cl}: \\ :\ddot{Cl}:\ddot{C}:\ddot{Cl}: \\ :\ddot{Cl}: \end{array}
$$

Aus diesen und ähnlichen Formeln geht klar hervor, daß bei einer großen Anzahl von Elementen jedes Atom sich mit großer Vorliebe mit vier anderen zu verbinden sucht. Daher schloß ich aus den ähnlichen Formeln:

$$
\left[\begin{array}{c} H \\ H:\ddot{N}:H \\ H \end{array}\right]^{+}
\qquad
\begin{array}{c} H \\ H:\ddot{C}:H \\ H \end{array}
$$

für NH_4^+-Ion und Methan, daß, „wenn Ammoniumion mit Chlorion sich vereinigt, dieses nicht direkt am Stickstoff sitzt, sondern einfach durch elektrische Kräfte an das Ammoniumion gebunden ist."

---

*) Vgl. hierzu S. Sugden, J. B. Reed und H. Wilkins, Journ. of the Chem. Soc. **127**, 1527, 1925.

Tatsächlich ist es wohl so, daß das Stickstoffatom nie mehr als vier andere Atome zu binden vermag. Die neue symmetrische Formel für NH_4^+-Ion und die entsprechenden Formeln für die substituierten Ammoniumverbindungen stehen mit den stereochemischen und anderen von Werner diskutierten Eigenschaften der Stickstoffverbindungen völlig im Einklang.

Dieser Teil der neuen Theorie wird in späteren Kapiteln ausführlicher besprochen werden. In meiner Originalarbeit begnügte ich mich mit einer kurzen Angabe der Hauptergebnisse der Theorie mit der Absicht, später einmal ausführlicher die verschiedenen chemischen Tatsachen darzulegen, die eine so radikale Abkehr von der älteren Valenztheorie notwendig machten. Dieses Vorhaben wurde jedoch durch die Forderungen des Krieges hinausgeschoben, und unterdessen wurde die Aufgabe mit weit größerem Erfolg, als ich ihn hätte erreichen können, durch Herrn Dr. Irving Langmuir durchgeführt in einer Folge von etwa zwölf ausgezeichneten Abhandlungen [49—52] und einer großen Zahl von Vorträgen im In- und Ausland. Hauptsächlich durch diese Arbeiten und Vorträge hat die Theorie in so hohem Maße Interesse bei der Wissenschaft gefunden.

Es war mir eine besondere Genugtuung, daß Dr. Langmuir im Verlauf der zahlreichen mit dem größten Scharfsinn durchgeführten Anwendungen der neuen Gedanken sich niemals gezwungen sah, die von mir aufgestellte Theorie zu ändern. Hier und da hat er versucht, gewisse Regeln als allgemeiner anwendbar hinzustellen, als ich dies in meiner früheren Arbeit tat oder heute noch tue; diese Fragen werden wir jedoch bei späterer Gelegenheit besprechen. Die Theorie wurde stellenweise als die Lewis-Langmuirsche bezeichnet, woraus man auf eine gewisse Zusammenarbeit schließen könnte. Tatsächlich liegt es so, daß Langmuirs Arbeit völlig unabhängig war und alles, was er dem zufügte, was in meiner Arbeit steht oder unmittelbar aus ihr hervorgeht, muß allein auf sein Konto geschrieben werden.

Siebentes Kapitel

Doppelte und dreifache Bindung.

Wir haben gesehen, daß im normalen Zustand des Moleküls jedes H-Atom sein stabiles Elektronenpaar, jedes andere Atom seine stabile Achtergruppe hat. Wir haben weiter festgestellt, daß dieser Zustand bei vielen Molekülen erreicht ist, wenn zwei Moleküle sich in ein Elektronenpaar teilen, was wir für gleichbedeutend mit chemischer Bindung erklärt haben. In vielen Fällen reicht dieser Vorgang der Bildung einfacher Bindungen durch Elektronenpaare jedoch nicht aus, um bei jedem Atom eine vollständige, stabile Schale auszubilden. Zum Beispiel hat das O-Atom nur sechs Valenzelektronen, und auch wenn zwei Atome sich in ein Elektronenpaar teilen, so genügt das noch nicht zur Bildung zweier vollständiger Oktetts. Findet dagegen die Aufteilung zweier Elektronenpaare statt, dann können wir jedem Atom seine Achterschale zusprechen.

Wir können uns eine solche Bindung anschaulich vorstellen, wenn wir uns denken, daß jedes Atom im Mittelpunkt eines Tetraeders liegt, an dessen vier Ecken je ein Elektronenpaar sitzt, und daß zwei Tetraeder mit je zwei Ecken zusammenhängen. Eine solche räumliche Anordnung kann durch die gewöhnliche Schreibweise nicht gut wiedergegeben werden, wir wollen uns daher auf eine mehr schematische Darstellung des Moleküls, nämlich $:\overset{..}{O}::\overset{..}{O}:$ einigen.

Diese Theorie entspricht durchaus der gebräuchlichen Vorstellung von der Doppelbindung, wie man sie beim Ausbau der organischen Strukturchemie verwandte. Die Doppelbindung wird weder in der alten, noch in der neuen Theorie als irgendwie gleichwertig mit zwei einfachen angesehen. Der Organiker bezeichnet Verbindungen mit Doppelbindung als ungesättigt; dieser Ausdruck soll viel mehr sagen, als daß hier lediglich eine Nichterfüllung der einfachsten Valenzregeln vorliegt. Der Begriff „ungesättigt" umfaßt einen Komplex von Eigenschaften, die alle auf eine Lockerung im Aufbau und auf fehlende Stabilität hinweisen. Ungesättigte Körper bilden eine Stoffklasse, die sich auszeichnet durch starke Reaktionsfähigkeit, durch das Bestreben, mittels Umlagerung oder durch Addition anderer Stoffe in gesättigte Körper überzugehen, und häufig durch das Auftreten von Farbe. Der ungesättigte Zustand eines Moleküls offenbart sich öfters in dem Bestreben, mit anderen Molekülen lose Additionsverbindungen zu bilden. Ungesättigte Kohlenwasserstoffe zeigen im Gegensatz zu gesättigten die ausgesprochene Tendenz zur Bildung derartiger Komplexe; Kristallisiert man z. B. einen Körper aus einem ungesättigten Kohlenwasserstoff um, so kristallisiert er häufig mit dem Lösungsmittel als Solvat. Man sagt zuweilen, ungesättigte Körper besitzen Restaffinität.

Alle für ungesättigte Stoffe charakteristischen Eigenschaften deuten darauf hin, daß bei ihnen die Elektronen sich nicht in Lagen so hoher Symmetrie und so niedrigen Energieinhalts befinden, wie sie offenbar in den gesättigten Verbindungen vorliegen. Eine der auffallendsten Eigenschaften des gewöhnlichen Sauerstoffs ist sein ausgesprochener Paramagnetismus. Dieser steht fraglos in ganz engem Zusammenhang mit dem ungesättigten Zustand des Sauerstoffmoleküls; in der Doppelbindung liegt offenbar eine Elektronenverteilung vor (wobei die Elektronen als Kreisströme oder Magneten betrachtet werden), welche nicht zu in sich abgesättigten magnetischen Systemen führt, wie sie in gesättigten Molekülen anzunehmen sind.

Äthylen ist der Prototyp der ungesättigten organischen Verbindungen; wir können ihm die Formel

$$\overset{\textstyle H}{\overset{..}{}} \ \overset{\textstyle H}{\overset{..}{}}$$
$$H:C::C:H$$

zuschreiben, die unserer Formel für den zweiatomigen Sauerstoff völlig analog ist. In der Tat besteht viel Ähnlichkeit zwischen diesen beiden Stoffen*). Während die gesättigten organischen Verbindungen ohne

---

*) In einer inzwischen erschienenen Arbeit, Chem. Rev. 1, 231 (1924) schreibt Lewis dem Äthylen die obenstehende Elektronenformel

$$\overset{\textstyle H}{\overset{..}{}} \ \overset{\textstyle H}{\overset{..}{}}$$
$$H:C::C:H$$

zu, dem Sauerstoff aber wegen seines Paramagnetismus und sonstiger Eigenschaften die Formel $:\overset{..}{\underset{.}{O}}:\overset{..}{\underset{.}{O}}:$. In einer weiteren Arbeit, Journ. Amer. Chem. Soc. 46, 2027 (1924) wird gezeigt, daß Sauerstoff bei tiefen Temperaturen sich zu dem chemisch und magnetisch gesättigten Molekül

$$\overset{..}{:}\overset{\ }{O}\overset{..}{:}\overset{\ }{O}:$$

assoziiert. Im flüssigen Sauerstoff liegt ein Gemisch beider Formen vor.

Ausnahme diamagnetisch sind, ist Äthylen deutlich paramagnetisch, und auch in allen komplizierteren Molekülen verringert die Äthylenbindung den Diamagnetismus.

Auch in ihren chemischen Reaktionen ähneln die beiden Stoffe einander. Man nimmt gewöhnlich an, daß Oxydation bei Zimmertemperatur zuerst zu einem Peroxyd führt. Zum Beispiel bildet Wasserstoff, der in Gegenwart von Sauerstoff in Freiheit gesetzt wird, Wasserstoffsuperoxyd, und Stoffe wie Triphenylmethyl verbinden sich direkt mit dem Sauerstoff der Luft zu den entsprechenden Peroxyden. Solch ein Vorgang kann betrachtet werden als ein Aufrichten der einen Hälfte der Doppelbindung, und die Erscheinung ist völlig analog der Anlagerung von Wasserstoff oder Brom an Äthylen. Bei diesen Reaktionen verhalten sich Sauerstoff und Äthylen fast so, als hätten sie Strukturen, die durch die folgenden Formeln

$$:\overset{\cdot\cdot}{\underset{\cdot}{O}}:\overset{\cdot\cdot}{\underset{\cdot}{O}}: \qquad\qquad H:\overset{H}{\overset{\cdot\cdot}{\underset{\cdot}{C}}}:\overset{H}{\overset{\cdot\cdot}{\underset{\cdot}{C}}}:H$$

wiedergegeben werden können; in diesen liegen zwar keine unpaaren Moleküle vor, wohl aber ist jedes Atom ein unpaares insofern, als es ein Elektron ohne Partner hat. Man muß jedoch annehmen, daß diese Formeln den tatsächlichen Zustand, der sich aus der Doppelbindung ergibt, stark übertrieben darstellen. Vielleicht geben sie Grenzfälle wieder, die gelegentlich von einigen wenigen Molekülen erreicht werden.

Es hat sich gezeigt, daß die Eigenschaften ungesättigter organischer Verbindungen in guter Übereinstimmung stehen mit der von B a e y e r [6] ausgesprochenen Spannungstheorie. Nach dieser Theorie hat jede Bindung das Bestreben, Atom mit Atom geradlinig zu verknüpfen; die Richtungen der vier von einem C-Atom ausgehenden Bindungen sind durch die Tetraedersymmetrie bestimmt. Wenn die Bindungen aus diesen Lagen gedrängt werden, so muß man annehmen, daß ein Spannungszustand entsteht, der sich durch Instabilität und die allgemeinen Kennzeichen des ungesättigten Zustandes bemerkbar macht.

Nach dieser Vorstellung können sich Ringe von fünf oder sechs Atomen bilden, ohne daß beträchtliche Spannungen entstehen; Ringe von drei und vier Gliedern erfordern jedoch eine erhebliche Ablenkung der Bindungen. In der Tat zeigen Ringverbindungen wie Tetra- und Trimethylen viele Merkmale ungesättigter Ver-

bindungen. In dem Ring aus zwei Gliedern, also in der Doppelbindung, erreicht dieser Effekt ein Maximum.

Ich zeigte in meiner 1916 erschienenen Arbeit [57], daß die neue
Theorie genau das gleiche leistet, wie die Baeyersche Vorstellung,
„wenn wir nämlich die einfache Annahme machen, daß alle Atomkerne einander abstoßen und daß Moleküle nur durch Elektronenpaare zusammengehalten werden, die den verbundenen Atomen
gemeinsam angehören. Zum Beispiel suchen zwei einfach verbundene C-Atome ihre Atomrümpfe soweit als möglich voneinander
zu entfernen; diese Bedingung ist erfüllt, wenn die aneinander-
grenzenden Ecken der beiden Tetraeder auf der Verbindungslinie
der Tetraedermittelpunkte liegen." Wenn ferner ein Kohlenstoff-
rumpf mit vier anderen verbunden ist, so werden diese vier infolge
ihrer gegenseitigen Abstoßung eine Anordnung mit Tetraedersymmetrie einnehmen.

Wie wir uns auch diesen Spannungszustand vorstellen mögen,
soviel ist sicher, daß das Molekül nicht in einen reaktionsträgen
Zustand hoher Stabilität und geringer Elektronenbeweglichkeit
übergeht, wenn zwei Atome nicht nur eines, sondern zwei Elektronenpaare unter sich teilen. Vielmehr gleicht sich das System
in sich aus, so gut es unter diesen Umständen geht, und bei diesem
Ausgleichen bleiben eins oder beide Bindungspaare in einem Zustand, in dem die Elektronen locker gebunden sind und kein in
sich abgesättigtes magnetisches System bilden können. Wir können
auch nicht den Schluß ziehen, daß dieser Zustand auf die beiden
Elektronenpaare beschränkt ist, die nach unserer Annahme die
Doppelbindung ausmachen. Die Eigenschaften derartiger Moleküle
zeigen ganz klar, daß die übrigen Bindungen in ähnlicher Weise
beeinflußt werden, so, als ob ihre Elektronen gleichfalls aus der
Lage größter Stabilität abgelenkt und beweglicher gemacht würden.

So treten die verschiedenen Erscheinungen, die die Lösung
einer Bindung bedingen — z. B. die Spaltung eines Moleküls oder
die Umlagerung von Atomgruppen —, fast ausnahmslos in der
Nachbarschaft derartiger ungesättigter Stellen auf. Wenn auch
keine exakte wissenschaftliche Analogie besteht, so können wir
doch bildlich diese Erscheinung mit der Wirkung einer Spannung
vergleichen, die man auf einen bestimmten Teil eines mechanischen
Systems elastischer Körper wirken läßt. Andere Stellen des
Systems geben dann derart nach, daß sie die Spannung am Angriffs-
punkte vermindern und sie gleichmäßig auf das ganze System ver-

teilen. Dieser Vorgang schreitet fort, bis ein Teil des Systems, der starrer ist, nicht mehr daran teilnimmt oder die allgemeine Ausgleichsbewegung nicht weiter fortpflanzt. So kann sich in einem organischen Molekül ein Spannungszustand, der an einem Atom hervorgerufen wird, durch eine Atomkette fortsetzen, vorausgesetzt, daß alle diese Atome bewegliche Bindungen haben; der Effekt wird jedoch gewöhnlich stark abgeschwächt, sobald ein gesättigtes Atom, d. h. ein solches mit starren Bindungen erreicht wird. Ebenso findet man, daß der ganze Benzolring eine beträchtliche Beweglichkeit besitzt, wogegen die Benzylgruppe, $C_6H_5CH_2$, sich wie die Methylgruppe verhält.

Zu den interessantesten Typen ungesättigter Moleküle gehören diejenigen mit der sogenannten konjugierten Doppelbindung, von der Form $-C{=}C-C{=}C-$ oder $-C{=}C-C{=}O$. Bei derartigen Systemen scheint der ungesättigte Zustand nicht an den beiden Doppelbindungen lokalisiert zu sein, sondern sich nach der Stelle des Moleküls zu verschieben, an der die gewöhnliche Formel eine einfache Bindung aufweist. Der Vorgang der Konjugation, worin er auch bestehen mag, schwächt offenbar den ungesättigten Charakter ab und erhöht die Stabilität des ganzen Moleküls. So beobachten wir beim Erwärmen einer β-γ-ungesättigten Säure mit einer Base eine Verschiebung der Doppelbindung in die α-β-Stellung, wie dies die folgenden Formeln zeigen:

$$CH{=}CH-CH_2-C-OH \quad \rightarrow \quad CH_2-CH{=}CH-C-OH$$

Wenn ein solches konjugiertes Molekül eine Additionsreaktion eingeht, so findet die Addition der beiden Radikale nicht unbedingt an den beiden Enden der Doppelbindung, sondern häufiger in 1—4-Stellung statt, in folgender Art:

$$R-CH{=}CH-CH{=}CH-R + XY$$
$$\rightarrow R-CHX-CH{=}CH-CHY-R$$

Die Thielesche Erklärung [95] mit Hilfe der „Partialvalenzen" kann am besten in die Sprache der vorliegenden Theorie übersetzt werden, wenn man annimmt, daß ein derartiges Molekül vier nicht gepaarte Elektronen besitzt, etwa in folgender Art:

$$H:\overset{H}{\underset{}{C}}:\overset{H}{\underset{}{C}}:\overset{H}{\underset{}{C}}:\overset{H}{\underset{}{C}}:H.$$

Aber auch hier müssen wir eine solche Formel wieder als eine stark übertriebene Darstellung betrachten oder als Ausdruck für einen Grenzfall, wie ihn das Molekül nur gelegentlich erreicht.

Zu einer ganz andersartigen Deutung des konjugierten Systems kommt man, wenn man sich die räumliche Lagerung der Atome überlegt. Diese Betrachtungsweise, die von Erlenmeyer [29] stammt, wurde von Huggins [40] wieder aufgenommen, der eine Reihe interessanter Gedanken über die Strukturen organischer Moleküle auf der Grundlage der neuen Valenztheorie entwickelte. In Abb. 23 stelle A die gewöhnliche Formulierung eines konjugierten Systems vor, B das Bild, wie es sich Huggins macht. Die Kohlenstoffatome sind durch Tetraeder wiedergegeben, die Kreise geben die Lage von Elektronenpaaren an.

Ein wesentlicher Bestandteil der Hugginsschen Theorie besagt, daß ein Elektronenpaar in unstabiler Lage ein zweites, ihm

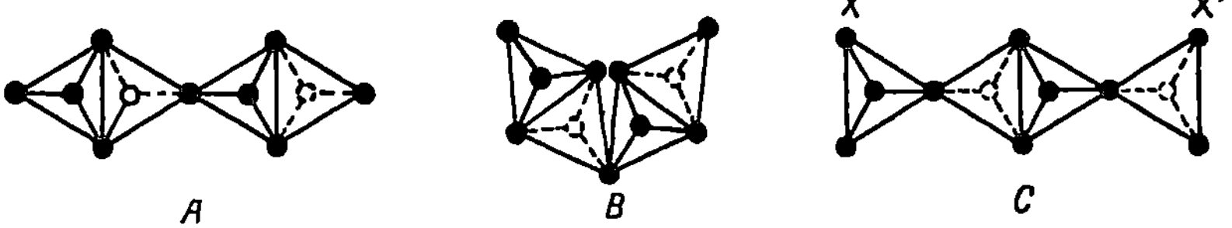

Abb. 23.   Modell der konjugierten Doppelbindung nach Huggins.

ähnliches anzieht (wie wir annehmen können, in der Weise, daß eine gegenseitige Verringerung des ungesättigten Zustandes oder eine Abschwächung ihrer Magnetfelder eintritt). Daher nähern sich zwei Elektronenpaare, je eines von jeder Doppelbindung, so weit, bis sie sich fast berühren wie in Stellung B, wo der Unterschied zwischen einfacher und doppelter Bindung verwischt ist. Bei einer Additionsreaktion können die beiden äußeren Atome jetzt angegriffen werden, während die Doppelbindung zwischen den beiden Atomen in der Mitte bleibt, wie dies Anordnung C zeigt.

In Übereinstimmung mit der vorliegenden Theorie ist zu beachten, daß die Tetraeder keine andere Bedeutung haben, als daß ihre Ecken die Lagen der Elektronenpaare angeben. Über die Lage der Atomrümpfe wird nichts ausgesagt; ich glaube aber, wenn wir dieses Bild des konjugierten Systems gelten lassen wollen, so müssen wir wohl annehmen, daß in einer derartigen Anordnung die Atomrümpfe nach außen zu verschoben sind, so daß die äußersten Bindungspaare (da sie jetzt näher an die Verbindungslinie der

Atommittelpunkte herankommen) mehr die Eigenschaften einer einfachen Bindung zeigen. Der ungesättigte Zustand ist dann zum größten Teil in der Mitte des Moleküls lokalisiert. Ferner kann der ungesättigte Zustand erheblich schwächer werden, wenn wir die Annahme zulassen wollen, daß zwei oder mehr unstabile Bindungspaare das Bestreben haben, sich bei ihrer Annäherung gegenseitig abzusättigen.

[Wir sprechen in unbestimmten Ausdrücken, wollen aber in einem späteren Kapitel versuchen, unsere Vorstellungen etwas klarer darzustellen; augenblicklich ist es wohl unmöglich, eine wirklich präzise Definition des Zustandes zu geben, den wir als ungesättigt bezeichnen. Offenbar stellen wir uns diesen Zustand so vor, daß ein Elektronenpaar, das seine normale oder stabile Lage nicht erreichen kann, zum Mittelpunkt eines Kraftfeldes, einer „Restaffinität" wird, die vom Atom ausgeht. Es wäre vielleicht voreilig, anzunehmen, daß dieses Feld ein Magnetfeld im üblichen Sinne sei; es scheint aber doch die allgemeinen Kennzeichen eines solchen Feldes zu besitzen und unter Verhältnissen aufzutreten, bei denen man experimentell nachweisen kann, daß das Molekül ein magnetisches System mit einem nicht ganz in sich abgesättigten oder neutralisierten Felde besitzt. In diesem Zusammenhang ist der Befund Pascals [72] interessant, daß Systeme mit konjugierten Doppelbindungen stärker diamagnetisch sind als solche mit der gleichen Atomzahl und der gleichen Anzahl von Doppelbindungen, die aber nicht konjugiert sind. Dies scheint dafür zu sprechen, daß mit der Konjugation ein Vorgang einhergeht, der den ungesättigten Charakter abschwächt.]

Solche Bilder des Molekülbaues können besonders gut danach beurteilt werden, wie sie das Verhalten des symmetrischen konjugierten Systems im Benzol zu erklären vermögen. Für dieses benutzt Huggins ein Modell, ähnlich dem zuerst von Körner [45] angegebenen; es ist in Abb. 24 dargestellt. Bei dieser Anordnung sind drei Elektronenpaare im Mittelpunkte des Ringes vereinigt, und wenn wir wie oben annehmen, daß die äußeren

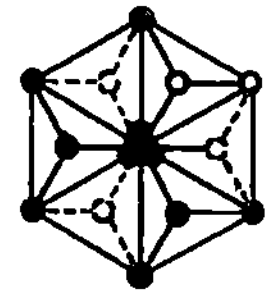

Abb. 24.
Huggins'
Modell
des Benzol-
moleküls.

Bindungspaare nahezu die Eigenschaften einer einfachen Bindung aufweisen, so haben wir ein Bild vor uns, das den bekannten Eigenschaften des Benzolmoleküls weitgehend Rechnung trägt. Wir müssen uns nach weiteren Versuchen umschauen, speziell über mögliche Isomeriefälle bei Benzolderivaten, um zu entscheiden, ob eine solche Anordnung zulässig ist.

Es ist sicher, daß diese Modelle von konjugierten Systemen nicht durchaus mit der Baeyerschen Spannungstheorie verträglich sind (doch ist beachtenswert, daß Baeyer selbst eine der in Abb. 24 gezeichneten ähnliche Strukturformel vorgeschlagen hat). Vielleicht kann man annehmen, daß die Bindungen bei ihrer Ablenkung aus der normalen Lage eine Stellung maximaler Spannung erreichen und daß bei der Ablenkung darüber hinaus die Stabilität wieder größer wird. Ob die Anziehungskraft, die wir zwischen unstabilen Elektronenpaaren angenommen haben, ausreicht, eine solche Ablenkung zu bewirken, darüber können wir im Augenblick nur Vermutungen äußern.

Ich neige jedoch zu der Ansicht, daß bei konjugierten Systemen eine ausgesprochene innere Umlagerung eintritt. Möglicherweise ist diese Umlagerung von der Art, wie sie Huggins[1]) annimmt, besonders wenn wir seine Hypothese durch meine oben geäußerte Ansicht ergänzen, daß bei einer solchen Umlagerung die Atomrümpfe so verschoben werden, daß ein Elektronenpaar jeder Doppelbindung mehr den Charakter einer einfachen Bindung erhält. Was für Modelle der Molekülstruktur wir auch annehmen wollen, es ist immer zu beachten, daß diese Modelle im besten Falle die Anordnung einiger Moleküle zu bestimmten Zeitpunkten wiedergeben, daß aber die meisten Moleküle, besonders die lockerer gebundenen, sich beständig umlagern und aus einem tautomeren Zustand in den anderen übergehen.

Die dreifache Bindung.

Wenn wir dem Brauche der organischen Chemie folgen wollen, so müssen wir eine dreifache Bindung durch drei Elektronenpaare wiedergeben, die zwei Atomen gemeinsam angehören. Nur so kann man jedem C-Atom im Acetylen seinen vollen Betrag von acht Elektronen zuteilen. Eine solche Verknüpfung zweier Kohlenstofftetraeder mit je drei Ecken müßte nach der Baeyerschen Spannungstheorie einen stark ungesättigten Zustand zur Folge haben. In der Tat hat man die dreifache Bindung häufig für viel ungesättigter gehalten als die doppelte, was jedoch meiner Ansicht

---

[1]) Eine der von Huggins benutzten Vorstellungen scheint mir durch die Tatsachen nicht gestützt zu werden, nämlich die, daß die Elektronen gelegentlich statt der normalen Paare stabile Dreiergruppen bilden.

nach ein Irrtum ist. Brom wird viel rascher von Äthylen als von Acetylen addiert, und Pascal hat gezeigt, daß die Acetylenbindung den Diamagnetismus weit weniger herabsetzt als die Äthylenbindung. Im ganzen scheinen sich Moleküle, denen man gewöhnlich eine dreifache Bindung zuteilt, weniger ungesättigt zu verhalten als solche mit Doppelbindung.

Ob und zu welchem Betrage die C-Atome im Acetylen wirklich drei Elektronenpaare unter sich teilen, ist eine offene Frage. Es ist zu beachten, daß die symmetrische Aufspaltung einer Äthylenbindung zur Bildung zweier unpaarer Atome führt; spaltet man jedoch eine Acetylenbindung so, daß man nur eine einfache Bindung erhält, so bleiben alle Elektronen gepaart, beide C-Atome können aber dann nicht mehr ihre vollständigen Oktetts behalten. Den Eigenschaften von Acetylen kann man am besten dadurch gerecht werden, daß man zwischen einer Anzahl verschiedener Anordnungen, wie

$$\mathrm{H:C:::C:H \quad und \quad H:\overset{..}{C}:\overset{..}{C}:H}$$

eine Zwischenform oder ein tautomeres Gleichgewicht annimmt.

Einschränkung der Möglichkeit mehrfacher Bindungen.

Als ich vor einigen Jahren die Eigenschaften nahe verwandter Elemente verglich, war ich betroffen von den gelegentlich auftretenden starken Unterschieden zwischen Stoffen, die man eigentlich für analog halten sollte. Wenn wir z. B. Elemente der beiden Perioden, die mit F und Cl enden, vergleichen, so sehen wir, daß F und Cl in ihren physikalischen Eigenschaften sehr ähnlich sind und daß die doch vorhandenen Unterschiede aus dem allgemeinen Gang der Eigenschaften in der Halogengruppe vorausgesagt werden können. Dagegen unterscheiden sich O und N weit mehr von S und P, und beim Vergleich von C mit Si und der Verbindungen beider stoßen wir auf einige sehr merkwürdige Anomalien.

Die Tetrachloride von C und Si sind beide flüssig und einander sehr ähnlich, nur hat das letzte einen höheren Siedepunkt, wie man nach seinem höheren Molekulargewicht auch erwarten kann. Dagegen gibt es kaum zwei verschiedenere Stoffe als CO_2 und SiO_2. Jenes ist ein Gas, dieses ein fester Körper, der erst bei sehr hohen Temperaturen schmilzt oder verdampft. Die Formeln, die man diesen Stoffen zugeschrieben hat, sind identisch, nämlich $O{=}C{=}O$ und $O{=}Si{=}O$; sie erklären in keiner Weise den großen

Unterschied in den physikalischen Eigenschaften dieser beiden Verbindungen.

Bei der Zusammenstellung einer Anzahl von ähnlichen Fällen
kam ich vor einigen Jahren zu dem Schlusse, daß die Fähigkeit
zur Bildung mehrfacher Bindungen fast, wenn nicht ganz ausschließlich auf die Elemente der ersten kleinen Periode, besonders
auf C, N und O beschränkt ist. Wenn Si mit O keine Doppelbindung eingehen kann, so müssen wir SiO_2 in der Ausdrucksweise
der älteren Valenztheorie folgendermaßen schreiben:

$$-O-\overset{\textstyle |}{\underset{\textstyle |}{Si}}-O-$$

Die freien Bindungen können sich nur betätigen durch Vereinigung
mit anderen Molekülen. Die neuere Theorie würde dies zum Ausdruck bringen durch eine Anordnung wie

$$: \overset{..}{O} : Si : \overset{..}{O} :$$
$$\overset{..}{:} \overset{..}{O} : \overset{..}{Si} : \overset{..}{O} :$$
$$: O : \overset{..}{Si} : \overset{..}{O} :$$

Eine solche Formel würde die Existenz unabgesättigter Valenzen andeuten, die nur durch eine Polymerisation abgesättigt
werden könnten. Dieser Vorgang könnte schließlich zur Bildung
einer komplizierten Ringanordnung mit allseitig abgesättigten
Valenzen führen, oder aber zu einem unbegrenzten Molekül, d. h.
einem einzigen Molekül, das so lange weiterwächst, bis alles Material
verbraucht ist. Wahrscheinlich besitzt Quarz als Kristall und als
unterkühlte Flüssigkeit eine solche Struktur, in der die ganze
Masse als Riesenmolekül betrachtet werden muß. Nach der Theorie
der Elektronenpaare müßten wir uns deshalb vom Bau des Quarzes
ein Bild etwa wie das obige machen; jedoch kann man nicht erwarten, daß dieses spezielle Bild, das nur zweidimensionale Ausdehnung besitzt, die wirkliche Struktur des Quarzes wiedergibt.

Wenn Schwefel keine Doppelbindung bilden kann, so kann
sein Molekül nicht von der Form $: \overset{..}{S} : : \overset{..}{S} :$ sein; er wird vielmehr das Bestreben haben, ein fortlaufendes Molekül zu bilden,
in welchem das eine Endatom statt der normalen Achtergruppe nur
drei Elektronenpaare haben würde, also $: \overset{..}{S} : \overset{..}{S} : \overset{..}{S}$. Diese Unvoll-
ständigkeit würde jedoch beseitigt werden und jedes Atom bekäme

sein Oktett, wenn ein Ringschluß stattfände. Das Vorkommen von Molekülen, wie S_6 und S_8, und von Polysulfiden spricht sehr für die Richtigkeit dieses Bildes vom Schwefelmolekül. Ebenso gibt die Unfähigkeit des Phosphors, mehrfache Bindungen zu bilden, eine Erklärung für das Molekül P_4 und andere komplizierte Moleküle, die möglicherweise im Phosphordampf vorkommen.

Daß Schwefel keine doppelten Bindungen bilden kann, zeigt sich deutlich in organischen Verbindungen, in denen der Sauerstoff einer Carbonylgruppe durch Schwefel ersetzt ist. Soweit derartige Stoffe überhaupt dargestellt worden sind, verhalten sie sich chemisch durchaus wie stark ungesättigte Verbindungen. Sie sind meistens farbig und zeigen ein ausgesprochenes Bestreben zur Assoziation. Die sonderbaren Eigenschaften der Carboxylgruppe, in der C durch Si und O durch S ersetzt wird, sollen des näheren in einem späteren Kapitel besprochen werden.

Auf Grund meiner Beobachtung, daß nur Elemente mit Atomrümpfen vom He-Bau doppelte und dreifache Bindungen bilden können, stellte Eastman [27] eine sehr geistreiche Theorie der mehrfachen Bindungen auf. Er meinte, daß die beiden Elektronen im Atomrumpf, die nach der gewöhnlichen Ansicht sich in sehr stabilen Lagen befinden und sich an chemischen Reaktionen nicht beteiligen, unter Umständen doch als Valenzelektronen auftreten können, und zwar dann, wenn sie nur eine Quantenstufe von der Valenzschale entfernt sind. Nach seiner Annahme können also dann, wenn nicht genügend einfache Bindungen vorhanden sind, um vollständige Oktetts zu bilden, die Oktetts durch den Eintritt dieser inneren Elektronen in die Valenzschale aufgefüllt werden.

Diese interessante Theorie gibt nicht nur ein neues Bild der mehrfachen Bindung, sondern liefert auch die bis jetzt einzige Erklärung für die Existenz der beiden Borwasserstoffe B_2H_6 und B_4H_{10}, die dem Äthan und Butan so ähnlich zu sein scheinen. Dennoch gibt es einige gewichtige Einwände gegen die Anschauung Eastmans, hauptsächlich den, daß die Röntgendaten für die Entfernung eines Elektrons aus der inneren Schale einen weit größeren Energiebetrag verlangen würden, als ihn ein chemischer Vorgang gewöhnlich zu liefern vermag. Es scheint jedoch nicht ausgeschlossen, daß eine Abänderung der Eastmanschen Theorie fruchtbar sein könnte, etwa so, daß die Elektronen der inneren Schale eines Atoms ihre Plätze behalten und für dieses Atom die innere Schale bilden, während sie gleichzeitig das äußere Oktett eines anderen Atoms auffüllen helfen.

Zusammenfassung.

Wir werden noch häufig Gelegenheit haben, die Erscheinung des ungesättigten Zustandes zu erörtern, denn dieser ist keineswegs auf Systeme mit mehrfachen Bindungen beschränkt. Tatsächlich gibt es viele Arten von Elektronenanordnungen, die einen viel stärker ungesättigten Charakter zur Folge haben, als er in unseren Systemen mit mehrfachen Bindungen vorkommt. Jedenfalls ist es durchaus verkehrt, den Vorgang der Bildung einer mehrfachen Bindung als Ursache für das Zustandekommen des ungesättigten Zustandes zu betrachten. Eher ist das Gegenteil richtig; wir müßten annehmen, daß der Vorgang der Bildung einer mehrfachen Bindung den ungesättigten Charakter abschwächt, der ohne diesen Vorgang (welcher Art dieser auch sei) vorhanden wäre (vgl. auch S. 135).

Wir werden bei späterer Gelegenheit noch einmal die Struktur solcher Systeme mit mehrfachen Bindungen besprechen; es wird jedoch nicht möglich sein, ein bestimmtes und endgültiges Bild der Elektronenverteilung in diesen beweglichen Molekülen zu geben. Für den Augenblick mag die folgende Feststellung genügen: hat ein Molekül nicht genug Elektronen, um durch die Bildung normaler Bindungspaare jedes Atom mit einem stabilen Oktett zu versehen, so können zwei aneinanderstoßende Atome, aber nur bis zu einem gewissen Grade, noch ein zweites oder drittes Elektronenpaar miteinander teilen; diese Teilung ist jedoch keineswegs so vollständig und unzweideutig wie bei der einfachen Bindung. Ferner: die Fähigkeit, ein zweites oder drittes Elektronenpaar zu teilen, ist fast ausschließlich auf C, N und O beschränkt.

Achtes Kapitel

Ausnahmen von der Achterregel.

Das auffallende Überwiegen von Molekülen, in denen jedes Atom seine volle Zahl von vier Elektronenpaaren in der äußersten Schale hat, veranlaßte Langmuir [50] zu dem Versuch, die Oktettregel als etwas Allgemeingültiges hinzustellen; er gibt sogar eine arithmetische Gleichung an, um mit ihrer Hilfe nach diesem Gesetz zu bestimmen, ob einer gegebenen Formel eine mögliche chemische Verbindung entspricht. Ich glaube, daß er sich in seiner Begeisterung für diese Idee zu einem Irrtum verleiten ließ und daß er einen einzelnen Zug der neuen Theorie überschätzte, wenn er sie als „Oktett-Theorie" bezeichnet. Die Achterregel ist trotz ihrer großen Wichtigkeit weniger grundlegend als die Zweierregel, die das Bestreben der Elektronen zur Paarbildung ausdrückt.

Das Elektronenpaar, insbesondere, wenn es zwei Atomen zugleich angehört und so die chemische Bindung bewirkt, ist das wesentliche Element des Molekülbaues. Auch von der Zweierregel gibt es Ausnahmen, nämlich die unpaaren Moleküle, und solche Moleküle können offenbar auch der Achterregel nicht gehorchen. Außer diesen gibt es jedoch von der Oktettregel noch viele andere Ausnahmen, die meiner Ansicht nach jedoch die Theorie in ihren Grundlagen nicht erschüttern, sondern sie eher bekräftigen; denn diese Stoffe reagieren gerade so, wie es das Bestreben, ihre unvollständigen Oktetts aufzufüllen, erwarten läßt.

Die Ausnahmen von der Achterregel können in zwei Klassen eingeteilt werden; in der einen hat ein Atom weniger als vier Elektronenpaare in der Valenzschale, in der anderen mehr als vier. Wir werden sehen, daß diese beiden Arten von Ausnahmen wahrscheinlich grundsätzlich verschieden sind.

Bei meinen frühesten Betrachtungen über diesen Gegenstand im Jahre 1902, glaubte ich, das Molekül von $NaCl$ entstehe durch den Übergang eines Elektrons vom Na- zum Cl-Atom, wodurch Cl eine Valenzschale mit acht Elektronen erlangt, und Na seine bereits vorhandene Achterschale beibehält. Die beiden geladenen Teilchen sollten zusammengehalten werden durch die elektrischen Kräfte, die dann zwischen Na^+- und Cl^--Ionen als Ganzes wirken müßten. Diese Ansicht wurde neuerdings auch von Langmuir ausgesprochen, um die Oktettregel aufrecht zu erhalten, welche die Möglichkeit einer chemischen*) Bindung für ein Element wie Na in jedem Falle ausschließen würde. Ohne Frage haben solche Elemente ein sehr starkes Bestreben, ihre Elektronen abzugeben und Ionen zu bilden. Wenn ein starker Elektrolyt in Wasser gelöst wird, so scheint alle Erfahrung dafür zu sprechen, daß die chemische Bindung verschwunden ist, wenn wir auch die Existenz einiger undissoziierter Moleküle annehmen mögen. Wäre dies jedoch auch der Fall, wenn wir die Eigenschaften von dampfförmigem NaCl etwas genauer untersuchen würden? Im geschmolzenen Zustande zeigen die meisten typischen Salze Eigenschaften, die für einen völlig polarisierten Zustand des Moleküls sprechen; geschmolzenes $BeCl_2$ hat dagegen sehr geringe Leitfähigkeit und kann als schwacher Elektrolyt angesehen werden**). Am besten nimmt man an, daß Be mit Cl durch bestimmte, vielleicht jedoch sehr lose Bindungen verknüpft ist. Ebenso kann Na mit anderen Anionen schwache Elektrolyte bilden. So ist es sehr wahrscheinlich, daß sich die Hydride der Alkalimetalle als schwache Elektrolyte erweisen werden, und wenn wir einen Stoff wie $NaCH_3$ betrachten, so finden wir bei ihm keine salzartigen Eigenschaften. Vermutlich ist Na mit der Methylgruppe durch eine chemische Bindung verknüpft und besitzt daher ein unvollständiges Oktett.

In diesem Zusammenhang sind die Verbindungen des Bors von großem Interesse. Unsere Kenntnisse über diese interessanten Stoffe haben große Bereicherung erfahren durch die neueren Arbeiten Stocks [94]***). Die Dampfdichten der Boralkyle entsprechen

---

*) Der Ausdruck „chemische" Bindung ist hier und im folgenden häufig als Gegensatz zu „elektrostatischer" Bindung (polarer Bindung) gebraucht.

**) Vgl. auch W. Biltz und W. Klemm, Zeitschr. f. anorgan. Chem. 152, 267 (1926).

***) Weitere inzwischen erschienene Arbeiten von Stock über Borverbindungen: A. Stock mit E. Kuss, Ber. 56, 789 (1923) mit W. Siecke, Ber. 57, 562 (1924); mit E. Pohland, Ber. 59, 2210, 2215, 2223 (1926). A. Stock, Ber. 59, 2226 (1926),

der einfachen Formel BR_3. So können wir Bortrimethyl oder -triäthyl folgendermaßen formulieren:

$$R : \overset{\cdot\cdot}{\underset{R}{\overset{R}{B}}}$$

Es scheint keine Möglichkeit zu geben, daß Bor mehr als drei Elektronenpaare in seine Valenzschale aufnehmen kann. Die Eigenschaften der Verbindungen entsprechen den obigen Formeln, denn Bortrialkyle verhalten sich sehr reaktionsfähig gegen jeden Stoff, der die zur Vervollständigung der Oktetts noch fehlenden Elektronenpaare liefern kann. So bildet es mit NH_3 eine Verbindung, die in benzolischer Lösung undissoziiert bleibt. Dieser Verbindung kann die Formel

$$R : \overset{\cdot\cdot}{\underset{R}{\overset{R}{B}}} : \overset{\cdot\cdot}{\underset{H}{\overset{H}{N}}} : H$$

zuerteilt werden, in der ein freies Elektronenpaar (oder ein einsames Elektronenpaar, wie Huggins es nennt) des Stickstoffs das Oktett des Bors ergänzt. Nach der älteren Valenztheorie wäre die Bildung einer solchen Verbindung unverständlich.

Gleich nach der Publikation meiner 1916 erschienenen Arbeit machte mich Herr A. S. Richardson, damals Absolvent der Princeton Universität, darauf aufmerksam, welch großes Interesse die Borverbindungen im Lichte der neuen Valenztheorie hätten; er begann eine ausführliche theoretische und experimentelle Untersuchung der Verbindungen dieses Elements. Diese Arbeit wurde jedoch durch den Krieg unterbrochen und leider nicht wieder aufgenommen. Zweifellos wird ein weiteres Studium der Borverbindungen sehr wertvolles Material beibringen, denn bei den Verbindungen dieses Elements zeigt sich der Unterschied zwischen der alten und der neuen Valenztheorie so deutlich wie sonst nirgends.

Bei den Borhalogeniden könnte man die Möglichkeit zugeben, daß sich die Achterschale um das Bor herum vervollständigt, denn eins der beiden Halogenatome könnte zwei Elektronenpaare mit dem Bor teilen. Tatsächlich schließt unsere Theorie die Existenz doppelt gebundener Halogenatome nicht aus. Wir werden bei den Jodoniumverbindungen annehmen, daß das Halogenatom mit zwei

anderen Atomen verbunden ist, und es ist kein Grund dafür er-
sichtlich, warum nicht auch F gelegentlich durch zwei Bindungen
mit einem einzigen Atom verknüpft sein sollte. Die Eigenschaften der Borhalogenide lassen sich jedoch auch voll und
ganz erklären, wenn man ein Elektronensextett in der Borschale
annimmt. So teilen H_2O, NH_3 und HF leicht ihr eines einsames
Elektronenpaar mit dem Bor, um dessen Oktett zu vervollständigen.

Die Vereinigung von BF_3 mit HF zu HBF_4 ist folgendermaßen zu formulieren:

$$\ddot{\ddot{F}} \quad \ddot{\ddot{F}}$$
$$:\ddot{F}:B \;+\; :\ddot{F}:H \;=\; :\ddot{F}:B:\ddot{F}:H$$
$$:\ddot{F}: \quad\quad\quad\quad :\ddot{F}:$$

Molekulargewichtsbestimmungen der Borhalogenide zeigen zwar,
daß sie im gasförmigen und gelösten Zustand als einfache Moleküle
existieren, doch ist wahrscheinlich, daß im festen Zustand die freien
Elektronen eines Moleküls in das unvollständige Oktett eines
anderen eintreten und so ein unbegrenztes Molekül von der Art

$$:\ddot{F}: \quad :\ddot{F}:$$
$$:\ddot{F}:B:\ddot{F}:B$$
$$:\ddot{F}: \quad :\ddot{F}:$$

zustandekommen lassen. Prof. Hildebrand hat mich darauf aufmerksam gemacht, daß wahrscheinlich bei vielen festen Körpern,
die leicht sublimieren, d. h. vom festen in den gasförmigen Zustand
übergehen ohne zu schmelzen, die Bildung solcher sich unbegrenzt
fortsetzender Moleküle stattfindet, die nur in der festen Phase
existieren. Ganz analog den Bortrihalogeniden sind die entsprechenden Al-Verbindungen, und wie B vervollständigt auch Al häufig
seine Achtergruppe, indem es ein einsames Elektronenpaar an sich
anlagert, das einem anderen Atom zugehört. So ist die Verbindung
zwischen $AlCl_3$ und Äther völlig analog der zwischen BCl_3 und
H_2O. In ähnlicher Weise kann man sich die verschiedenen
Zwischenprodukte vorstellen, die vermutlich bei den wichtigen
Reaktionen nach Friedel und Crafts auftreten.

Mit BF_3 zeigt nun SO_3 eine große Ähnlichkeit in den physikalischen und chemischen Eigenschaften. Da S nicht gern eine
Doppelbindung eingeht, müssen wir SO_3 auch ähnlich wie BF_3

formulieren. Das folgende Schema soll die Vereinigung von SO_3 und O^{--} zu SO_4^{--} darstellen:

$$
\begin{matrix}
&\overset{..}{\underset{..}{:O:}}& \\
\overset{..}{\underset{..}{:O:}}\overset{..}{\underset{..}{S}} & + & \left[\overset{..}{\underset{..}{:O:}}\right]^{--} = \left[\begin{matrix}\overset{..}{\underset{}{:O:}}\\ \overset{..}{\underset{..}{:O:}}\overset{..}{\underset{..}{S}}\overset{..}{\underset{..}{:O:}}\\ \underset{..}{:O:}\end{matrix}\right]^{--}\\
&\underset{..}{:O:}&
\end{matrix}
$$

Ähnlich reagiert SO_3 mit NH_3. Dieses alles sind typische Beispiele für Reaktionen zwischen Molekülen, die unverbundene Elektronenpaare haben einerseits, und Molekülen mit unvollständigen Oktetts andererseits. Mit diesen Vorgängen verwandt ist die Bildung von NH_4^+-Ion aus NH_3 und H^+-Ion. Hier liefert der Stickstoff das Elektronenpaar, das die stabile Gruppe des Wasserstoffs vervollständigt, die in diesem Falle keine Achter-, sondern eine Zweiergruppe ist:

$$
[H]^+ + \begin{matrix}H\\ \overset{..}{\underset{..}{:N:H}}\\ H\end{matrix} = \left[\begin{matrix}H\\ \overset{..}{\underset{..}{H:N:H}}\\ H\end{matrix}\right]^+
$$

Aus unserer Vorstellung von der Bildung der Schwefelsäure aus dem Anhydrid und Wasser ergibt sich die Möglichkeit neuer Isomeriefälle. Die beiden folgenden Formeln (A) und (B) sollen den gewöhnlichen Zustand des Schwefelsäuremoleküls bzw. den Zustand des Moleküls unmittelbar nach der Bildung der Säure darstellen.

$$
(A)\quad \begin{matrix}\overset{..}{\underset{..}{:O:}}\\ H\overset{..}{\underset{..}{:O:}}\overset{..}{\underset{..}{S}}\overset{..}{\underset{..}{:O:}}H\\ \underset{..}{:O:}\end{matrix}
\qquad
(B)\quad \begin{matrix}\overset{..}{\underset{..}{:O:H}}\\ \overset{..}{\underset{..}{:O:}}\overset{..}{\underset{..}{S}}\overset{..}{\underset{..}{:O:}}H\\ \underset{..}{:O:}\end{matrix}
$$

Wir werden nun sehen, daß in zahlreichen Fällen dieser Art die möglichen Isomeriefälle nicht auftreten wegen der großen Beweglichkeit des Wasserstoffkernes (Wasserstoffions) und seinem raschen Übergang von einem Elektronenpaar im Molekül zu einem anderen. Diese Beweglichkeit ist besonders groß, wenn es sich um Stoffe mit Säurecharakter handelt, mag dieser auch noch so wenig ausgeprägt sein. Werner hat auf die Möglichkeit von Isomeren der Typen (A) und (B) hingewiesen, war aber noch so sehr in den älteren Valenzvorstellungen befangen, daß er (A) eine Valenz- und (B) eine Molekülverbindung nannte. Nach unserer Schreibweise der beiden Formeln sehen wir, wie ungerechtfertigt eine solche

Unterscheidung ist. Bei der raschen tautomeren Umlagerung, die
wir zwischen diesen beiden Formen der Schwefelsäure annehmen,
gibt es keine wesentliche Änderung in der Verteilung der Elektronenzahlen. Wir stellen uns lediglich vor, daß die beiden H-Kerne sich
von einem Elektronenpaar zum anderen herumbewegen und nur
selten an ein und dasselbe O-Atom gebunden sind. Jedoch sollte
man erwarten, daß diese Beweglichkeit stark herabgesetzt wird,
sobald der Wasserstoff durch Alkylgruppen ersetzt wird; man kann
voraussagen, daß bei der Behandlung eines Säureanhydrids mit
einem Äther eine Verbindung entsteht, die sich nicht sofort zum
normalen Ester umlagert.

Der Vertreter einer anderen Stoffklasse, in der wir eher ein
Sextett als ein Oktett anzunehmen haben, ist die Metaphosphorsäure. Da wir dem Phosphor nicht gerne eine Doppelbindung zuschreiben, wollen wir für Metaphosphorsäure und die Art und
Weise, wie sie mit Wasser reagiert, die Formeln

$$
\overset{\cdot\cdot}{:\!O\!:} \quad H \qquad\qquad \overset{\cdot\cdot}{:\!O\!:}H
$$
$$
H\!:\!\overset{\cdot\cdot}{\underset{\cdot\cdot}{O}}\!:\!\overset{\cdot\cdot}{P} + :\!\overset{\cdot\cdot}{\underset{\cdot\cdot}{O}}\!:\!H \;=\; H\!:\!\overset{\cdot\cdot}{\underset{\cdot\cdot}{O}}\!:\!P\!:\!\overset{\cdot\cdot}{\underset{\cdot\cdot}{O}}\!:\!H
$$
$$
\underset{\cdot\cdot}{:\!O\!:} \qquad\qquad\qquad \underset{\cdot\cdot}{:\!O\!:}
$$

gebrauchen. Das entstehende Molekül entspricht der Formel (B)
für Schwefelsäure. Bei einer derartigen Form wird offenbar die
Anlagerung von zwei Wasserstoffionen an das gleiche Sauerstoffatom ein stark polares Molekül erzeugen. Wenn wir annehmen,
daß aus diesem Grunde die oben angegebene Übergangsform bei
der Wasseraufnahme der Metaphosphorsäure so unstabil ist, daß
sie nur in geringem Betrage existiert, so können wir die geringe
Geschwindigkeit der Wasseraufnahme dieser Säure verstehen.

Salpetersäure und Kohlensäure sind der Metaphosphorsäure
analog. Hier werden wir eher geneigt sein, eine Doppelbindung
zwischen O und C bzw. N anzunehmen. Es haben aber Latimer
und Rodebush [54] gezeigt, daß die Kristallstruktur von festen
Nitraten und Carbonaten für die symmetrische Anordnung der drei
Sauerstoffatome zum Zentralatom spricht. Gilt dies auch für
Lösungen, so müssen wir für diese Ionen Formeln mit Elektronen-
sextetts schreiben, nämlich:

$$
\left[\;\overset{\cdot\cdot}{:\!O\!:}\atop{:\!\overset{\cdot\cdot}{\underset{\cdot\cdot}{O}}\!:\!\overset{\cdot\cdot}{N}\!:\!\overset{\cdot\cdot}{\underset{\cdot\cdot}{O}}\!:}\;\right]^{-} \qquad
\left[\;\overset{\cdot\cdot}{:\!O\!:}\atop{:\!\overset{\cdot\cdot}{\underset{\cdot\cdot}{O}}\!:\!\overset{\cdot\cdot}{C}\!:\!\overset{\cdot\cdot}{\underset{\cdot\cdot}{O}}\!:}\;\right]^{--}
$$

Atome mit mehr als vier Elektronenpaaren.

Wir müssen weiterhin eine Gruppe von Verbindungen behandeln, in denen das Zentralatom offenbar mit mehr als vier anderen Atomen Elektronenpaare teilt; solche Stoffe sind PCl_5, SF_6 und UF_6. In meiner ersten Veröffentlichung behauptete ich, daß es keine Stickstoffverbindung gebe, bei der man annehmen muß, daß das N-Atom mehr als vier Bindungen betätigt (vgl. S. 85, 117); ich hielt es daher für möglich, daß auch andere Ausnahmen von der Achterregel in ähnlicher Weise als scheinbare erkannt werden könnten. Dr. E. Q. Adams und ich prüften sorgfältig das vorhandene Tatsachenmaterial über PCl_5, um festzustellen, ob man ihm möglicherweise eine Formel analog der von NH_4Cl zuerteilen könnte, wie dies inzwischen Langmuir getan hat, nämlich:

$$\left[\begin{array}{ccc} & :\overset{..}{Cl}: & \\ :\overset{..}{Cl}: & \overset{..}{P}: & \overset{..}{Cl}: \\ & :\overset{..}{Cl}: & \end{array} \right]^{+} \quad \left[:\overset{..}{\underset{..}{Cl}}: \right]^{-}$$

Wir kamen jedoch zu dem Schluß, daß die chemischen Tatsachen durchaus gegen eine derartige Annahme sprechen, und daß die fünf Cl-Atome direkt an das P-Atom gebunden sind, jedes durch ein Bindungselektronenpaar. Mit anderen Worten, das P-Atom ist von einer Gruppe von zehn Elektronen umgeben. Ebenso müssen wir beim SF_6 annehmen, daß das Schwefelatom sechs Bindungen betätigt und daher eine Gruppe von zwölf Elektronen in seiner Valenzschale hat.

Die Tatsache jedoch, daß so wenige Verbindungen dieser Art bekannt sind, und daß diese alle die stark negativen Elemente Cl oder F enthalten, brachte mich auf den Gedanken, die Vorstellungen über die Bedeutung der Valenzschale zu erweitern und die Achterregel in etwas modifizierter Gestalt auf diese Stoffe anzuwenden. Wir haben gesehen, wie wertvoll es ist, eine Reihe von Energieniveaus anzunehmen, die sich vom Atommittelpunkt nach außen hin erstrecken, und wie man sich vorzustellen hat, daß Elektronen unter Umständen von einem Niveau auf ein anderes übergehen. In der Vorstellungsweise der vorliegenden Theorie können wir uns denken, daß außer dem Niveau, das der Valenzschale normalerweise entspricht, es noch andere Niveaus weiter außen gibt, auf welche die Valenzelektronen gelegentlich gehoben

werden können. Wenn wir das normale Niveau als erste Valenzschale bezeichnen, so darf man wohl die allgemeine Regel aufstellen, daß kein Atom je mehr als vier Elektronenpaare in der
ersten Valenzschale enthalten kann.

Diese Hypothese verlangt, daß in einem Atomrumpf, der mit mehr
als acht Elektronen verbunden ist, diese Elektronen zum Teil oder ganz
in eine zweite Valenzschale übergegangen sind. Nun würde solch ein
Übergang von Elektronen auf eine zweite Schale normalerweise einen
Energieaufwand erfordern, und daher kann man einen solchen Vorgang
nur erwarten, wenn der Eintritt dieser Elektronen in Schalen anderer
Atome die notwendige Energie liefert. Die bei der Vervollständigung der normalen Valenzschale frei werdende Energie ist um so größer,
je stärker elektronegativ die Elemente sind — diese Tatsache gibt
vermutlich den Elementen überhaupt ihren elektronegativen Charakter —, und das Maximum an Energie, das bei einem solchen
Vorgang entwickelt werden kann, wird bei der Vervollständigung des
Fluor-Oktetts frei. Wir können uns daher vorstellen, daß Fluor und
gelegentlich auch andere elektronegative Elemente die Elektronenpaare anderer Atome von der primären auf die sekundäre Valenzschale ziehen können.

Wenn wir diese Hypothese der sekundären Valenzschalen anerkennen wollen, so dürfen wir sie natürlich sinngemäß nicht nur
auf Fälle anwenden, wo die Valenzelektronen eines Atoms die Zahl 8
überschreiten. Wir sollten im Gegenteil bestrebt sein, die gleiche
Vorstellung auf viele Moleküle anzuwenden, bei denen die verschiedenen Atome acht oder noch weniger Elektronen besitzen,
z. B. auf Moleküle mit Doppelbindung. Im Augenblick sind wir
jedoch wohl noch nicht so weit, daß wir diese Theorie der sekundären Valenzzahlen systematisch anwenden können.

Es ist interessant, sich zu überlegen, ob solche Stoffe wie
SO_4^{--} oder SF_6 wenig polarisiert sind oder ob sie zwar stark polar
sind, aber einen Multipol von so hoher Symmetrie bilden, daß
elektrische Felder auf sie keine starke Richtwirkung ausüben. Die
obige Hypothese spricht für die letzte Ansicht. Die Eigenschaften
von SF_6 sind sehr bemerkenswert [*]. Es verhält sich durchaus
nicht wie ein typisch polarer Stoff. Bei gewöhnlicher Temperatur
ist es gasförmig und von sehr geringer chemischer Reaktionsfähig-

---

[*] Vgl. auch O. Ruff, Ber. **52**, 1223 (1919); W. Kossel, Zeitschr.
f. Phys. 1, 395 (1920).

keit. Es wird weder durch Wasser hydrolysiert, noch von schmelzendem Alkali angegriffen. Wenn wir nun annehmen, daß die sechs Elektronenpaare aus der primären Valenzschale des Schwefels zum Fluor herübergezogen werden, so daß die Fluoratome die Elektronenpaare beinahe vollständig besitzen, so würde trotzdem das Schwefelatom eine starke positive Ladung erhalten. Vermutlich jedoch sind die Fluoratome um das Schwefelatom herum in Lagen hoher Symmetrie angeordnet, vielleicht oktaedrisch, und diese Fluoratome, die beinahe den gesättigten Charakter des F^--Ions annehmen, bilden eine Schutzschicht um das Schwefelatom herum, die dieses vor chemischem Angriff bewahrt.

Bei PCl_5 können wir schwerlich eine hochsymmetrische Anordnung annehmen; dieser Stoff ist auch viel reaktionsfähiger als SF_6 und besitzt ganz andere Eigenschaften. UF_6 scheint nach seinen physikalischen Eigenschaften wieder eine nichtpolare Verbindung zu sein. Zum Beispiel ist es bei gewöhnlicher Temperatur schon stark flüchtig (UCl_4 dagegen verflüchtigt sich nicht unter 1000^0 C), dabei aber von großer chemischer Reaktionsfähigkeit. Dies kann vielleicht durch die Annahme erklärt werden, daß der viel größere Rumpf des Urans durch die Schicht von sechs Fluoratomen weniger gut gegen äußere Angriffe geschützt ist als S in SF_6.

Außer den soeben besprochenen Stoffen müssen wir noch bei vielen der besonders von Werner untersuchten Komplexverbindungen annehmen, daß ein Atom mit mehr als vier Elektronenpaaren verknüpft ist. Bei solchen Verbindungen wie den Kobaltikomplexen, wo das Ion offenbar mit sechs anderen Atomen oder Gruppen durch Elektronenpaare verbunden ist, und bei Anionen wie SiF_6^{--} und $PtCl_6^{--}$ können wir eventuell annehmen, daß die Bindungspaare in den sekundären Valenzschalen der betreffenden Zentralatome liegen. Es gibt solche Komplexe, die bis zu acht mit dem Zentralatom verbundene Elektronenpaare enthalten, z. B. $K_4Mo(CN)_8$. Die Besprechung dieser Komplexe und der Wernerschen Koordinationszahl wird im nächsten Kapitel fortgesetzt werden.

Neuntes Kapitel

Valenz und Koordinationszahl.

In seinem normalen Zustand besitzt ein Atom vier Elektronenpaare in der Valenzschale, und diese Paare vermitteln häufig die
Bindung an andere Atome. Die Achterregel sagt nun aus, daß
die Zahl der Bindungen zwischen einem Atom und anderen höchstens vier sein kann. Viele Atomarten scheinen ein Bestreben zu
haben, diese Maximalzahl von Bindungen zu betätigen, oder mit
anderen Worten, jedes Elektronenpaar als Bindungspaar zu gebrauchen; es ist jedoch möglich, daß dieses Bestreben auf die unvollständige Elektronenbesetzung der Verbindungspartner zurückzuführen ist, die Elektronen brauchen, um ihre Achterschalen zu
ergänzen (oder im Falle des Wasserstoffs die stabile Zweiergruppe).

Zum Beispiel hat im Ammoniak jedes Wasserstoffatom seine
normale Zweiergruppe und das Stickstoffatom seine Achtergruppe.
Dieses Molekül hat ein starkes Bestreben, ein H^+-Ion zu addieren und
so seine vier möglichen Bindungen zu betätigen; man kann jedoch
ebensogut diesen Vorgang auf das Bestreben des Wasserstoffkerns
(H^+-Ions), seine normale Zweiergruppe zu erlangen, zurückführen.
Möglicherweise beruht die Stabilität des NH_4^+-Ions und anderer
ähnlicher Verbindungen jedoch teilweise auf der tetraedrischen
Symmetrie von vier Bindungen an einem Zentralatom.

In der organischen Chemie, wo sich der Valenzbegriff als
durchaus eindeutig und außerordentlich nützlich erwiesen hat, ist
die Valenz eines Atoms definiert als die Zahl der Bindungen,
durch welche es mit anderen Atomen verknüpft ist, gleichgültig,
ob diese Bindungen einfach oder doppelt sind. Es ist offenbar
kein Grund mehr dafür vorhanden, diese Definition nicht zu einer
allgemeingültigen zu machen und sie nicht ebensogut auf anorganische Verbindungen anzuwenden. Wir wir gesehen haben, ist der
Gebrauch der Ausdrücke positive und negative Valenz in der
anorganischen Chemie insofern irreführend, als man daraus entnehmen könnte, daß wir jedem Atom in einer Verbindung stets

eine bestimmte polare Valenzzahl oder Oxydationsstufe zuschreiben könnten. Wenn es tunlich erscheint, die polare Valenzzahl anzugeben, so kann man das so ausdrücken, wie ich in einem früheren Kapitel vorschlug, daß man z. B. sagt: das Co ist bipositiv in den Kobaltoverbindungen, anstatt: es ist zweiwertig. Wenn wir aber von seiner Valenz sprechen, so wollen wir damit, wie in allen anderen Fällen, die Zahl seiner Bindungspaare bezeichnen. So hat das freie Co^{++}-Ion die Valenz null; wenn es jedoch mit vier Ammoniakmolekülen verbunden ist, so hat es die Valenz vier. Wir können daher allgemein die Valenz eines Atoms in irgend einem Molekül definieren als die Zahl der Elektronenpaare, die es mit anderen Atomen teilt.

Langmuir hat vorgeschlagen, diese Bindungszahl „Covalenz" zu nennen; er hat diesen Ausdruck mit einer arithmetischen Gleichung verknüpft, durch welche er die Existenzmöglichkeit chemischer Verbindungen vorauszusagen versuchte. Er setzte fest, daß die maximale Valenzzahl vier sei, und das hat ihn dazu geführt, zwei Verbindungen wie $SiCl_4$ und PCl_5 als gänzlich verschiedenartig aufzufassen. Es scheint mir, daß seine Regel insofern einen Rückschritt bedeutet, als sie einige willkürliche Züge der alten Strukturformeln beibehält; diese Formeln wurden aber schon von Werner angegriffen, weil sie so oft künstliche Unterscheidungen zwischen völlig analogen Stoffen machen. Wir werden daher den alten Ausdruck Valenz gebrauchen, um die Zahl der Bindungspaare eines Atoms zu bezeichnen, und da wir uns zu der Feststellung genötigt sahen, daß gelegentlich gewisse Atome mehr als acht Valenzelektronen in der Außenschale enthalten, so werden wir diesen Atomen die Valenz 5, 6 oder sogar 8 zuschreiben müssen.

Bei den meisten Elementen mit kleiner Ordnungszahl kommt man jedoch mit der maximalen Valenzzahl vier aus. Vier ist die charakteristische Valenz des Kohlenstoffs, und nur in wenigen Verbindungen betätigt er eine andere Valenz, so pflegt man ihn im C O als zweiwertig anzusehen, und er bildet dreiwertige Verbindungen von der Art des Triphenylmethyls. Wenn ein Kohlenstoffatom mit weniger als vier anderen Atomen verbunden ist, so nehmen wir gewöhnlich so viele doppelte oder dreifache Bindungen an, daß der Kohlenstoff seine vollen vier Valenzen erhält. Diese Annahme ist zwar sehr gebräuchlich, in vielen Fällen aber doch wohl ein wenig willkürlich.

Sehen wir uns einmal die Orthosäuren an, in denen das Zentralatom von vier Sauerstoffatomen umgeben ist! Bei den Silikaten wird nur im Ortho-Ion SiO_4^{--} die maximale Valenz des Si betätigt, da dieses Element nicht zur Bildung von Doppelbindungen neigt. Im Falle der Kohlensäure nehmen wir jedoch an, daß die Orthoform Wasser verlieren kann, ohne daß dadurch der Kohlenstoff aufhört, vierwertig zu sein; dabei entsteht die gewöhnliche Kohlensäure und das Kohlendioxyd, denen wir die Formeln $O{=}C(OH)_2$ und $O{=}C{=}O$ zuerteilen. Verfolgen wir denselben Gedankengang bei der Salpeter- und Phosphorsäure, so finden wir, daß das Orthophosphation PO_4^{---} existiert, während die Orthosalpetersäure unbekannt ist. Hier könnten wir sagen, der Stickstoff bleibt vierwertig, wenn wir dem Nitration nach folgender Formel

$$\left[\begin{array}{c} \ddot{:O:} \\ \ddot{:O:}\ddot{N}::\ddot{O:} \end{array} \right]^{-}$$

eine Doppelbindung zuerteilen. Wenn jedoch die Röntgenanalyse der kristallisierten Nitrate erweisen wird, daß alle drei Sauerstoffatome in den Nitraten gleichwertig sind [vgl. S. 104]*), so wäre dieser Schluß hinfällig, und die entsprechende Schlußweise bei der Kohlensäure wäre daher auch in Frage gestellt. Jedenfalls ist sicher, wie man es auch erklären mag, daß die Elemente der ersten kleinen Periode seltener die maximale Valenzzahl vier erreichen als die der zweiten kleinen Periode.

Bor wird vierwertig und bekommt gleichzeitig seine Gruppe von acht Elektronen in Verbindungen wie HBF_4 und $(CH_3)_3BNH_3$. In etwas geheimnisvoller Weise scheint es auch als vierwertiges Element in den anomalen Verbindungen B_2H_6 und B_4H_{10} aufzutreten, welche Stock für völlig analog dem Äthan und Butan, C_2H_6 und C_4H_{10}, hält. Auf dieses Problem werden wir später noch zurückkommen.

P, As und Sb, ebenso S, Se und Te sind vierwertig in den Säuren ihrer höchsten Oxydationsstufe, und dasselbe gilt für Cl, Br, J in den Perchloraten, Perbromaten**), Perjodaten. In letzterem

---

*) G. Scheibe, Chem. Ber. **59**, 1321 (1926), schließt aus optischen Messungen, daß im NO_3-Ion ein tautomeres Gleichgewicht vorliegt zwischen der Form mit drei gleich gebundenen O-Atomen und einem *ganz geringen Bruchteil* der Form mit Doppelbindung.

**) Nach Abeggs Handb. d. anorg. Chem. (Leipzig 1913), 4. Bd., 2. Abt., S. 304 sind die Perbromsäure und ihre Salze nicht existenzfähig.

Falle gibt es offenbar noch eine höhere Valenz des Jods in Salzen, die sich von H_5JO_6 ableiten.

Wenn das Stickstoffatom im NH_3 durch Addition von einem H^+-Ion vierwertig wird, so entsteht das Ion

$$\left[\begin{array}{c} H \\ \cdot\cdot \\ H:\overset{\cdot\cdot}{N}:H \\ \cdot\cdot \\ H \end{array}\right]^+$$

Wir sehen darin den Prototyp nicht nur vieler Reaktionen der N-Verbindungen, sondern überhaupt von Verbindungen, die Atome mit einsamen Elektronenpaaren enthalten. Es kann kaum ein Zweifel bestehen, daß die vier H-Atome des NH_4^+-Ions symmetrisch um das Stickstoffatom herumliegen; die Stereochemie der Ammoniumderivate deutet entschieden auf ganz ähnliche Verhältnisse hin wie bei den Kohlenstoffverbindungen und spricht für eine Anordnung, die von der vollen Tetraedersymmetrie nur abweicht, wenn verschiedene Atomgruppen mit dem Stickstoff verbunden sind.

Bei Gegenwart von H^+-Ionen wird P im PH_3 vierwertig infolge der Anlagerung eines H^+-Ions an sein einsames Elektronenpaar; dabei entsteht das symmetrische PH_4^+-Ion.

Mit Ausnahme der Edelgase sucht jedes Atom mit einem oder mehreren einsamen Elektronenpaaren seine Valenz durch Anlagerung von H^+-Ionen oder entsprechenden Gruppen zu erhöhen; so entsteht eine große Klasse von Verbindungen, die der Kürze halber als „Onium“verbindungen bezeichnet werden mögen. Die Löslichkeit des PH_3 in Wasser wächst durch Anlagerung einer Säure infolge teilweiser Bildung von PH_4^+-Ionen; ebenso, wenn auch weniger ausgeprägt, finden wir die Löslichkeit des H_2S in Wasser vergrößert durch die Addition von HJ. Diese Tatsache kann man zwar ohne die Annahme einer chemischen Vereinigung erklären, ihre wahrscheinlichste Erklärung ist jedoch die, daß sich H_2S mit dem H^+-Ion verbindet und das einwertige Sulfoniumion bildet nach der Reaktion

$$H:\overset{\cdot\cdot}{\underset{\cdot\cdot}{S}}:H + [H]^+ = \left[\begin{array}{c} H \\ \cdot\cdot \\ H:\overset{\cdot\cdot}{\underset{\cdot\cdot}{S}}:H \end{array}\right]^+$$

Von diesem Ion kennt man zahlreiche Derivate, in denen Wasserstoff durch organische Gruppen ersetzt ist. Die Bildung des zweiwertigen Sulfoniumions $(H_4S)^{++}$, in dem S die Valenz vier hat, würde die Addition eines positiven Ions an eine bereits positiv geladene Gruppe erfordern. Der Bildung eines solchen Ions würden daher starke elektrische Kräfte entgegenstehen. Es ist wohl möglich, daß in stark sauren Lösungen das zweiwertige Sulfoniumion in geringer Konzentration entsteht; einen Beweis dafür haben wir jedoch nicht, auch kennt man keine organischen Derivate dieses Ions.

Da das NH_4^+-Ion beständiger ist als das PH_4^+-Ion, so müssen wir auch erwarten, daß das OH_3^+-Ion, welches als Hydronium- oder Oxoniumion *) bezeichnet werden soll, stabiler ist als das entsprechende Sulfoniumion. Da die gewöhnlichen chemischen Reaktionen fast durchweg in wässerigen Lösungen studiert worden sind, haben wir häufig die Möglichkeit von Verbindungen zwischen gelöstem Stoff und Wasser übersehen. Wir besitzen daher viel mehr quantitative Angaben über Komplexe mit NH_3 als über die Hydrate. An der Vereinigung von NH_3 mit einer verdünnten Säure zweifelt niemand; auch wenn HCl in flüssigem NH_3 sich löst, nehmen wir ohne weiteres an, daß wir eine Lösung von NH_4Cl erhalten. In einer Lösung von HCl in H_2O besteht aller Wahrscheinlichkeit nach ein ähnlicher, wenn auch weniger fester Komplex, und es treten die Ionen OH_3^+ und Cl^- auf. Tatsächlich glauben Latimer und Rodebush [54], daß eine wässerige Lösung von HCl die Eigenschaften einer starken Säure nur deshalb hat, weil sich dieses Hydroxoniumchlorid bildet.

Das Bestreben des Sauerstoffs, seine einsamen Elektronenpaare in Bindungspaare umzuwandeln, hat die Bildung zahlreicher Oxoniumverbindungen zur Folge, deren Existenz in vielen Fällen sicher erwiesen ist, während sie in anderen angenommen wurde, um gewisse Reaktionen zu erklären. Wenn z. B. Äther sich an flüssigen Chlorwasserstoff anlagert, so wächst dessen elektrische Leitfähigkeit gewaltig. Die einzige einfache Erklärung dieser Tatsache ist die Bildung von Diäthylhydroxoniumchlorid mit den Ionen

$$\begin{bmatrix} R \\ \overset{..}{R:O:H} \\ {..} \end{bmatrix}^+ \quad \text{und} \quad \begin{bmatrix} \overset{..}{:Cl:} \\ {..} \end{bmatrix}^-$$

Ebenso geben Äther und Brom eine elektrisch leitende Lösung. In diesem Falle können wir das Brom als äußerst schwachen Elektro-

---

*) In Deutschland pflegt man das OH_3^+-Ion auch als Hydroxoniumion zu bezeichnen [vgl. z. B. A. Hantzsch, Zeitschr. f. Elektrochem. **29**, 230 (1923)], im folgenden wird diese Bezeichnung anstatt der obigen verwandt werden.

lyten ansehen, der Br^+- und Br^--Ionen in sehr geringen Konzentrationen liefert. Das Br^+-Ion mit einem unvollständigen Oktett füllt seine Achtergruppe mit Hilfe eines der einsamen Elektronenpaare des Sauerstoffs auf, ebenso wie in obiger Formel das H^+-Ion seine stabile Zweiergruppe erhält.

Der Übergang eines schwachen Elektrolyten in einen starken durch Komplexbildung ist eine häufige Erscheinung, auf die zuerst Abegg und Bodländer [2] aufmerksam machten. Heute erkennen wir klarer die Natur dieses Vorgangs. Methylchlorid z. B. ist ein äußerst schwacher Elektrolyt, behandelt man es aber mit Trimethylamin, so entsteht der starke Elektrolyt Tetramethylammoniumchlorid mit der Formel

$$\left[\begin{array}{c} R \\ R : \overset{\cdot\cdot}{N} : R \\ R \end{array} \right]^{+} \qquad \left[: \overset{\cdot\cdot}{\underset{\cdot\cdot}{Cl}} : \right]^{-}$$

Hier besteht zwischen Cl^-- und dem Komplexion keine chemische Bindung. Die beiden Ionen werden nur durch elektrische Kräfte infolge ihrer Ladungen zusammengehalten. Der Stoff muß daher ein starker Elektrolyt sein. (Wenn die Wasserstoffatome des NH_4^+-Ions nicht alle durch organische Radikale ersetzt sind, so besteht die Möglichkeit einer chemischen Bindung, wie wir in einem späteren Abschnitt sehen werden.)

Die normalen Halogenionen haben die Valenz null, sie addieren jedoch leicht H^+-Ionen, um Säuren zu bilden. Wahrscheinlich lagert sich unter Umständen noch ein zweites H^+-Ion an eines der einsamen Elektronenpaare an. Zum Beispiel ist es möglich, daß die geringe Leitfähigkeit des reinen flüssigen Chlorwasserstoffs auf der Bildung eines Komplexes beruht, den wir als Chloroniumchlorid bezeichnen können mit der Formel $(H_2Cl)^+ (Cl)^-$. Dies ist jedoch eine bloße Hypothese, das einzige Beispiel für Verbindungen dieser Art, deren Existenz erwiesen ist, ist das Diphenyljodoniumion mit der Formel

$$\left[\varphi : \overset{\cdot\cdot}{\underset{\cdot\cdot}{J}} : \varphi \right]^{+}$$

Zur Bildung des höchstgeladenen Jodoniumions $J R_4^{+++}$ müßte man sehr starke elektrische Kräfte überwinden, es ist daher nicht wahrscheinlich, daß eine Verbindung dargestellt werden kann, die dieses Ion enthält.

Es ist zu beachten, daß die Bildung typischer „Onium“-Ionen sich nicht wesentlich unterscheidet von anderen Vorgängen, in denen Wasserstoff oder andere Gruppen sich an einsame Elektronenpaare anlagern. Geht man z. B. vom O^{--}-Ion aus, so führt die Anlagerung des ersten H^+-Ions zum OH^--Ion, die des zweiten zum Wasser und die des dritten zum Hydroxoniumion. Ebenso können wir uns den Übergang vom Nitridion zum Imidion, Amidion, Ammoniak und Ammoniumion durch schrittweise Anlagerung von H^+-Ionen erfolgt denken.

Es kommt sehr häufig vor, daß ein Molekül mehrere Atome enthält, die Wasserstoff anlagern und eine „Onium"verbindung geben können; in solchen Fällen sind interessante Umlagerungen und Tautomerien möglich dadurch, daß der Wasserstoff von einem Atom zum anderen übergeht. In der Verbindung aus SO_3 und HCl z. B. kann der Wasserstoff beim Cl bleiben oder zum O übergehen. Ebenso kann Hydroxylamin als eine Mischung der beiden Tautomeren

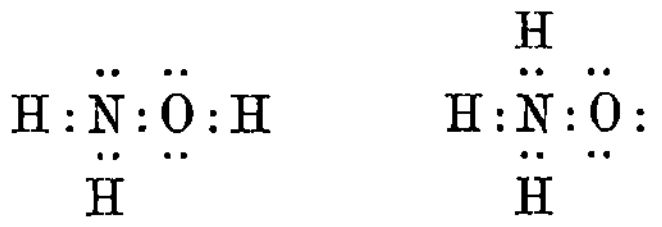

$$\text{H:}\overset{..}{\underset{..}{N}}\text{:}\overset{..}{\underset{..}{O}}\text{:H} \qquad\qquad \overset{\text{H}}{\underset{\text{H}}{\text{H:}\overset{..}{\underset{..}{N}}\text{:}\overset{..}{\underset{..}{O}}\text{:}}}$$

aufgefaßt werden. Hier geht die Umlagerung zwar zu rasch vor sich, als daß die Isolierung der beiden Verbindungen möglich wäre, beim Ersatz des Wasserstoffs durch die viel weniger beweglichen Alkylgruppen finden wir jedoch die Isomeren beider Typen, die Alkylhydroxylamine und die Aminoxyde.

Auch die phosphorige Säure H_3PO_3 kann man als ein Gemisch der beiden tautomeren Formen

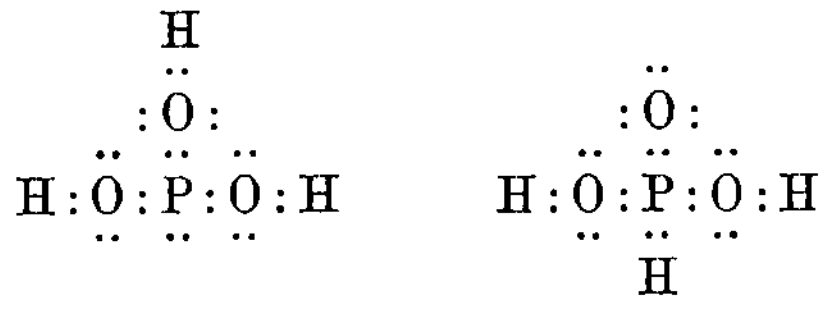

$$\overset{\text{H}}{\underset{\text{H:}\overset{..}{\underset{..}{O}}\text{:P:}\overset{..}{\underset{..}{O}}\text{:H}}{\overset{..}{\underset{..}{O}}\text{:}}} \qquad\qquad \underset{\text{H}}{\overset{\overset{..}{O}\text{:}}{\text{H:}\overset{..}{\underset{..}{O}}\text{:P:}\overset{..}{\underset{..}{O}}\text{:H}}}$$

betrachten; es sind wiederum organische Derivate beider Typen bekannt. Wir werden .später Gelegenheit haben, diesen interessanten Tautomeriefall weiter zu besprechen; er ist von der gleichen Art wie die kürzlich besprochene Tautomerie bei der Schwefelsäure. Die Tatsache, daß nur zwei Wasserstoffatome der phosphorigen Säure leicht durch Metall ersetzbar sind, ist ein Anzeichen dafür, daß die zweite der obigen Formen überwiegt und daß der Wasserstoff an Phosphor fester als an Sauerstoff gebunden ist. Auch die unterphosphorige Säure, H_3OP_2, hat nur ein ersetzbares H-Atom; die anderen beiden muß man als an P gebunden betrachten *).

Werner weist auf die interessante Reihe von Verbindungen hin, die den Übergang vom Phosphat- zum Phosphoniumion bilden. Hier tritt besonders auffällig die Vierwertigkeit des Phosphors zutage. Mit geringfügigen Abänderungen passen diese Formeln völlig in unser System, nach dem man sie wie folgt zu schreiben hat:

$$\left[\begin{array}{c} :\ddot{O}: \\ :\ddot{O}:P:\ddot{O}: \\ :\ddot{O}: \end{array}\right]^{---} \quad \left[\begin{array}{c} H \\ :\ddot{O}:P:\ddot{O}: \\ :\ddot{O}: \end{array}\right]^{--} \quad \left[\begin{array}{c} H \\ :\ddot{O}:P:\ddot{O}: \\ H \end{array}\right]^{-}$$

$$\begin{array}{c} H \\ H:P:\ddot{O}: \\ H \end{array} \qquad \left[\begin{array}{c} H \\ H:P:H \\ H \end{array}\right]^{+}$$

(Die vorletzte Verbindung ist als solche nicht bekannt, man kennt jedoch ihre organischen Derivate, die Trialkylphosphinoxyde.)

Zweiwertiger Wasserstoff.

Die wichtigste Erweiterung meiner Valenztheorie scheint mir die Einführung der sogenannten Wasserstoffbindung zu sein. Dieser Begriff stammt von Dr. M. L. Huggins [40] und wurde auch von Latimer und Rodebush verwandt, welche den großen Wert dieser Vorstellung in ihrer bereits zitierten Arbeit [54] betonten.

Die neue Annahme besteht darin, daß ein Wasserstoffatom zuweilen an zwei Elektronenpaare zweier verschiedener Atome zugleich gebunden sein kann und so eine lockere Bindung zwischen diesen Atomen bewirkt. Z. B. wird angenommen, daß zwei Wassermoleküle sich in folgender Weise vereinigen können:

$$\begin{array}{c} H:\ddot{O}:H:\ddot{O}: \\ H \qquad H \end{array}$$

Dieses mit zwei O-Atomen verbundene Wasserstoffatom stellt den neuen Bindungstypus dar. Die Theorie der Wasserstoffbindung

---

*) Durch Untersuchung der Röntgen-Absorptions-Spektren kam O. Stelling zu ähnlichen Ergebnissen, siehe Zeitschr. f. anorg. Chem. **131**, 48 (1923). Zeitschr. f. phys. Chem. **117**, 194 (1925).

erklärt ungezwungen eine große Zahl von Komplexen mit Wasser, Ammoniak und anderen derartigen Verbindungen, die bisher durch keinerlei Strukturformeln richtig wiedergegeben werden konnten*).

Wir wissen z. B., daß Fluorwasserstoffsäure zum großen Teil aus Doppelmolekülen besteht. In ihren sauren Salzen tritt das Ion HF_2^- auf, die Neutralsalze enthalten jedoch Ionen mit nur einem Fluoratom, F^-. Wir haben keinen Grund für die Vermutung, daß zwei normale F-Ionen, die beide ihre kompletten Oktetts haben, miteinander eine Verbindung eingehen sollen. Die ganze Erscheinung läßt sich jedoch ganz einfach erklären, wenn wir die Möglichkeit zulassen, daß ein Wasserstoffatom die beiden Fluoratome verknüpft, wie dies die folgenden Formeln zeigen:

$$H : \overset{..}{\underset{..}{F}} : H : \overset{..}{\underset{..}{F}} : \qquad \left[: \overset{..}{\underset{..}{F}} : H : \overset{..}{\underset{..}{F}} : \right]^-$$

Es ist kein Zufall, daß Flüssigkeiten, deren Verhalten für eine starke Assoziation spricht und die eine hohe Dielektrizitätskonstante und starke dissoziierende Kraft besitzen (Eigenschaften, die mit der Assoziation einherzugehen scheinen), Verbindungen sind, die Wasserstoff und gleichzeitig einsame Elektronenpaare enthalten, z. B. H_2O, H_2O_2, HCN und HF. Sicherlich gibt die Annahme der Wasserstoffbindung eine sehr einfache Erklärung für die Assoziation solcher Moleküle.

Ammoniumhydroxyd ist bekanntlich ein schwacher Elektrolyt, Tetramethylammoniumhydroxyd dagegen ein starker. Man hat nun gewöhnlich angenommen, dieser Unterschied beruhe darauf, daß das Ammoniumhydroxyd weitgehend nach der Gleichung $NH_4OH = NH_3 + H_2O$ dissoziiere; eine solche Dissoziation kann beim Tetramethylammoniumhydroxyd nicht eintreten. Man hatte dabei vorausgesetzt, daß das NH_4OH als solches alle Eigenschaften einer starken Base aufwiese. Latimer und Rodebush geben eine andere Erklärung.

---

*) Nach P. Debye, Phys. Zeitschr. **21**, 178 (1920) und W. H. Keesom, Comm. Leiden 1912 bis 1916. Phys. Zeitschr. **22**, 129, 643 (1921); **23**, 225 (1922) beruht die Assoziation bei H_2O, NH_3, Alkoholen, Aminen usw. darauf, daß diese Moleküle Dipolmomente besitzen, welche einen „Richteffekt" bewirken, welcher (neben einem elektrostatischen „Influenzeffekt") die zwischenmolekularen Kräfte bedingt. Die Annahme besonderer „chemischer" Bindungen wird dadurch unnötig. Vgl. auch die Anmerkung auf S. 122.

Sie schreiben die Formel für Ammoniumhydroxyd in folgender Weise:

$$H : \overset{..}{\underset{..}{N}} : H : \overset{..}{\underset{..}{O}} : H$$

mit zusätzlichen H oben und unten am N.

Hier ist der Stickstoff noch vierwertig, aber das Molekül als Ganzes wird nicht lediglich durch elektrische Kräfte zwischen zwei entgegengesetzt geladenen Ionen zusammengehalten, sondern durch ganz bestimmte charakteristische Bindungen; die schwach basische Natur ist eine Folge der Schwierigkeit, die Wasserstoffbindung zu lösen. Andererseits wird nicht angenommen, daß der Wasserstoff der Methylgruppe ebenfalls eine Bindung bewirken könnte; Tetramethylammonium- und Hydroxylion werden daher nur durch die Wirkung ihrer entgegengesetzten Ladungen zusammengehalten.

Im vorangehenden Kapitel sprach ich die Annahme aus, daß bei einem Atom mit mehr als vier Elektronenpaaren diese nicht alle in der ersten Valenzschale, sondern zum Teil in einer zweiten, der Koordinationsschale, säßen. Entsprechendes kann für Wasserstoff gelten (bei dem die stabile Schale nur aus zwei Elektronen an Stelle der normalen Achtergruppe besteht). Wenn Wasserstoff, wie im Falle der H—H- oder C—H-Bindung, fest mit einem Elektronenpaar verknüpft ist, zeigt er überhaupt kein Bestreben mehr, zweiwertig zu werden oder, wie man auch sagen kann, eine Wasserstoffbindung zu bilden. Bei der Vereinigung mit stark negativen Elementen, wie N, O oder F, welche die Elektronenpaare stark anziehen, kann andererseits das Bindungspaar des Wasserstoffs aus der ersten Valenzschale auf eine zweite verschoben werden. Es kann dann offenbar das Wasserstoffatom eine lockere Verbindung mit einem anderen Elektronenpaar eingehen und so eine Wasserstoffbindung bewerkstelligen.

Die Vierwertigkeit des Stickstoffs.

In der älteren Valenztheorie gehörte die Fünfwertigkeit des Stickstoffs zum eisernen Bestande. Wenn ich behauptet habe, Stickstoff sei nie mehr als vierwertig, so wollte ich damit durchaus nicht leugnen, daß eine Verbindung wie NF_5 theoretisch möglich wäre, in welcher das Stickstoffatom mit fünf anderen Atomen verbunden ist, analog der bereits besprochenen Verbindung PCl_5. Was ich behauptete und noch behaupte, ist, daß in keiner bis jetzt

bekannten Verbindung das Stickstoffatom mehr als vier Bindungen
ausübt. Wir haben gesehen, daß nach der neuen Valenztheorie die
früher zwischen Stickstoff und Sauerstoff angenommenen Doppelbindungen, aus welchen die Fünfwertigkeit des Stickstoffs folgte,
zum größten Teil durch einfache Bindungen zu ersetzen sind. Wie
wir ferner gesehen haben, hängt in Ammoniumsalzen von der Art
des Tetramethylammoniumchlorids, das Anion überhaupt nicht
direkt mit dem Kation zusammen; in den einfachen Ammoniumsalzen ist möglicherweise das Anion mit dem Kation verbunden,
dann geschieht die Bindung aber durch ein Wasserstoff- und nicht
durch das Stickstoffatom.

Sehr interessante Stickstoffverbindungen sind die Aminoxyde.
Nach der alten und nach der neuen Valenztheorie werden sie
folgendermaßen geschrieben: $R_3N\!=\!O$ bzw. $R_3N\!-\!O$. Bei der
Behandlung mit Alkyljodid geben diese Oxyde Jodide, die starke
Elektrolyte sind. Meisenheimer zeigte [64], daß man Isomere
erhält, wenn man das Jodion durch Alkoholat-Ion ersetzt; diese
Isomeren formulierte er in völliger Übereinstimmung mit unseren
jetzigen Anschauungen in folgender Weise:

$$[R_3NOR]^+ [OR']^- \quad \text{und} \quad [R_3NOR']^+ [OR]^-.$$

Andererseits schrieb L. W. Jones [42] als Anhänger der modernen
dualistischen Theorie und der Fünfwertigkeit des Stickstoffs die
Formeln dieser beiden Stoffe so, daß die beiden Sauerstoffe direkt
am Stickstoff sitzen, und nannte die beiden Isomeren elektromer.
Er glaubte nämlich, ein Sauerstoffatom wäre negativ geladen, das
andere positiv, und die beiden Isomeren unterschieden sich dadurch,
daß in dem einen R, in dem anderen R' mit dem positiven Sauerstoffatom verbunden wäre. Ich höre jedoch von Prof. Jones, daß
seine jetzige Ansicht über die Struktur dieser Isomeren im wesentlichen mit der meinen übereinstimmt.

Übrigens muß ich gestehen, daß ich eine nicht veröffentlichte
Voraussage über diese Verbindungen machte, die ich jetzt zurück-
ziehen muß. Ich betrachtete nämlich das positive Ion R_3NOR^+
als analog dem Tetramethylammoniumion und wollte die Möglichkeit nicht zulassen, daß ein Anion durch eine fünfte Bindung an
Stickstoff gebunden sein könnte; daher sagte ich voraus, daß
sowohl die Salze als auch die Hydroxylverbindung dieses Kations
sich als starke Elektrolyte erweisen würden. In einer noch nicht
veröffentlichten Arbeit von Prof. T. D. Stewart und Dr. Sherwin

Maeser wurde diese Frage untersucht und gefunden, daß Verbindungen vom Typus $(R_3NOR)J$ sich in wässeriger Lösung wie typische starke Elektrolyte verhalten, daß sie aber Hydrolyse erleiden und dadurch bezeugen, daß die ihnen zugrunde liegende Base schwach ist. Ferner wurde gefunden, daß diese Salze in absolutem Alkohol Wasserstoffionen absorbieren, wenn eine Säure zugefügt wird. Diese Beobachtungen, die auf den ersten Blick undurchsichtig zu sein scheinen, lassen sich mit Hilfe der Theorie der Wasserstoffbindungen sehr leicht deuten.

Der Einfachheit halber wollen wir zu diesem Zwecke wässerige Lösungen der Aminoxyde selbst betrachten. Diese Oxyde vereinigen sich mit zwei Molekülen Wasser zu sehr stabilen Verbindungen, eine Tatsache, die sich offenbar nicht mit der Annahme fünfwertigen Stickstoffs erklären läßt. Wir wollen uns vorstellen, diese beiden Wassermoleküle bildeten nicht mit Stickstoff, sondern vielmehr mit dem Sauerstoff eine „Onium"verbindung. Dann können wir das Aminoxyddihydrat folgendermaßen formulieren:

$$
\begin{array}{c}
: \overset{\cdot\cdot}{O} : H \\
R \quad H \\
R : \overset{\cdot\cdot}{N} : \overset{\cdot\cdot}{O} : \\
R \quad H \\
: \overset{\cdot\cdot}{O} : H
\end{array}
$$

Von einer solchen Verbindung, bei der jede Hydroxylgruppe mit dem Rest des Moleküls durch eine definierte Bindung verknüpft ist, sollte man das Verhalten einer schwachen Base erwarten; dies entspricht auch den Tatsachen. Mit anderen Worten: der schwach basische Charakter beruht nicht auf der Bindung einer der beiden Hydroxylgruppen an Stickstoff durch eine fünfte Bindung, sondern auf der Bindung an Sauerstoff mittels einer Wasserstoffbindung. Wird das Aminoxyd anstatt in Wasser in absolutem Alkohol gelöst, so ist anzunehmen, daß die Bildung des Oxoniumkomplexes stark eingeschränkt wird, und wenn Säure zugegeben wird, so kann ein Wasserstoffion direkt an ein einsames Elektronenpaar des Sauerstoffs angelagert werden, wobei dann das Ion

$$
\left[
\begin{array}{c}
R \\
R : \overset{\cdot\cdot}{N} : \overset{\cdot\cdot}{O} : H \\
R
\end{array}
\right]^{+}
$$

entsteht.

Eine andere Klasse von Verbindungen, die von besonderem Interesse für die Theorie des vierwertigen Stickstoffs ist, wurde von Schlenck und Holtz 1917 erhalten [88]. Die erste dieser Verbindungen hat fünf Kohlenwasserstoffreste an einem Stickstoffatom, nämlich vier Methylgruppen und eine Triphenylmethylgruppe. Es wurde jedoch festgestellt, daß diese Verbindung ein Elektrolyt ist, und es besteht kein Zweifel, daß sie als Salz mit Triphenylmethyl als Anion aufzufassen ist nach der Formel:

$$[N(CH_3)_4]^+ \quad [C(C_6H_5)_3]^-$$

Ferner stellten Schlenck und Holtz ähnliche Verbindungen dar, in denen Triphenylmethyl durch Diarylaminogruppen ersetzt ist; auch diese gaben in Pyridin elektrisch leitende Lösungen. Die Autoren nehmen an, daß die Verbindung „von salzartiger oder ionogener Natur sei". Weiter sagen sie, „wir sehen darin eine Bestätigung der Annahme, daß in den Ammoniumverbindungen die fünfte Valenz des Stickstoffs unter allen Umständen anders geartet ist, als die vier anderen Affinitäten". Schließlich erhielten sie noch eine Verbindung, die nach der Darstellungsmethode und Analyse die Formel $[(C_6H_5CH_2)N(CH_3)_4]$

hat. Dieser Stoff kommt wohl einer Verbindung mit fünfwertigem Stickstoff unter allen bisher bekannten Verbindungen am nächsten; es konnte jedoch kein Lösungsmittel gefunden werden, in welchem sich der Körper unzersetzt löst, und daher konnte er nur mangelhaft untersucht werden.

Wenn wir behaupten, daß keine Verbindungen mit fünfwertigem Kohlenstoff oder Stickstoff bekannt sind, so wollen wir damit die Möglichkeit nicht ausschließen, daß instabile Stoffe dieser Art als Zwischenprodukte bei chemischen Reaktionen auftreten können, und tatsächlich gibt es Fälle, bei denen sich der Mechanismus einer Reaktion am besten deuten läßt durch Annahme einer instabilen Additionsverbindung, die durch Anlagerung an ein bereits vierwertiges Kohlenstoff- oder Stickstoffatom entsteht. Dies gilt besonders, wenn statt zweier einfacher eine Doppelbindung vorliegt, kann aber auch angenommen werden, wenn das Zentralatom mit vier anderen Atomen verbunden ist. Als Beispiel wollen wir uns in Kürze mit der sehr interessanten Erscheinung befassen, die als Waldensche Umlagerung bezeichnet wird.

Diese Erscheinung wird beobachtet, wenn eine optisch rechtsdrehende Substanz einen Kreislauf von Reaktionen durchmacht, bei dem schließlich die linksdrehende Form der ursprünglichen Verbindung entsteht. Es gibt wohl nur eine Möglichkeit zur Erklärung dieses merkwürdigen Verhaltens. Wir wollen ein Kohlenstoffatom betrachten, das mit vier Gruppen R_1, R_2, R_3, R_4 verbunden ist, und annehmen, daß eine fünfte Gruppe R_5 vorübergehend an das Kohlenstoffatom angelagert wird, und zwar an der Fläche des Tetraeders, die R_1 entgegengesetzt ist. Eine leichte Verschiebung des Kohlenstoffrumpfes macht diesen nun zum Mittelpunkt eines neuen Tetraeders mit den Ecken R_2, R_3, R_4, R_5, während R_1 vom Molekül abgetrennt wird. Wenn dann die Gruppe R_5 in dem neuen Molekül wieder durch R_1 ersetzt wird, so würde ein Molekül entstehen, das das Spiegelbild des Ausgangsmoleküls wäre. Bei dieser Erklärung braucht man jedoch nicht anzunehmen, daß die fünf Gruppen eine endliche Zeit lang am Kohlenstoffatom sitzen; man kommt mit der Annahme aus, daß R_1 im gleichen Augenblick das C-Atom verläßt, in welchem R_5 gebunden wird.

Höhere Valenzen als vier.

In Stoffen wie PCl_5 und SF_6 haben wir Zentralatome, die mit mehr als vier anderen Atomen verbunden sind. Einen ähnlichen Fall erwähnten wir bei der Überjodsäure. Überhaupt findet man bei Jod oft die Erscheinung, daß es mehr Elektronenpaare als vier enthält. So gibt es eine Gruppe von Verbindungen, die nach der üblichen und meiner Ansicht nach auch richtigen Bezeichnung dreiwertiges Jod enthält; das einfachste Beispiel dafür ist HJ_3. Hier können wir annehmen, daß ein Jodatom Zentralatom ist und mit dem Wasserstoffatom und den beiden anderen Jodatomen durch Bindungen verknüpft ist, so daß es im ganzen fünf Elektronenpaare besitzt. In gleicher Weise können wir JCl_3 und zahlreiche andere organische und anorganische Verbindungen des Jods auffassen.

Am häufigsten treten höhere Valenzen als vier bei den Metallsalzkomplexen auf. Einer der größten Dienste, die Werner der Chemie geleistet hat, bestand in der Ordnung und Aufklärung derartiger Komplexe. Er zeigte, daß Atome wie Cr und Co inmitten einer Koordinationszone liegen, in welcher eine bestimmte Anzahl von Radikalen mit dem Zentralatom verbunden sind; diese Zahl nannte er Koordinationszahl.

Alle Radikale, die in solche Koordinationsverbindungen eintreten, sind Stoffe mit einsamen Elektronenpaaren, z. B. H_2O, NH_3,

NO_2^-, Cl^- usw., und zweifellos dient eines der einsamen Elektronenpaare dazu, das Radikal mit dem Zentralatom zu verbinden. Zum Beispiel hat freies Kobaltiion CO^{+++} keine Valenzelektronen; wenn es sich aber mit sechs NH_3-Molekülen verbindet und ein Ion vom Hexammintypus bildet, so können wir annehmen, daß das Co^{+++}-Ion mit sechs Elektronenpaaren verbunden ist, die vielleicht an den Ecken eines regulären Oktaeders liegen*). Jedes NH_3-Molekül liefert dann eines der Bindungspaare, und wir können nach unserer allgemeinen Definition der Valenz sagen, das Kobaltatom habe die Valenz sechs. Mit anderen Worten, Valenz und Koordinationszahl sind identisch. Wenn wir wollen, können wir auch sagen, die Koordinationszahl des Schwefels in den Sulfaten ist vier, für

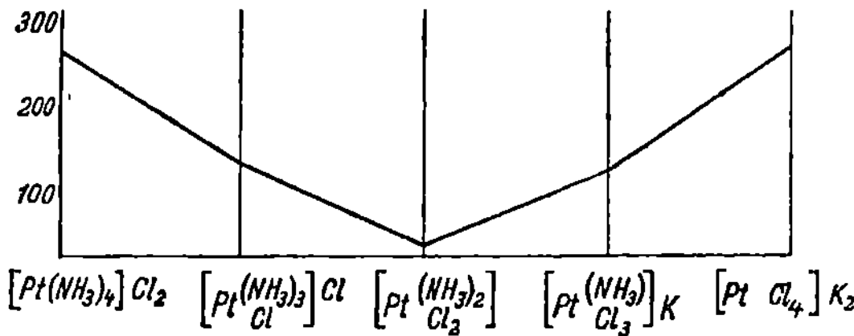

Abb. 25.   Leitfähigkeit komplexer Platinsalze nach Werner.

Kohlenstoff in den meisten seiner Verbindungen und für Stickstoff in den NH_4-Salzen ist sie ebenfalls vier.

Zwei Dinge müssen jedoch unterschieden werden, ob wir nun den Ausdruck Valenz oder Koordinationszahl gebrauchen. Man spricht manchmal von der Valenz oder der Koordinationszahl eines Elementes ohne Bezug auf eine bestimmte Verbindung; in diesem Falle ist die normale oder maximale Valenz bzw. Koordinationszahl des Elementes gemeint. Nehmen wir aber auf ein bestimmtes Molekül Bezug, so bedeutet die Valenz oder Koordinationszahl die Zahl der Bindungspaare, die wirklich mit dem betreffenden Atom verknüpft sind. Zum Beispiel pflegt man manchmal zu sagen, die Koordinationszahl des Kohlenstoffs sei vier, die des Co^{+++}-Ions

---

*) Eine ähnliche Auffassung vertritt N. V. Sidgwick, Journ. Chem. Soc. **123**, 725 (1925). Neben dieser Auffassung ist auch die anzuführen, daß es sich in Ammoniakaten und Hydraten einfach um die elektrostatische Wirkung eines Ions auf Dipole handelt, vgl. z. B. M. Born, Zeitschr. f. Phys. **1**, 45 (1920); K. Fajans, Naturw. **9**, 729 (1921); A. Magnus, Zeitschr. f. anorg. Chem. **124**, 289 (1922); W. Biltz, ebenda **130**, 93 (1923); W. Biltz u. H. G. Grimm, ebenda **145**, 63 (1925).

sechs, obgleich es einige Verbindungen gibt, in denen niedrigere Koordinationszahlen auftreten.

Viele der verschiedenen bei Metallsalzkomplexen beobachteten Erscheinungen kommen durch den Ersatz eines Radikals durch ein anderes zustande; wenn ein Radikal nun eine neutrale Verbindung, das andere ein Ion ist, so entstehen interessante Verbindungsreihen, wie z. B. durch Abb. 25 illustriert wird, die dem Wernerschen Buch [105] entnommen ist. Sie zeigt die molekulare Leitfähigkeit einer Reihe komplexer Platinosalze bei der Konzentration n/1000. Die Koordinationszahl ist hier vier, und da die NH_3-Moleküle schrittweise durch Cl^- ersetzt werden, so ändert sich die Ladung des Komplexions von $+2$ zu -2. Die Verbindung in der Mitte der Reihe ist ungeladen und leitet den Strom fast nicht, wie das Diagramm zeigt.

Solche Komplexe halten oft sehr fest zusammen, und der Ersatz eines Atoms durch ein anderes geht sehr langsam vor sich. Trotzdem scheint das allgemeine Verhalten dieser Verbindungen die Vorstellung zu stützen, daß die in diesen Komplexen wirksamen Bindungen mit unseren typischen Bindungen, wie z. B. der C—C-Bindung, nicht wesensgleich sind. Wir können daher auch hier annehmen, daß die Elektronenpaare nicht in der ersten, sondern in der zweiten Valenzschale des Zentralatoms liegen.

Wenn diese Vorstellung sich als richtig erweist, so könnten wir unterscheiden zwischen Valenz und Koordinationszahl. Wir könnten dann nämlich eine primäre Bindung als Valenzbindung und eine sekundäre Bindung — bei der das Elektronenpaar nicht in den primären Valenzschalen der verbundenen Atome liegt — als Koordinationsbindung bezeichnen. Wenn man so vorgehen würde, so wäre es jedoch absurd zu glauben, daß Koordinationsbindungen nur in den Fällen existieren, wo mehr als vier Bindungen an einem Atom sitzen. Eher müßte man viele Bindungen zu den Koordinationsbindungen rechnen, die bisher als gewöhnliche Bindungen angesehen wurden. Ich glaube jedoch, daß unser gegenwärtiges Wissen nicht genügt, um eine systematische Unterscheidung dieser Art zu gestatten.

Es mag daher genügen, auf die Wahrscheinlichkeit hinzuweisen, daß die Bindungselektronen, welche die verschiedenen Radikale mit einem metallischen Zentralatom koordinativ verbinden, nicht in gewöhnlicher Weise in der Valenzschale dieses Atoms liegen. Auch scheinen die Metalle in der Regel Bindungselektronen nicht sehr fest zu halten.   Es gibt jedoch einige Ausnahmen; z. B. ist wohl die Bindung des Quecksilbers in seinen Salzen und in verschiedenen Verbindungen mit organischen Radikalen den typischen Bindungen der organischen Chemie ziemlich ähnlich.

Die Valenz in kondensierten Systemen.

Bisher haben wir uns nur mit dem Molekülbau solcher Stoffe beschäftigt, deren Molekül wohl definiert ist, mit anderen Worten, mit Stoffen von bestimmtem Molekulargewicht.   Ebenso wollen wir es in den folgenden Kapiteln halten und im allgemeinen unsere Valenzregeln nicht auf die stöchiometrischen Verhältnisse der festen Stoffe gründen.   Es wäre z. B. nicht angebracht, im Cadmiumsulfat einem Atom die Koordinationszahl $^8/_3$ zuzuschreiben, nur weil das Hydrat die empirische Zusammensetzung $CdSO_4 . {}^8/_3 H_2O$ hat. Vielmehr müssen wir annehmen, daß in diesem Kristall eine Teilchenanordnung vorliegt, bei der auf je drei Cd-Atome acht Moleküle Wasser kommen.

Trotzdem muß der Aufbau von Kristallen und anderen kondensierten Systemen bei der Valenztheorie wohl mit herangezogen werden; wir wollen daher den Rest dieses Kapitels einer kurzen Betrachtung dieser Fragen widmen.

In Flüssigkeiten, besonders in zähflüssigen, und in Gläsern sind vermutlich die im Gaszustand vorhandenen einfachen Moleküle miteinander verbunden und bilden zuweilen Ketten oder Gruppen, in denen die Eigenart des einfachen Moleküls zum Teil oder völlig verlorengegangen ist.   Die Ausdehnung solcher Molekülgruppen oder -haufen wird wahrscheinlich durch zufällige Umstände bestimmt.   Andererseits kann man in kristallisierten Stoffen diese Molekülhaufen als gleichbedeutend mit dem ganzen Kristall betrachten; sie sind ausgezeichnet durch eine regelmäßige Anordnung, solange das Kristallgefüge nicht gestört oder unterbrochen ist.

Das Studium der Kristallformen und besonders neuere Untersuchungen über die Beugung von Röntgenstrahlen haben uns wichtiges Material über den Bau von Kristallen geliefert.   Wir können die Lagen der schwereren Atome mit großer Sicherheit festlegen; die leichteren Atome lassen sich schwerer einordnen, und über die Lagen der Elektronenpaare in den Valenzschalen der Atome können wir, abgesehen von Spekulationen, bis heute noch nichts aussagen.

Unsere Kenntnisse über die Kristallstrukturen reichen jedoch bereits aus zu der Feststellung, daß die Gesetze der chemischen Bindung und die Anordnung der Elektronen und Atomrümpfe bei kristallisierten Stoffen einerseits und gasförmigen andererseits stark voneinander abweichen. In Gasen müssen die Kräfte, die wir als chemische Affinität bezeichnen, innerhalb eines begrenzten Moleküls völlig oder doch weitgehend abgesättigt sein; bei den Kristallen treten diese Kräfte als sogenannte Gitterkräfte auf und wirken über ein unbegrenztes Riesenmolekül hin.

Bei unserer Besprechung des Quarzes im 7. Kapitel (S. 96) haben wir gezeigt, wie solch ein Riesenmolekül lediglich durch die Betätigung der gewöhnlichen chemischen Bindungen zustande kommen kann; zweifellos kann man diese Erklärung auf eine große Anzahl von Kristallen mit Erfolg anwenden. Das auffallendste Beispiel liefert der Diamant, in dem jedes Kohlenstoffatom in gleichem Abstand von vier anderen umgeben und zweifellos mit jedem von ihnen durch ein Paar von Bindungselektronen verbunden ist. Man kann daher den Diamanten als eine gesättigte organische Verbindung betrachten, in der jedes Kohlenstoffatom durch eine typische Bindung mit vier anderen verknüpft ist. Es ist wohl möglich, daß die Festigkeit der Bindung und der Abstand zweier verbundener C-Atome von der gleichen Größenordnung sind wie im Äthanmolekül *).

In der Regel lassen sich jedoch die gewöhnlichen Valenzgesetze nicht auf Kristallstrukturen anwenden. Diese Frage wurde in einer sehr interessanten Art und Weise von Langmuir [49] behandelt. In einem Kristall von NaCl ist jedes Natriumatom positiv geladen und von sechs negativ geladenen Chloratomen gleich weit entfernt; ebenso ist jedes Cl^--Ion von sechs Na^+-Ionen umgeben. Wenn ein Natriumchloridmolekül aus dem Gaszustand auf einem Natriumchloridkristall kondensiert wird, so verliert der Molekülbegriff seine Bedeutung, und das Natriumatom gehört dann genau so gut zu fünf anderen Chloratomen wie zu dem einen, mit dem es vorher vereinigt war.

---

*) In bezug auf die Festigkeit der Bindung ist dies durch K. F a j a n s, B. 53, 643, 1920, in bezug auf den Abstand durch H. M a r k und P o h l a n d, Zeitschr. f. Krist. 62, 103, 1925 bestätigt worden. Über „diamantartige Bindung" in anderen Stoffen als Diamant vgl. ferner H. G. G r i m m und A. S o m m e r f e l d, Zeitschr. f. Phys. 36, 36 (1925). Ferner V. M. G o l d - s c h m i d t, Die Gesetze der Kristallochemie. Oslo 1926.

Eine andere Klasse von Kristallen besteht aus Molekülen, die in sich weitgehend abgesättigt sind; es wird dann jedes Molekül zum Baustein eines Kristalls, in dem die einzelnen Moleküle durch einen nur schwachen Restbetrag der chemischen Affinität zusammengehalten werden. Festes Argon, Stickstoff und Hexan können als Beispiele für diese Klasse von Kristallen gelten. Hier bleibt das gleiche Molekül, das im Gaszustand auftritt, auch im Kristall erhalten. Dieselben beiden Stickstoffatome, die beim Übergang aus dem gasförmigen in den festen Zustand zusammen kondensiert werden, treten wieder zusammen auf beim Verdampfen des festen Stickstoffs. Ähnlich ist zu verstehen, daß eine optisch aktive Substanz durch abwechselndes Schmelzen und Erstarren nicht razemisiert wird.

Das Molekül eines Stoffes wie Tetrachlorkohlenstoff bleibt vermutlich bei der Kristallisation als solches erhalten; ob dies jedoch für Tetrajodkohlenstoff auch zutrifft, ist wohl nicht so sicher. Hier ist viel interessante Arbeit zu leisten zur experimentellen Prüfung der Frage, ob der Molekülbegriff in Kristallen seine Bedeutung behält. Es wäre z. B. sehr interessant zu erfahren, ob im festen Jod die beiden Atome, die das Gasmolekül bilden, noch miteinander vereinigt sind.

Offenbar müssen viele Übergänge zwischen folgenden beiden extremen Typen existieren, nämlich Kristallen, in denen die ursprünglichen chemischen Kräfte weitgehend innerhalb des Moleküls abgesättigt sind, und anderen, bei denen die chemische Bindung oder etwas Ähnliches als Gitterkraft wirkt*). Wir haben einerseits sehr weiche Kristalle wie Paraffin oder Tetrachlorkohlenstoff, andererseits äußerst harte Körper wie Diamant und Quarz. Dazwischen liegen salzartige Stoffe, in denen es eigentlich keine chemischen Bindungen gibt, sondern in welchen elektrostatische Kräfte zwischen entgegengesetzt geladenen Teilchen die Atome fest zusammenhalten. Der Unterschied zwischen den extremen Typen zeigt sich auch beim Vergleich der Schmelz- und Sublimationspunkte. Eine kleine Erhöhung der Wärmebewegung reicht aus, um einen Kristall von Paraffin oder Tetrachlorkohlenstoff zu zerstören; um jedoch Stoffe

---

*) Über Einteilung der Kristallgitter nach den den Zusammenhalt bewirkenden Kräften vgl. A. Reis, Zeitschr. f. Elektrochem. **26**, 412 (1920); W. Kossel, Zeitschr. f. Phys. **1**, 395 (1920). Wegen der Übergänge zwischen den verschiedenen Gitterarten vgl. Geiger-Scheel, Handb. d. Phys., 24. Bd., S. 584. Berlin 1927.

wie Quarz oder Diamant zu schmelzen bzw. zu sublimieren, sind sehr hohe Temperaturen erforderlich.

In einem Stoff der letzteren Art sind die chemischen Affinitäten weitgehend abgesättigt, nicht infolge der Bildung kleiner Kristallbausteine, sondern infolge einer Anordnung, in der Atomschicht auf Atomschicht gepackt ist. Die Oberfläche eines derartigen Stoffes müßte sich sehr stark ungesättigt in chemischem Sinne verhalten, und wir müßten auf ihr sehr starke und spezifische Adsorption von Molekülen erwarten, die diesen ungesättigten Zustand zum Teil beseitigen könnten*).

Die starke Wärmeentwicklung, die bei der Anlagerung von Wasser an fein verteiltes SiO_2 eintritt, zeigt, mit wie großen Energieänderungen solche Prozesse verknüpft sind.

Zusammenfassung.

Wenn wir den Begriff Valenz definieren als die Zahl von Bindungen, die ein gegebenes Atom eingeht, oder als die Zahl von Elektronenpaaren, die dieses Atom mit anderen teilt, so können wir die maximale Valenz vier als eine Art Norm bezeichnen. Wir finden jedoch, daß in sehr vielen Fällen ein Atom mehr als vier Elektronenpaare mit anderen teilt, und wenn wir auch annehmen, daß in allen solchen Fällen die Elektronen weiter vom Zentralatom fortgezogen sind als bei einer typischen Bindung, so können wir doch auf dieser Grundlage keine klare Einteilung durchführen. Gegenwärtig müssen wir die Begriffe Valenz und Koordinationszahl für gleichbedeutend halten. Wir müssen daher vielen Elementen eine höhere Valenz als vier zuschreiben, und die Zahl solcher Elemente wird bei weiterer Untersuchung zweifellos noch wachsen. Eine Tatsache, auf die Herr Prof. W. A. Noyes mich aufmerksam machte, gehört hierher; das Dihydrat der Überchlorsäure ist nämlich im Dampfzustand stabiler als die wasserfreie Säure, dies läßt mit großer Wahrscheinlichkeit auf eine Koordinationsbindung schließen, ganz ähnlich wie bei der Überjodsäure. Ebenso besteht die Möglichkeit, daß auch das Dihydrat der Schwefelsäure kein Hydrat im üblichen Sinne, also nicht durch Wasserstoffbindungen zustande gekommen ist, sondern daß wir hier sechswertigen Schwefel haben, der sechs Hydroxylgruppen trägt.

---

*) Adsorptionsversuche an Diamantpulver haben F. Paneth und A. Radu ausgeführt, Ber. **57**, 1221 (1924).

Zehntes Kapitel

Verbindungen von Elementen mit kleinen Atomrümpfen.

Obwohl für gewöhnlich der Atomrumpf an chemischen Vorgängen nicht unmittelbar teilnimmt, muß seine Größe und sein Bau doch in hohem Maße mitbestimmend sein für das Verhalten der Valenzelektronen. Von Bau und Größe des Atomrumpfes hängen der Abstand der Valenzpaare vom Rumpf, sowie die Kräfte zwischen beiden ab; die Tatsache, daß es Kräfte gibt, die dem Näherkommen zweier Valenzschalen oder zweier Atomrümpfe entgegenwirken, erlaubt es, in erster Annäherung von der Größe des Atoms zu sprechen.

Man kann sich vorstellen, daß in einem Kristall bei tiefen Temperaturen die Moleküle, die Atome und die Atombestandteile ganz bestimmte Lagen einnehmen; es ist anzunehmen, daß der ganze Kristall die vollkommen regelmäßige Wiederholung der Struktureinheit (Basis) darstellt. Es ist bereits möglich geworden, durch röntgenometrische Untersuchungen die Lagen der verschiedenen Kerne mit Sicherheit anzugeben und einige Schlüsse über die Anordnung der einzelnen Elektronen zu ziehen. Weitere Verfeinerungen dieser Methode werden es zweifellos erlauben, die räumliche Anordnung der Valenzelektronen vollständig festzustellen, möglicherweise auch die der Rumpfelektronen.

Mit dieser Methode und mit Hilfe der bekannten Dichten hat Bragg [16] für einige Stoffe die Radien der äußeren Schalen verschiedener Atome berechnet. Einige seiner so erhaltenen Werte sind in Tabelle 4 angegeben; in dieser werden die Radien, die man durch eine derartige Untersuchung verschiedener Stoffe in kristallisiertem Zustand erhält, verglichen mit den Werten der entsprechenden Moleküle im Gaszustand, wie sie Rankine [81] aus der inneren Reibung der Gase errechnet hat.

Tabelle 4.

Atom- bzw. Molekülradien in Kristallen und im Gaszustand*).

	Radius (10⁻⁸ cm) Bragg	Radius (10⁻⁸ cm) Rankine		Radius (10⁻⁸ cm) Bragg	Radius (10⁻⁸ cm) Rankine
Helium . . .	—	0,94	HF	0,65	1,17
Neon	0,65	1,17	HCl	1,02	1,43
Argon	1,02	1,43	HBr . . .	1,17	1,58
Krypton . . .	1,17	1,59	HJ	1,35	1,75
Xenon	1,35	1,75			

Beide Methoden der Berechnung kommen nicht ohne einige Annahmen aus**); jedoch geben die Werte sicherlich in erster Annäherung die Dimensionen der verschiedenen Moleküle und den Gang der Größen leichter und schwerer Moleküle wieder. Wir sehen, daß die Atome mit steigender Zahl von Elektronenschalen größer werden. Dieser Effekt wird jedoch zum Teil dadurch aufgehoben, daß durch das Ansteigen der positiven Kernladung (der Atomnummer) die einzelnen Schalen schrittweise zusammengezogen werden; so ist z. B. der Radius des X nicht einmal doppelt so groß wie der des He.

Eine erheblich genauere Methode zur Bestimmung von Molekülradien kann man von der augenblicklich sehr lebhaft betriebenen Untersuchung der Ultrarotspektren der Gase erwarten. Ich kann mich hier auf eine Besprechung des Prinzips dieser Untersuchungen nicht einlassen und möchte nur eins oder zwei der Resultate erwähnen***). Ich bin Herrn H. C. Urey zu Dank verpflichtet für eine Zusammenstellung der neuesten Werte, die teils von ihm selbst, teils von anderen nach dieser Methode ermittelt worden sind. Nach einer Arbeit Kratzers [47] beträgt der halbe Abstand der Atome $0,46 . 10^{-8}$ cm bei HF, $0,63 . 10^{-8}$ cm bei HCl und $0,70 . 10^{-8}$ cm bei HBr. Einige andere Größen, die nach dieser

---

*) Nach H. G. Grimm und H. Wolff, Zeitschr. f. phys. Chem. **119**, 254, 1926, ergeben sich für die Edelgase folgende Radien: Ne 0,61, Ar 0,87, Kr 0,96, X 1,09, Em $1,21 . 10^{-8}$ cm. Vgl. auch K. Fajans und K. F. Herzfeld, Zeitschr. f. Phys. **2**, 309, 1920.

**) Vgl. auch die neuere Arbeit von W. L. Bragg, Phil. Mag. 1926, S. 258. Zur Kritik der Braggschen Radien vgl. ferner Geiger-Scheel, Handb. d. Phys., 22. Bd., S. 501. Berlin 1926.

***) Weitere Daten finden sich bei A. Eucken, Grundriß der physikalischen Chemie (Leipzig 1922), S. 431.

Methode erhalten wurden, sollen später angegeben werden. An dieser Stelle mag der Hinweis genügen, daß die Werte beträchtlich niedriger sind als die in Tabelle 4 angegebenen; jedoch ist der Gang bei den einzelnen Stoffen der gleiche.

Eine ganz kürzlich erschienene Arbeit Braggs [17], in der einige röntgenometrisch erhaltene Resultate diskutiert werden, läßt die schalenförmige Anordnung mit acht Elektronen in der äußersten Schale, wie ich sie in meiner 1916 erschienenen Arbeit vorschlug, zweifelhaft erscheinen. Bragg kommt zu der Ansicht, daß die Zahl der Elektronen in der äußersten Schale kleiner als acht sei. Ich glaube jedoch, er hätte seine Beobachtungen anders gedeutet, wenn er die Tatsache berücksichtigt hätte, daß die Atome in einem Kristall bei gewöhnlicher Temperatur Schwingungen mit so großer Amplitude ausführen, daß das Volumen beträchtlich größer ist als beim absoluten Nullpunkt. Es wäre wünschenswert, wenn seine Experimente an Kristallen bei sehr tiefen Temperaturen wiederholt würden.

Wasserstoff und Helium.

Der Rumpf des Wasserstoffatoms nimmt eine Sonderstellung ein, da er nur aus dem Kern besteht; man kann daher sein Volumen vernachlässigen; diese Sonderstellung drückt sich auch in seinem chemischen Verhalten aus. Im Gegensatz zu allen anderen Atomen, die fähig sind, chemische Verbindungen einzugehen, besteht seine stabile Schale nicht aus einer Achter-, sondern nur aus einer Zweiergruppe. Hat er für sich allein zwei Elektronen aufgenommen, so entsteht das Hydridion (H^-), das die gleiche Struktur wie das neutrale He-Atom und das Li^+-Ion aufweist. Wie wir in einem früheren Kapitel bereits bemerkten, kann man das Hydridion als völlig analog den Halogenionen auffassen; in beiden Fällen ist die stabilere Gruppierung durch die Aufnahme eines Elektrons zustande gekommen.

Trägt der Wasserstoff ein Bindungspaar, so besitzt er eher den Charakter eines negativen als den eines positiven Elements. Ohne uns auf eine quantitative Behauptung festzulegen, können wir z. B. mit Sicherheit sagen, daß das Methan dem Methylchlorid näher steht als dem Natriummethyl.

Man kann annehmen, daß der H-Kern sehr nahe an ein Bindungspaar herangezogen wird; wenn wir die Zahlen der Tabelle 4 vergleichen, so sehen wir, daß sich für HF und Ne, die abgesehen

vom H-Kern die gleiche Struktur haben, nach beiden experimentellen
Methoden die gleichen Radien ergeben. Das gleiche gilt für die
anderen Säuren und die entsprechenden Edelgase; die ganz genaue
Übereinstimmung ist vielleicht ein Zufall. Es ist jedoch wahr-
scheinlich, daß ein Halogenwasserstoffmolekül ungefähr die gleichen
Dimensionen hat wie das Halogenion allein *).

Wenn Wasserstoff sein Elektronenpaar verliert und zum H$^+$-
Ion wird, so hat er überhaupt keine Elektronenschale mehr und,
wie wir sahen, ein zu vernachlässigendes Volumen. Er ist daher
nicht „sterischen Hinderungen" unterworfen wie alle anderen Atome,
man kann ihm also wohl eine außerordentlich große Beweglichkeit
zuschreiben. Tatsächlich kann man viele Fälle von Tautomerie
oder rascher Umlagerung in der anorganischen sowohl wie in
der organischen Chemie auf die Beweglichkeit des H-Kernes
zurückführen. Wir werden sehen, daß man in vielen Fällen die
wesentlichen Züge des Molekülbaues am besten verstehen kann,
wenn man solche Wasserstoffatome ganz außer Betracht läßt, die
als H$^+$-Ion leicht entfernbar sind.

Man muß annehmen, daß bei der Auflösung einer Säure in
einem unserer gebräuchlichen Lösungsmittel das H$^+$-Ion als solches
nicht in größeren Konzentrationen existiert, sondern daß es mit
dem Lösungsmittel einen „Onium"-Komplex bildet. Trotzdem
sind wir versucht, einige auffallende Eigenschaften von Säure-
lösungen durch die Annahme zu erklären, daß gelegentlich das
freie Wasserstoffion auftritt.

Das Heliumatom, das sich auch durch eine stabile Zweiergruppe auszeichnet, ist ebenfalls elektrisch neutral, wenn es für
sich allein eine solche Gruppe besitzt; es gibt in der ganzen Chemie
keinen Anhaltspunkt für die Existenz einer Verbindung des Heliums
mit einem anderen Element. Dagegen nehmen die Physiker zur
Deutung des Helium-Bandenspektrums die Existenz eines Moleküls
aus zwei He-Atomen an.

Rydberg hat zuerst beobachtet, daß das Heliumspektrum
scheinbar von zwei verschiedenen Stoffen stammte, die er Helium
und Parhelium nannte. Man weiß heute, daß die verschiedenen
Serienspektren einem einzigen Element zuzuordnen sind, das ver-

---

*) Viele Tatsachen sprechen für die Annahme, daß der H-Kern in
den gasförmigen Hydriden ganz in die Elektronenschale einbezogen wird.
Vgl. C. A. Knorr, Zeitschr. f. anorgan. Chem. **129**, 109, 1923; H. G. Grimm,
Zeitschr. f. Elektrochem. **31**, 474, 1925.

mutlich in verschiedenen Zuständen existiert; ferner wird angenommen, daß durch Anregung infolge elektrischer Entladungen das Heliumatom eine Form annehmen kann, in der das eine Elektron auf der inneren Schale bleibt, das andere dagegen auf eine Außenschale gehoben wird. Man sollte erwarten, daß in diesem Falle das äußere Elektron sich wie ein Valenzelektron verhielte. Das Atom würde dann dem Wasserstoff ähnlich sein und könnte Verbindungen nicht nur mit seinesgleichen, sondern auch mit Halogenen oder Metallen bilden. Es wäre interessant festzustellen, ob angeregtes He mit Na oder J bei tiefen Temperaturen reagiert und ob es möglich ist, die entstehenden, sicher äußerst instabilen Verbindungen zu isolieren.

Lithium und Beryllium.

Die Elemente der ersten kleinen Periode sind durch einen Rumpf mit nur einem Elektronenpaar gekennzeichnet. Man kann kaum erwarten, daß Gebilde mit solchen Rümpfen in ihren Eigenschaften anderen Elementen völlig entsprechen, die Rümpfe mit einer komplizierten dreidimensionalen Anordnung besitzen. Tatsächlich kann man nicht immer aus den Eigenschaften der Elemente mit höherer Atomzahl auf die der entsprechenden Elemente der ersten kleinen Periode schließen. So ist, um nur ein Beispiel zu geben, das Normalpotential (des Metalles gegen das Ion in wässeriger Lösung) des Rubidiums größer als das des Kaliums, dieses größer als das des Natriums, der Wert für Lithium ist aber sogar noch größer als der für Rubidium.

Das große Bestreben von Li^+- und Be^{++}-Ionen, Hydrate zu bilden, unterscheidet sie dem Grade, wenn auch nicht der Art nach von anderen ähnlichen Elementen. Ob sie eigentliche Komplexverbindungen im Wernerschen Sinne bilden, konnte noch nicht sichergestellt werden[1]. Diese Frage könnte geklärt werden durch eine gründlichere Untersuchung nichtwässeriger Lösungen[*]. So könnte man die gewünschte Auskunft erhalten z. B. durch die

---

[1] Dr. N. V. Sidgwick war so freundlich, mich darauf aufmerksam zu machen, daß die interessanten Be-Salze vom Typus Be_4OA_6 (wo A ein organisches Säureradikal bedeutet) sich befriedigend deuten lassen als Koordinationsverbindungen, in denen Be die Koordinationszahl 4 hat. Vgl. seine Bemerkung in der „Nature" vom 16. Juni 1923.

[*] Ammoniakate von Li-Salzen wurden von W. Biltz und W. Hansen, Zeitschr. f. anorg. Chem. **127**, 1 (1923) dargestellt.

Untersuchung der Löslichkeit von Li-Salzen in flüssigem Ammoniak oder des Potentials von Li-Amalgam gegen eine Li-Salzlösung in flüssigem Ammoniak, beides in Gegenwart oder Abwesenheit von Wasser.

In konzentrierten wässerigen Lösungen sind die Salze dieser Metalle in geringem Maße hydrolysiert, was darauf schließen läßt, daß ihre Hydroxyde amphoter sind, ähnlich wie Aluminiumhydroxyd.

Es wurde bereits erwähnt, daß geschmolzenes $BeCl_2$ ein schlechter Leiter der Elektrizität ist. Dies scheint dafür zu sprechen, daß hier Bindungen von stärker ausgeprägtem chemischen Charakter vorliegen als in den meisten Metallverbindungen. Im großen und ganzen lassen sich jedoch die Eigenschaften von Li- und Be-Verbindungen, wie die der meisten Metallverbindungen, durch Ionenbildung infolge vollständiger Entfernung der Valenzelektronen erklären.

Bor.

Es klafft eine weite Lücke zwischen den Bor- und Aluminiumverbindungen; das Bor wird gewöhnlich zu den Nichtmetallen gerechnet. Dies bezieht sich in erster Linie jedoch nicht auf die Eigenschaften des elementaren Bors, welches wie Kohlenstoff eine Modifikation besitzt, die die Elektrizität in geringem Maße metallisch leitet, sondern eher auf die Tatsache, daß in den Borverbindungen keine Abtrennung der Valenzelektronen stattfindet. So haben die Trihalogenide des Bors kaum den Charakter von Elektrolyten. Wir haben gesehen, daß die Moleküle von Stoffen wie BCl_3 das Bor-Oktett vervollständigen durch die Verbindung entweder miteinander oder mit anderen Molekülen.

Bei unserer Besprechung der Elemente mit Rümpfen vom Heliumtyp werden wir auf eine Anzahl von Verbindungen stoßen, deren Aufbau noch nicht mit Sicherheit angegeben werden kann, die jedoch von den üblichen Regeln der chemischen Bindung offenbar abweichen. Unter diesen sind am merkwürdigsten die beiden Borwasserstoffe B_2H_6 und B_4H_{10}. Wenn man das alte Valenzschema gebraucht, so wäre man versucht, diese beiden Verbindungen folgendermaßen zu schreiben:

$$
\begin{array}{ccccccc}
H & H & & H & H & H & H \\
| & | & & | & | & | & | \\
H-B-B-H & & \text{und} & H-B-B-B-B-H \\
| & | & & | & | & | & | \\
H & H & & H & H & H & H
\end{array}
$$

es sind jedoch nicht genügend Valenzelektronen für alle diese Bindungen vorhanden. Wenn wir z. B. die Formel für B_2H_6 hinzuschreiben versuchen, so erlaubt die Anzahl der zur Verfügung stehenden Elektronen nur eine Formulierung etwa wie

$$\begin{array}{cc} H & H \\ \vdots & \vdots \\ H:B & B:H \\ \vdots & \vdots \\ H & H \end{array}$$

wo es offenbar keine Bindung zwischen den beiden Bor-Atomen gibt. Die im 7. Kap. besprochene Annahme von Eastman gibt die bis jetzt einzige mögliche Erklärung für dieses Molekül*).

Wie die Bindung auch zustande kommen mag, welche die beiden Molekülhälften verknüpft, sie ist vermutlich sehr schwach, denn die entsprechenden Alkylverbindungen haben nach den Untersuchungen von Stock die Formel BR_3. Das erinnert an einen ähnlichen Fall bei Äthan und Hexaphenyläthan; in diesem Falle zerfällt das letzte in zwei ungeradzahlige Moleküle. Bemerkenswerterweise hat man bei keinem anderen Stoffe eine solche Bindung wie bei den Borwasserstoffen aufgefunden; auch hat man die Verbindung BH_4 nicht erhalten können.

Stickstoff und Kohlenstoff.

Der Hauptunterschied zwischen den Verbindungen des Kohlenstoffs und Stickstoffs einerseits und denen ähnlicher Atome mit größeren Atomrümpfen andererseits beruht auf den folgenden Eigenschaften dieser beiden Elemente: 1. auf der Festigkeit und Trägheit ihrer Bindungen, 2. auf ihrer Fähigkeit, sogenannte mehrfache Bindungen einzugehen. Die erste Eigenschaft gestattet den Aufbau komplizierter Strukturen, die thermodynamisch instabil, aber meistens sehr wenig reaktionsfähig sind. Die zweite Eigenschaft ermöglicht offenbar ziemlich stabile Elektronenanordnungen auf eine Weise, die bei Atomen mit großem Rumpf ausgeschlossen ist. Man kann zwar zweckmäßigerweise die Bildung mehrfacher Bindungen gelegentlich auch bei anderen Elementen als denen der ersten kleinen Periode annehmen; aber sicherlich wäre man auf den Begriff der mehrfachen Bindung gar nicht gekommen, wenn die Elemente mit Rümpfen vom He-Typus unbekannt wären.

---

*) Vgl. dagegen A. Stock, Ber. **59**, 2226 (1926), sowie die dort zitierten Arbeiten von H. Mark und G. Laski.

Da Stoffe mit mehrfachen Bindungen unter die ungesättigten gerechnet werden, sprechen wir zuweilen von der mehrfachen Bindung als der Ursache des ungesättigten Zustandes, doch scheint mir dies eine völlig verkehrte Anschauungsweise zu sein. Als in dem früheren Stadium der Valenztheorie die einfache Bindung die einzig bekannte Vereinigungsmöglichkeit zweier Atome war, sah man die ungesättigten Verbindungen als Stoffe an, bei deren Formulierung die üblichen Valenzvorstellungen versagten; man mußte daher von ihnen ein sehr viel weniger normales Verhalten erwarten, als sie tatsächlich zeigten. Die mehrfache Bindung wurde eingeführt, weil die Eigenschaften dieser Stoffe sie weniger ungesättigt erscheinen ließen, als man erwartete.

Ohne die doppelte Bindung könnten wir die Struktur des Äthylens nur durch eine der folgenden Formeln wiedergeben:

$$\text{(A)} \quad \overset{H}{\underset{\bullet}{H}} : \overset{H}{\underset{\bullet}{C}} : C : H \qquad \text{(B)} \quad H : C : C : H.$$

Nach der ersten Formel hat jedes C-Atom eine ungerade Elektronenzahl, und die Verbindung müßte daher die Eigenschaften haben, wie wir sie bei unpaaren Molekülen fanden. Ein so gebauter Stoff würde vermutlich farbig sein, zu Assoziation neigen und viel reaktionsfähiger sein, als Äthylen es ist. Die zweite Formel stellt einen Körper dar, der nicht nur unsymmetrisch, sondern auch stark polar wäre, denn die rechte Hälfte ist negativ, die linke positiv geladen*).

Möglicherweise ist das normale Äthylenmolekül wirklich etwas unsymmetrisch gebaut; wie wir nämlich sehen werden, besteht häufig bei zwei benachbarten Atomen, die beide ungesättigter Natur sind, das Bestreben, das eine in einen gesättigten Zustand überzuführen auf Kosten des anderen, welches dadurch um so stärker ungesättigt wird.

Es muß allerdings zugegeben werden, daß keine der obigen Formeln A und B die Eigenschaften des Äthylens befriedigend wiedergibt, aber dasselbe gilt auch für die übliche Formel C mit Doppelbindung,

$$\text{(C)} \quad H : C :: C : H$$

---

*) Zugunsten dieser Formel sprechen experimentelle Ergebnisse von R. G. W. Norrish, Journ. Chem. Soc. **123**, 3006 (1923); Chem. and. Ind. **43**, 327 (1924).

wenn man nicht ausdrücklich erklärt, daß eine Doppelbindung ganz andere Eigenschaften besitzt als die Summe zweier einfacher Bindungen. Wir können sagen, daß das wirkliche Verhalten des Äthylens etwa einem Mittelding zwischen den drei angegebenen Formeln entspricht. Wir können uns z. B. vorstellen, daß in einem bestimmten Augenblick ein Molekül der Form A entsteht, daß sich dann die beiden überzähligen Elektronen einander nähern und bis zu einem gewissen Grade miteinander gekoppelt werden. Diese Koppelung würde jedoch keineswegs so vollständig sein wie bei der Vereinigung zweier getrennter unpaarer Moleküle, bei welcher aus den beiden überzähligen Elektronen zusammen eine einfache Bindung gebildet wird.

Über die genauere Natur einer solchen teilweisen Koppelung oder gegenseitigen Absättigung können bis jetzt nur Vermutungen geäußert werden. Es ist anzunehmen, daß in einem Atom mit großem Rumpf und daher auch großer Valenzschale, in welchem die einzelnen Elektronenpaare voneinander durch verhältnismäßig große Abstände getrennt sind, die Bildung einer Doppelbindung beträchtliche Deformationen der betreffenden Atome hervorrufen würde. Wenn jedoch der Kern nur klein ist, wie bei den hier betrachteten Elementen, dürfen wir uns wohl vorstellen, daß zwei Atome dadurch ihre Oktetts ergänzen, daß sie mehr als ein Elektronenpaar miteinander teilen, wenn diese Teilung auch keine vollständige ist. In diesem Falle geht wohl die Bildung der Doppelbindung ohne stärkere Deformationen der stabilen Anordnungen vor sich.

Latimer und Rodebush [54] haben angenommen, daß diese Atome mit kleinen Atomrümpfen auch schon durch eine geringere Elektronenzahl, als dem normalen Oktett entspricht, befriedigt würden, nämlich durch eine Vierergruppe und insbesondere durch eine Sechsergruppe. Dies scheint mir jedoch keine befriedigende Lösung des Problems zu sein, denn dann müßte man erwarten, daß einatomiger Kohlenstoff mit seinem Elektronenquartett und einatomiger Sauerstoff mit seinem Sextett viel stabiler wären, als sie es wirklich sind.

Wir müssen daher schließen, daß die Eigenschaften von Stoffen mit mehrfachen Bindungen auf der Teilung von zwei oder drei Elektronenpaaren beruhen, wenn diese Teilung vielleicht auch weniger vollständig ist, als es die gewöhnliche Strukturformel mit zwei oder drei Bindungen anzeigt. Es muß jedoch angenommen werden, daß dieser Vorgang physikalische Realität besitzt, denn

nur dann läßt sich die Existenz einer Art von Isomeren erklären,
die auf dem Fehlen der Rotationsmöglichkeit um die Doppelbindung beruht.

Auch für Acetylen können wir drei Arten von Formeln schreiben:

$$\text{(A)} \quad H : \overset{..}{C} : \overset{..}{C} : H \qquad \text{(B)} \quad H : \overset{..}{C} : \overset{\overset{\textstyle H}{..}}{C} : \qquad \text{(C)} \quad H : C ::: C : H.$$

Die Formel B entspricht einer Annahme von Nef [68]. Da Acetylen
sich wie eine schwache Säure verhält, kann man die beiden H-Atome
als beweglich ansehen; die beiden Formen A und B würden dann
die gleichen Ionen liefern, nämlich:

$$[H : \overset{..}{C} : \overset{..}{C} :]^{-} \quad \text{und} \quad [: \overset{..}{C} : \overset{..}{C} :]^{--}$$

Daher können wir diese beiden Formen in die einfache Klasse von
Tautomeren einordnen, die sich nur durch Übergang eines Wasserstoffatoms von einem einsamen Elektronenpaar zu einem anderen
unterscheiden. Die Alkylderivate müßten jedoch Isomere geben,
und die Tatsache, daß solche Isomere noch nicht isoliert wurden,
spricht gegen ein tautomeres Gleichgewicht der Formen A und B.

Jedoch auch die Formel C drückt die Eigenschaften des Acetylens nur mit Hilfe einiger erklärender Zusätze aus. Wie bei
Äthylen scheint auch das Verhalten des Acetylens für ein Mittelding zwischen der Formel C und einer der beiden anderen Formeln zu
sprechen. Wenn man sich vorstellt, daß in Formel A ein Elektronenpaar von jedem Atom gegen die mittlere Bindung zu verschoben wird,
so wäre es tatsächlich schwierig, den genauen Punkt festzustellen,
an welchem sich die einfache Bindung in eine dreifache umwandelt.
Natürlich muß man bei allen diesen Überlegungen sich darüber
klar sein, daß unsere gebräuchlichen Formeln die dreidimensionale
Anordnung der Elektronen im Raume nicht befriedigend wiedergeben können.

Wie wir bereits besprochen haben, kann man mit Hilfe der
sichersten Kennzeichnen des ungesättigten Zustandes feststellen,
daß eine Verbindung mit einer dreifachen Bindung weniger ungesättigt ist als eine mit Doppelbindung. Das steht natürlich gänzlich
im Gegensatz zu der Baeyerschen Spannungstheorie, und wir sind um
eine Erklärung dieses Widerspruchs verlegen, wenn wir nicht etwa annehmen wollen, daß sowohl Äthylen wie Acetylen sich durch die symmetrischen Formeln A (S. 135 u. 137) wiedergeben lassen. Im ersten Falle
würde dann eine Trennung eines Elektronenpaares stattfinden, im

zweiten nicht, und die Vermutung liegt nahe, daß aus diesem Grunde die Doppelbindung stärker ungesättigt ist als die dreifache.

Die Besprechung der dreifachen Bindung gibt den Anlaß zu einer Betrachtung der interessanten Eigenschaften des elementaren Stickstoffs, dem allgemein die Formel $N{\equiv}N$ zugeschrieben wird. Dieser Stoff zeichnet sich durch große Reaktionsträgheit aus. Er ist auch im thermodynamischen Sinne im Vergleich zu vielen seiner Verbindungen stabil, denn diese neigen zur Zersetzung unter Stickstoffentwicklung. Kossel bemerkte daher [46]: „N_2 ist bekanntlich chemisch sehr träge, auch sehr wenig geneigt, fremde Elektronen anzulagern, und darf, obwohl es nicht völlig mit den Edelgasen verglichen werden kann, doch für unsere Auffassung als sehr stabiles Gebilde gelten. Führt man statt des einen N ein C ein, so ist ein Gebilde gegeben, in dem die positive Ladung um eine Einheit niedriger, außen aber ein Elektron weniger da ist als in dem stabilen N_2. Es verhält sich also zu N_2 völlig analog, wie nach unserer Annahme ein Halogen zu einem Edelgas, entsprechend dem fungiert das CN chemisch wie ein Halogen."

Diese Vorstellung wurde von Langmuir erweitert [51], der auf die große Ähnlichkeit der physikalischen Eigenschaften von N_2 und CO hinwies. Diese beiden Moleküle haben die gleiche Elektronenzahl und das gleiche Molekulargewicht; es ist daher nicht überraschend, daß ihre Siedepunkte und ähnliche Eigenschaften wenig voneinander verschieden sind. Herr Urey hat mir mitgeteilt, daß die Kernabstände beider Stoffe, wie sie sich aus den ultraroten Absorptionsbanden ergeben, gleich sind, nämlich $1{,}14 \cdot 10^{-8}$ cm.

Man kann jedoch leicht zuviel Gewicht auf die physikalische Ähnlichkeit der beiden Gase legen. In ihren chemischen Eigenschaften gleichen sie einander gar nicht mehr; so bildet CO viele Additionsverbindungen, z. B. die Metallcarbonyle, die Komplexe mit Cuprosalzen und mit Hämoglobin. Wenn wir genau die gleiche Elektronenanordnung für N_2 und CO annehmen wollten, so müßte das letztere elektrisch polar mit positivem Sauerstoff und negativem Kohlenstoff sein, da im Neutralzustand das Sauerstoffatom ein Elektron mehr, das Kohlenstoffatom eins weniger hat als das Stickstoffatom. Eine solche Polarität würde vielleicht ausreichen, um die Unterschiede im chemischen Verhalten zu erklären. Andererseits könnte aber auch die Elektronenhülle im CO so deformiert sein, daß die Polarität des Moleküls verringert wird; diese Deformation der Valenzschale könnte ebensogut die chemische Reaktionsfähigkeit des CO erklären.

Die spezielle, von Langmuir für CO und N_2 angenommene Struktur, die mir noch früher auch von den Herren Bray und Branch vorgeschlagen wurde, halte ich nicht für wahrscheinlich. Langmuir nahm eine Art vierfacher Bindung an, bei welcher zwei Atomrümpfe zusammen innerhalb eines einzigen Oktetts liegen. Es scheint mir keine Eigenschaft dieser Stoffe für eine solche ad hoc gemachte Annahme zu sprechen.

Dagegen können wir mit gutem Grunde mit Kossel und Langmuir annehmen, daß in Stoffen wie $(CN)^-$ und CO im wesentlichen die gleiche Elektronenanordnung vorliegt wie im Stickstoff*). Wir können auch noch das Acetylid-Ion dazunehmen und mit dem Vorbehalt, den wir über die Bedeutung der dreifachen Bindung bereits gemacht haben, diese Stoffe folgendermaßen formulieren:

$$: N ::: N :, \quad : C ::: O :, \quad [: C ::: N :]^-, \quad [: C ::: C :]^{--}.$$

Es steht in Übereinstimmung mit dieser Betrachtungsweise, daß man das gleiche CN^--Ion findet, ob man von Cyaniden oder Isocyaniden ausgeht. Bei der Anlagerung von H^+-Ion an ein einsames Elektronenpaar des Kohlenstoffs oder Stickstoffs erhalten wir Cyanwasserstoff oder Isocyanwasserstoff, diese beiden Stoffe sind also Vertreter der Art von Tautomerie, die wir bereits so häufig besprochen haben. Beim Ersatz von Wasserstoff durch Alkylgruppen können die entsprechenden Isomeren erhalten werden.

Beim Vergleich dieser vier Stoffe mit vermutlich nahezu gleicher Elektronenanordnung können wir folgendes feststellen: Die letzten beiden sind Ionen, CO muß wegen des Unterschiedes in der Ladung der Rümpfe polar sein, während Stickstoff weder polar noch ein Ion ist. Berücksichtigen wir weiter, daß die dreifache Bindung keineswegs so ungesättigter Natur ist, wie man erwarten sollte, und denken wir ferner an die beträchtliche Festigkeit, durch die Stickstoffbindungen im allgemeinen ausgezeichnet sind, so haben wir, glaube ich, eine ausreichende Erklärung für die eigentümliche Reaktionsträgheit des elementaren Stickstoffs.

Ich möchte darauf hinweisen, daß Nef die Isocyanide und Acetylen zu den Verbindungen mit zweiwertigem Kohlenstoff rechnet [68]. Nehmen wir an, diese Behauptung besage lediglich, daß Kohlenstoff in diesen Verbindungen nach dem gleichen Schema

---

*) Vgl. auch W. Hückel, Zeitschr. f. Elektrochem. **27**, 305 (1921). Wie H. Sponer und T. Birge gezeigt haben, sind auch die Spaltungsarbeiten in Atome bei CO und N_2 praktisch gleich; Phys. Rev. **27**, 640 (1926).

gebaut sei wie im CO, so können wir uns Nefs Betrachtungsweise anschließen.

Die Oxyde des Stickstoffs bilden eine Gruppe von interessanten und ungewöhnlichen Verbindungen. Stickoxyd NO haben wir als einen Stoff mit unpaarem Molekül bereits besprochen. Es hat elf Valenzelektronen, eins mehr als das Stickstoffmolekül. Von allen unpaaren Molekülen erweist es sich als am wenigsten ungesättigt. Es ist farblos und bildet bei gewöhnlicher Temperatur keine Doppelmoleküle; jedoch erfolgt diese Assoziation bei tiefen Temperaturen. Durch irgend einen Mechanismus, den wir noch nicht verstehen, sitzt das überzählige Elektron im Molekül offenbar viel fester und ist das Molekül selbst viel vollständiger abgesättigt, als es sonst bei unpaaren Molekülen der Fall ist.

Prof. Branch hat mich darauf aufmerksam gemacht, daß das Verhalten des NO in engem Zusammenhang stünde mit den anomalen Eigenschaften der Nitrosoverbindungen. Wenn sich NO mit einer anderen freien Atomgruppe (einem unpaaren Molekül), z. B. mit einer Alkylgruppe verbindet, so sollten wir erwarten, daß durch die Vereinigung zweier unpaarer Moleküle eine völlig gesättigte Verbindung entstünde. Das ist jedoch nicht so. Nicht nur verhält sich das unverbundene NO fast wie ein gesättigter Stoff, sondern es scheint auch bei der Vereinigung mit einem unpaaren Molekül wie Methyl dessen überzähliges Elektron nicht zu beeinflussen. Daher besitzt die entstehende Verbindung zwar eine gerade Anzahl von Elektronen, zeigt aber trotzdem die Eigenschaften unpaarer Moleküle. Die Nitrosoverbindungen sind im allgemeinen stark gefärbt und neigen fast ausnahmslos zur Bildung von Doppelmolekülen, so als ob jedes einfache Molekül ein überzähliges Elektron hätte.

Die erste Zwischenstufe bei der Oxydation von NO scheint die folgende zu sein:

$$NO + O_2 = NO_3.$$

Die Annahme, daß diese Reaktion bei gewöhnlicher Temperatur reversibel sei und bei höherer Temperatur nur äußerst unvollständig verlaufe, erklärt die sehr interessante Beobachtung, daß die Geschwindigkeit der Oxydation von NO zu NO_2 oder N_2O_4 mit steigender Temperatur abnimmt. Das Zwischenprodukt NO_3, das bei dieser Reaktion angenommen wird, kann bei tiefer Temperatur tatsächlich isoliert werden. Es ist ein weiteres Beispiel für unpaare Moleküle; die Verbindung ist stark gefärbt und vermutlich überhaupt stärker ungesättigt als NO.

Ein weiterer Stoff mit ungerader Elektronenzahl ist NO_2, welches alle charakteristischen Eigenschaften unpaarer Moleküle zeigt. Meiner Meinung nach sind wir bis jetzt noch kaum imstande, für diese unpaaren Moleküle die Elektronenanordnungen anzugeben. Wenn man annimmt, daß es irgend eine Stelle im Molekül gibt, an der der ungesättigte Zustand lokalisiert ist, so wird vermutlich das überzählige Elektron diese Stelle aufsuchen, dort bis zu einem gewissen Grade gebunden werden und dadurch eine Abschwächung des vorher völlig ungesättigten Charakters ermöglichen.

Die übrigen drei Oxyde des Stickstoffs, N_2O, N_2O_3 und N_2O_5 kann man mit mehrfachen Bindungen oder nach den Formeln

$$:\ddot{N}:\ddot{O}:\ddot{N}: \quad *),\qquad :\ddot{O}:N:\ddot{O}:N:\ddot{O}:,\qquad \begin{array}{ccc} & :\ddot{O}: & :\ddot{O}: \\ :\ddot{O}:N:\!\!& \!\!O:N:\!\!& \!\!\ddot{O}: \end{array}$$

schreiben**).

Sauerstoff und Fluor.

Sauerstoff und Fluor sind die beiden am stärksten elektronegativen Elemente; das soll heißen, sie zeigen das größte Bestreben, ihre Oktetts zu vervollständigen und in den alleinigen Besitz von acht Elektronen zu kommen. Daher nehmen sie entweder die fehlenden Elektronen anderer Atomen völlig weg und bilden Ionen, oder sie ziehen Elektronenpaare von anderen Atommittelpunkten fort, möglicherweise in eine zweite Valenzschale.

Es scheint daher auf den ersten Augenblick überraschend, daß Wasser und Fluorwasserstoff schwache Elektrolyte sind; das ist jedoch keine vereinzelt dastehende Erscheinung. Fluorwasserstoff ist in wässeriger Lösung eine schwächere Säure als Chlorwasserstoff, H_2O ist schwächer saurer als H_2S, dieses wiederum schwächer als H_2Se und H_2Te; dieselbe Erscheinung zeigt sich auch in der Stickstoffgruppe. Es ist klar, daß das H^+-Ion fester gebunden wird, wenn es sich an ein einsames Elektronenpaar von Sauerstoff oder

---

*) Eine gewisse Bestätigung für diese Formel liefert die Feststellung von J. de Smedt und W. H. Keesom, Verslag koninkl. Akad. van Wetensch. Amsterdam 1924, daß im festen [N_2O] der O-Kern auf der Verbindungslinie der N-Kerne liegt.

**) In einer inzwischen erschienenen Arbeit, Chem. Rev. 1, 231 (1924), teilt Lewis mit, daß nach Messungen von Soné die unpaaren Moleküle NO und NO_2 paramagnetisch sind, während die „paaren" Moleküle N_2, N_2O, N_2O_3, N_2O_4, N_2O_5 diamagnetisch sind.

Fluor anlagert als an ein einsames Elektronenpaar anderer Atome;
dabei wird wegen der Kleinheit des H-Kernes das normale Oktett
des Sauerstoffs bzw. Fluors wahrscheinlich nicht beträchtlich deformiert *).   Der Wasserstoff ist in diesem Falle sicher sehr fest gebunden; wir haben gesehen, daß der Abstand der beiden Atome im
Molekül des gasförmigen Fluorwasserstoffs wahrscheinlich kleiner
als 10^{-8} cm ist.

Wie fest der Wasserstoff von den Ionen der Elemente mit
kleinem Atomrumpf gehalten wird, zeigt ferner die Tatsache, daß
die neutralen Verbindungen NH_3 und H_2O ein viel stärkeres Bestreben haben, noch ein H^+-Ion zu addieren und „Onium"-Verbin-
dungen zu bilden, als die entsprechenden Stoffe PH_3 und H_2S **).

Soviel wir wissen, treten Sauerstoff und Fluor nicht als
Zentralatome von Anionen auf, wie viele andere Elemente.   Jedoch
ist die Frage nach der Struktur des Ozons in diesem Zusammenhang sehr interessant.   Man schreibt es gewöhnlich mit einer Ringformel, die sich leicht in eine Elektronenformel übertragen läßt;
ich glaube jedoch, daß es möglicherweise die Formel

$$: \overset{\cdot\cdot}{O} :: \overset{\cdot\cdot}{O} : \overset{\cdot\cdot}{O} : \quad \text{oder} \quad : \overset{\cdot\cdot}{O} : \underset{\cdot\cdot}{O} : \overset{\cdot\cdot}{O} :$$

besitzt, nach welcher es ein Analogon zum SO_2 wäre [1] ***).   In der
Literatur findet man Andeutungen dafür, daß Ozon von basischen
Stoffen ohne Zersetzung absorbiert wird; wenn dies richtig ist, so
können wir es als Anhydrid einer Säure auffassen, die der schwefligen Säure gleicht.   Neueres experimentelles Material darüber wäre
wünschenswert.   Wenn diese Anschauung vom Bau des Ozons
richtig ist, so kann man annehmen, daß bei der Bildungsweise des

---

[1]) Eine ähnliche Annahme wurde jüngst auch von Lowry gemacht;
Trans. Faraday Soc. 18, Abt. 3, S. 3, 1923.

*) Nach K. Fajans wirken im Gegensatz zu der hier geäußerten
Ansicht gerade die kleinen Ionen besonders stark deformierend; vgl. Naturwiss. 11, 165 (1923). K. Fajans und G. Joos, Zeitschr. f. Phys. 23,
1 (1924).

**) H. G. Grimm, Zeitschr. f. Elektrochem. 31, 474 (1925) und F. Hund,
Zeitschr. f. Phys. 32, 1 (1925), haben die Energie berechnet, die bei der
Anlagerung eines H^+-Kernes an eines der Moleküle H_2O, H_3N, HCl frei
wird. Diese Energie, die „Protonenaffinität", ergab sich bei H_2O zu $+160$
bis 180 kcal, bei NH_3 zu $+195$ kcal, bei HCl zu $+180$ kcal.

***) Dieselbe Ansicht äußert G. M. Schwab, Zeitschr. f. phys. Chem.
110, 559 (1924). Vgl. ferner E. Fonrobert, „Das Ozon". Stuttgart 1916.
M. Möller, „Das Ozon". Braunschweig 1922.

Ozons aus Fluor und Wasser Zwischenprodukte auftreten, die den Sauerstoffsäuren des Chlors gleichen; in diesen würde jedoch der Sauerstoff die Stelle des Zentralatoms Chlor einnehmen und Fluor würde außen sitzen, an der Stelle, wo in den entsprechenden Säuren der Halogene der Sauerstoff seinen Platz hat. Möglicherweise wird man bei tiefen Temperaturen solche Verbindungen von Fluor und Sauerstoff isolieren können.

Die eben angeschnittene Frage nach der Konstitution des Ozons ist von viel größerer Tragweite als die viel häufiger erörterte nach dem Bau des Wasserstoffperoxyds. Die beiden Formeln für Ozon, die Ringformel und die vom Typus des SO_3, sind prinzipiell ganz und gar verschieden. Dagegen sind die beiden Formeln, die man für Wasserstoffperoxyd aufgestellt hat, nämlich $HOOH$ und H_2OO für jede Anwendungsweise praktisch identisch. Wasserstoffperoxyd ist eine Säure, deren Anion durch die Formel

$$\left[:\overset{..}{\underset{..}{O}}:\overset{..}{\underset{..}{O}}:\right]^{--}$$

wiedergegeben wird. Es ist unwesentlich, ob die beiden Wasserstoffatome an dasselbe oder an verschiedene Sauerstoffatome gehen. Hier liegt die gleiche Art von Tautomerie vor, die wir bei der Schwefelsäure, Phosphorsäure, Cyanwasserstoffsäure, bei Acetylen und Hydroxylamin erwähnt haben.

Elftes Kapitel

Elemente in positivem und negativem Zustand.

Wenn wir von einem negativen Element sprechen, so können wir damit nur ein solches meinen, das in neutralem Zustand ein Elektron aufzunehmen sucht, um stabile Paare und Oktetts zu bilden. Wir können nicht annehmen, daß ein neutrales Chloratom auf ein entferntes Elektron irgendwelche merklichen elektrostatischen Kräfte ausübt. Wir können nur sagen, daß ein sehr stabiles System entsteht, wenn ein Elektron an ein Chloratom angelagert und dadurch dessen Achtergruppe vervollständigt wird. Das so gebildete Cl^--Ion wird dann die negative Elektrizität nicht mehr anziehen, sondern abstoßen.

Unsere bisherige Nomenklatur ist äußerst irreführend *). Wir sagen, Chlor ist ein negatives Element, da es das Bestreben hat, ein Elektron aufzunehmen; ebenso sprechen wir von negativem Chlor im $NaCl$, wo es ein Elektron bereits aufgenommen hat und nicht mehr das Bestreben zeigt, noch eins aufzunehmen. Wenn ein Chloratom ein Elektron verloren hat, anstatt eins aufzunehmen, so sprechen wir von positivem Chlor, obwohl das Atom dann ein starkes Bestreben hat, zwei Elektronen aufzunehmen. Ich will jedoch nicht versuchen, einen Ersatz für diese altehrwürdige Bezeichnungsweise vorzuschlagen, denn sie wird wahrscheinlich richtig verstanden, so daß sie keine ernstliche Verwirrung anrichten wird. Vielleicht wird es zur Klärung der Sachlage beitragen, wenn wir uns darauf einigen, mit einem negativen Element ein solches zu bezeichnen, das Elektronen aufzunehmen bestrebt ist; wenn ein Element die genügende Zahl von Elektronen aufgenommen hat, so wollen wir sagen, es befindet sich im negativen Zustand, wenn sein Bedürfnis nach Elektronen nicht voll befriedigt ist, im positiven Zustand.

____

*) Im deutschen wissenschaftlichen Sprachgebrauch besteht dieser Doppelsinn kaum. Wir sprechen von elektronegativem Chlor (als Element), von negativ geladenem Chlorion (im $NaCl$), von positivem Chlorion (Cl^+).

Die Bildung negativer Ionen verläuft ganz anders, als in der elektrochemischen Theorie angenommen wurde; dies zeigt die Tatsache, daß ein elektronegatives Element, sobald es seine Achtergruppe nicht bekommen kann, oft ein Elektron abgibt, um wenigstens eine gerade Anzahl von Elektronen in der Valenzschale zu erlangen. Zum Beispiel deutet die Leitfähigkeit des reinen flüssigen Jods darauf hin, daß ein Jodatom unter Aufnahme eines Elektrons zum J^-, das andere unter Abgabe eines Elektrons zum J^+-Ion mit einer Gruppe von sechs Elektronen geworden ist. In der Regel vervollständigen jedoch beide Atome ihre Achtergruppen, indem sie sich in ein Elektronenpaar teilen.

Das Problem der „Elektromeren".

Die unterjodige Säure ist bekanntlich eine sehr schwache Säure. In ihren wässerigen Lösungen ist die Wasserstoffionenkonzentration nicht viel größer als in reinem Wasser; vielleicht ist die Säure amphoter und dissoziiert zu einem kleinen Bruchteil in die Ionen J^+ und OH^-. Ebenso kann man die Verbindung JCl als schwach polar ansehen, als Jodochlorid. Auf Grund derartiger Überlegungen haben die Vertreter der modernen dualistischen Theorie geschlossen, daß alle Jodverbindungen entweder negative oder positive Jodionen, J^- oder J^+, enthalten müßten. Wir haben gesehen, wie unhaltbar eine solche Hypothese ist, und daß man die stark polaren Moleküle als Grenzfälle betrachten muß, bei denen das Elektronenpaar, das die chemische Bindung besorgt, extrem stark verschoben ist.

Zweifellos sind Jod in unterjodiger Säure und Jod in KJ zwei ganz verschiedene Dinge, und man kann mit vollem Rechte sagen, daß das Jod in jenem Stoffe positiver ist als in diesem. Man könnte jedoch eine ganze Reihe von Verbindungen aufstellen, die zwischen diesen beiden Typen liegen, und eine Einteilung dieser Stoffe in zwei verschiedene Gruppen mit positivem und negativem Jod wäre ganz willkürlich.

Wir haben also auch keinen Grund mehr für die Annahme, daß im Chlorstickstoff entweder $N^{+++}Cl_3^-$ oder $N^{---}Cl_3^+$ vorliegen muß. Ein solches Paar hypothetischer Stoffe hat man in der modernen dualistischen Theorie als Elektromere bezeichnet; man versteht darunter zwei Stoffe, die die gleichen Atome in der gleichen Anordnung, aber mit verschiedener Ladungsverteilung besitzen.

Wenn wir zugeben, daß der Stickstoff im NCl_3 dem Stickstoff im NH_3 nähersteht, als dem in HNO_2, so behaupten wir damit nicht, daß wir dem NCl_3 die zweite der obigen Formeln geben müssen, oder daß es möglich sein müsse, eine zweite Form dieses Stoffes aufzufinden, die der ersten Formel entspräche.

Wenn wir nun die Quantentheorie konsequent auf den Vorgang der chemischen Bindung anwenden wollen, so können wir nicht annehmen, daß das Elektronenpaar, das die Bindung z. B. zwischen Wasserstoff und Chlor besorgt, kontinuierlich von einem Atom zum anderen verschoben werden könnte. Vielmehr müssen wir annehmen, daß ein solches Elektronenpaar eine der ausgezeichneten Lagen — deren Zahl begrenzt ist, aber möglicherweise groß sein kann — zwischen den Atomen einnehme. Zwei Moleküle, deren Bindungspaare sich in verschiedenen Lagen (Energieniveaus) befinden, sollen jetzt elektromer genannt werden. Nach dieser Definition ist ein Wasserstoffatom, dessen Elektron sich auf dem ersten Energieniveau befindet, elektromer mit einem anderen, dessen Elektron vorübergehend auf einem anderen Energieniveau liegt. Selbst wenn wir die Existenz solcher isomerer Moleküle für erwiesen halten, ist jedoch kaum zu erwarten, daß wir die einzelnen Molekülarten trennen und isolieren und damit die elektromeren Stoffe greifbar erhalten könnten.

Verbindungen zwischen elektronegativen Elementen.

Ein elektronegatives Element sucht nicht nur Elektronen aufzunehmen, um seine stabile Gruppe zu bilden, sondern beansprucht die Elektronen seines Oktetts auch ausschließlich für sich. In extrem polaren Stoffen, wie CaO zum Beispiel, ist anzunehmen, daß der Sauerstoff als O^{--}-Ion vorliegt und daher seine Gruppe von acht Elektronen vollständig und ausschließlich besitzt. In den meisten Sauerstoffverbindungen sind jedoch die Sauerstoffatome durch chemische Bindungen mit anderen Atomen verknüpft; der Sauerstoff hat dann eins oder mehrere seiner vier Elektronenpaare mit diesen geteilt, und dadurch entsteht immer eine gewisse Deformation der Valenzschale. In allen diesen Fällen wird sich der Sauerstoff wohl in einem positiveren Zustand als im O^{--}-Ion befinden.

In dem besonderen Falle, daß zwei elektronegative Elemente sich verbinden, können wir annehmen, daß ein Spannungszustand existiert, in welchem jedes Atom sozusagen danach strebt, das Bindungspaar für sich allein zu bekommen. Dieses Paar wird daher

von jedem Atom stärker angezogen, als es in der stabilsten Form
des Oktetts der Fall wäre.

Manche Forscher pflegen zu sagen, in diesen Fällen befinde
sich eines der Atome in einem positiven Zustand. Ich möchte diese Anschauung dahin verbessern, daß, wenn zwei elektronegative Atome
durch eine chemische Bindung vereinigt sind, beide sich stets in
einem positiveren Zustand befinden, als wenn sie mit elektropositiven Elementen verbunden sind oder im normalen Ionenzustand
vorliegen.

Als Beispiele für solche Verbindungen können wir $Cl{-}Cl$,
$Cl{-}OH$, $Cl{-}NH_2$, $HO{-}OH$, $H_2N{-}OH$, $H_2N{-}NH_2$, NCl_3 und
andere ähnliche Stoffe betrachten. In allen diesen Fällen haben
die Vertreter der modernen dualistischen Theorie versucht, zu entscheiden, welche Atome positiv und welche negativ sind. Man
sagt, Cl sei positiv in $ClOH$; das ist vielleicht insofern richtig,
als das Chlor in diesem Stoffe ein wenig weiter vom Zustand des
Cl^--Ions entfernt ist als der Sauerstoff vom Zustand des O^{--}, es
ist jedoch sicherlich nicht so positiv wie Jod in JOH. Kurzum,
das wesentliche in allen solchen Fällen ist die Erkenntnis, daß die
beiden betreffenden Atome sich in einem Zustand befinden, den wir
als positiv bezeichnen, und daß in derartigen Molekülen eine
Spannung besteht, die am besten aufgehoben wird, wenn die Bindung zwischen den beiden Atomen gespalten wird und jedes Atom
mit einem von Natur aus stärker elektropositiven Element oder
Radikal verbunden wird. Einen solchen Vorgang könnte man als
Reduktion bezeichnen, ohne daß man dabei sagen muß, welches
Atom reduziert wird.

Bis jetzt haben wir wenig über die wirkliche Verteilung der
Elektrizität im Molekül gesagt; es wäre auch töricht, beim jetzigen
Stande unseres Wissens exakte Aussagen in dieser Richtung zu
versuchen. Einige einfache Schlüsse können jedoch mit Sicherheit aus unserer Theorie gezogen werden.

Wenn zwei Chloratome sich zum Chlormolekül vereinigen, so
steuert jedes die Hälfte des Bindungspaares bei, und vermutlich ist
im stabilsten Zustand des Moleküls sein ganzer Bau symmetrisch
in bezug auf dieses Bindungspaar. Man kann dann sagen, daß das
Paar den beiden Atomen gleichmäßig angehört und daher jedem
Atom den Betrag eines Elektrons liefert; dadurch entsteht dann
mit den sechs Elektronen, die jedes Atom außerdem besitzt, die
Zahl sieben des neutralen Chloratoms.

Rein formal könnten wir auch in anderen Fällen jedem Atom ein Elektron von jeder seiner Bindungen zuteilen und so einen Wert für die Ladung jedes Atoms bekommen. Das wäre aber ein völlig willkürliches Vorgehen, denn dabei würde die Verschiebung der Elektronen nicht berücksichtigt, mit der man immer rechnen muß, wenn die beiden Molekülhälften auf jeder Seite der Bindung nicht identisch sind, und die zweifellos auch in einigen symmetrischen Molekülen wegen der Wärmebewegung auftritt.

Diese formale Methode der Zuteilung von Elektronen an die einzelnen Atome würde häufig zur Folge haben, daß man gewisse Atome als geladen anzusehen hätte. So liefert der Sauerstoff in zahlreichen Fällen, in denen er einfach gebunden ist, wie z. B. in den Aminoxyden

$$\overset{\overset{\textstyle R}{..}}{\underset{\underset{\textstyle R}{..}}{R : N : \overset{..}{\underset{..}{O}} :}}$$

keines der Elektronen, die die Bindung besorgen. Der Sauerstoff besitzt für sich allein die sechs Elektronen, die seine positive Kernladung sechs neutralisieren, und da er auch noch Anteil an dem Bindungspaar hat, so ist er als negativ geladen anzusehen. Vermutlich ist daher auch ein Stoff wie Aminoxyd ziemlich stark polar gebaut. Ebenso ist anzunehmen, daß ein neutraler Stoff wie BF_3 negativ werden kann, wenn er sein Oktett ergänzt durch Anlagerung eines der einsamen Elektronenpaare von H_2O oder NH_3.

In all den zahlreichen Tautomeriefällen, die durch den Übergang eines Wasserstoffions von einem einsamen Elektronenpaar zu einem anderen zustande kommen, wie z. B. beim Hydroxylamin

$$\underset{\underset{\textstyle H}{..}}{H : \overset{..}{\underset{..}{N}} : \overset{..}{\underset{..}{O}} : H} \; = \; \underset{\underset{\textstyle H}{..}}{H : \overset{\overset{\textstyle H}{..}}{\underset{..}{N}} : \overset{..}{\underset{..}{O}} :}$$

müßte der Übergang des positiv geladenen H-Kernes, formal betrachtet, ein Anwachsen der positiven Ladung an der Stelle des Moleküls zur Folge haben, wo die Anlagerung stattfindet. Wahrscheinlich tritt eine solche Änderung der Polarität wirklich ein, wenn sie wohl auch durch eine Art Verschiebung des ganzen Elektronengebäudes kompensiert wird.

Wenn ein Wasserstoffion sich an ein einsames Elektronenpaar unter Bildung eines „Onium“-Ions anlagert, so muß man unter

Berücksichtigung allein der elektrischen Kräfte erwarten, daß das Wasserstoffion sich am leichtesten an den negativ geladenen Teil des Moleküls anlagern würde. Wir haben gesehen, daß durch die Anlagerung eines H^+-Ions oder einer anderen positiven Gruppe an ein Atom, welches dadurch positiv geladen wird, gewöhnlich die Bildung einer zweiten „Onium"-Bindung verhindert wird, wie z. B. bei Stoffen vom Sulfoniumtypus. Es scheint eine allgemeingültige Regel zu sein, daß das Bestreben eines Wasserstoffions oder einer (positiv geladenen) Alkylgruppe, sich an ein einsames Elektronenpaar in irgend einem Teil eines Moleküls anzulagern, zunimmt, wenn dieser Teil negativer, dagegen abnimmt, wenn er positiver wird.

In Übereinstimmung mit dieser Regel ist Stickstoff im positiven Zustand weniger geneigt, Stoffe vom Ammoniumtypus zu bilden, als im negativen. Zum Beispiel lagert Stickstoff, der mit Cl, O oder N verbunden ist, weniger leicht Wasserstoffion an und wird als schwächer basisch bezeichnet; so ist Chloramin eine schwächere Base als Ammoniak. Anders ausgedrückt: die erste der beiden Reaktionen

$$ClNH_2 + H^+ = ClNH_3^+,$$
$$NH_3 + H^+ = NH_4^+$$

verläuft nur zu einem minimalen Bruchteil. NCl_3 ist überhaupt kaum basisch; ebenso sind Hydroxylamin und Hydrazin sehr viel schwächere Basen als Ammoniak.

Wir haben gesehen, daß einwertiger Sauerstoff, wie er im Aminoxyd vorliegt, trotz seiner Verbindung mit einem anderen elektronegativen Element sich im negativen Zustand befindet. Er sollte daher ein H^+-Ion anlagern können. Wir finden also auch von diesem Standpunkt aus eine Bestätigung der in einem früheren Kapitel geäußerten Ansicht (vgl. S. 119), daß Aminoxyd H^+-Ion am Sauerstoff anlagere. Die Spannung, die in einer Bindung zwischen zwei negativen Elementen herrscht, gibt sich in mannigfacher Weise zu erkennen und ist verantwortlich für zahlreiche Zerfalls- und Umlagerungserscheinungen. Fassen wir einmal die Verbindung ins Auge die durch die Vereinigung von Aminoxyd mit Halogenalkyl entsteht; sie enthält das Ion $R_3NOCH_3^+$. Dieses Ion zerfällt in alkalischer Lösung sehr leicht unter H^+-Ionabspaltung in Formaldehyd und freies Amin. Ich glaube, wir können uns ein ungefähres Bild von dem Mechanismus dieses

Zerfalls machen, wenn wir dem Ion die folgende Strukturformel geben

$$\left[\begin{matrix} & R & & H & \\ R&:\overset{..}{\underset{..}{N}}:&\overset{..}{\underset{..}{O}}:&\overset{..}{\underset{..}{C}}:&H \\ & R & & H & \end{matrix}\right]^{+}$$

Wir können dann annehmen, das Bindungspaar zwischen Stickstoff
und Sauerstoff werde aus seiner normalen Lage, die es im Sauerstoffoktett innehat, gegen den Sauerstoff zu gezerrt. Der gleiche
Drang nach Elektronen wird die Elektronen der Bindungspaare
zwischen C und H zum Sauerstoff hinzuzuziehen trachten; dadurch
werden die Eigenschaften dieser Wasserstoffatome stärker als sonst
in Alkylgruppen denen des Wasserstoffatoms einer Säure ähnlich
werden. So können wir annehmen, daß bei Gegenwart von Alkali
eins dieser Wasserstoffatome gelegentlich als H^+-Ion abgespalten
wird. Das dadurch freigewordene Elektronenpaar wird dann eine
Doppelbindung am Sauerstoff bilden, wobei Formaldehyd entsteht.
Der Stickstoff wird das bisher vorhandene Bindungspaar für sich
allein beanspruchen unter Bildung von Trialkylamin. Ein derartiges Bild von dem Mechanismus dieses Zerfalls scheint zwar
außerordentlich befriedigend zu sein, im gegenwärtigen Stadium der
Chemie muß man jedoch jede Theorie über die Einzelheiten eines
Reaktionsmechanismus als einen ersten tastenden Versuch betrachten.
Es ist zuzugeben, daß eine Anzahl sehr ähnlicher, in der organischen
Chemie bekannter Zersetzungen offenbar nicht gedeutet werden kann
ohne die Annahme viel tiefer gehender molekularer Umlagerungen,
als wir sie in diesem einfachen Fall angenommen haben.

Ein äußerst interessanter Körper, der wahrscheinlich dem
Aminoxyd sehr nahe steht, bildet sich bei der Reaktion von
Ammoniak mit einem Aldehyd, der sogenannte Aldehydammoniak.
Wir wollen vorläufig annehmen, daß diese Reaktion durch die Auf-
richtung der Doppelbindung an der Carbonylgruppe zustande kommt
nach folgendem Schema:

$$\begin{matrix} :\overset{..}{O}: & H & & :\overset{..}{O}:& H \\ R:\overset{..}{\underset{..}{C}} & +\ :\overset{..}{\underset{..}{N}}:H & = & R:\overset{..}{\underset{..}{C}}:&\overset{..}{\underset{..}{N}}:H \\ H & H & & H & H \end{matrix}$$

Diese Formel gibt wahrscheinlich die wirkliche Struktur eines
Teiles der Moleküle wieder, denn sie erklärt die leichte Abspalt-
barkeit von NH_3. Jedoch ist der Sauerstoff nach dieser Formel

einfach gebunden wie im Aminoxyd und befindet sich daher im negativen Zustand. Deshalb sollte der bewegliche Wasserstoff zum Sauerstoff wandern, was zu dem Molekül

$$
\begin{array}{c}
H : \overset{..}{O} : \\[4pt]
R : \overset{..}{\underset{..}{C}} : \overset{..}{\underset{..}{N}} : H \\[4pt]
\overset{..}{\underset{..}{H}} \quad \overset{..}{\underset{..}{H}}
\end{array}
$$

führen würde. Diese Form überwiegt wahrscheinlich und erklärt die Carbinol- (schwach basischen) Eigenschaften des Aldehyd-ammoniaks. Wenn in einigen Molekülen zwei Wasserstoffatome zum Sauerstoff wandern, so bekommen wir ein Gebilde, das leicht Wasser abspalten kann unter Bildung eines Imids. Auch diese Reaktion ist charakteristisch für diese Stoffklasse.

Aus unserer Definition, ein elektronegatives Element sei ein Element, das ein starkes Bestreben zeigt, Elektronen aufzunehmen und eine stabile Gruppe zu bilden, geht klar hervor, daß wir Wasserstoff als ein elektronegatives Element betrachten müssen. Zwar setzt sich Wasserstoff nur selten in den ausschließlichen Besitz eines Bindungspaares unter Bildung von H^{-}-Ion, aber er scheint doch eine sehr beträchtliche Anziehung auf Bindungspaare auszuüben, besonders in einigen anorganischen Säuren, wie wir im nächsten Kapitel sehen werden.

Zwölftes Kapitel

Überbleibsel von der elektrochemischen Theorie.

Bei der Entwicklung unserer neuen Valenztheorie konnten wir in vielen Punkten mit Werner übereinstimmen. Als Motto wollen wir über das folgende Kapitel seine Worte setzen: „Die elektrochemische Seite der Hauptvalenzabsättigung ist ein vom rein chemischen Vorgang verschiedener zweiter Vorgang, der ihn begleiten oder ihm folgen kann, aber nicht immer eintreten muß."

Es gibt jedoch zahlreiche Reaktionen, deren Verlauf weitgehend durch den Zustand der elektrischen Polarisation des Moleküls bestimmt ist, und mit diesen wollen wir uns jetzt beschäftigen. Wenn ein typisches Salz in einem wenig polaren Lösungsmittel gelöst wird — z. B. in einem Lösungsmittel mit niedriger Dielektrizitätskonstante —, so beobachtet man häufig nur geringe elektrolytische Dissoziation. Man kann annehmen, daß in solchen Fällen das undissoziierte Molekül durch die elektrostatischen Kräfte zusammengehalten wird, die zwischen den entgegengesetzt geladenen Teilen herrschen. Das ist vielleicht die einzige Art von Molekülen, in denen die chemische Bindung schlechthin durch elektrostatische Kräfte besorgt wird. Es gibt jedoch viele andere Fälle der Vereinigung zweier chemischer Individuen, bei denen zwar eine chemische Bindung vorliegt, der Bruchteil jedoch, zu welchem die Vereinigung stattfindet, weitgehend von elektrostatischen Kräften abhängt.

Wir haben gesehen, daß ein Element, das an sich vierwertig ist, seine vierte Valenz nicht durch die Bildung eines „Onium"-Komplexes betätigt, wenn es dazu einen H-Kern an ein bereits positiv geladenes Ion anlagern muß. Ebenso dissoziiert das H^+-Ion nicht leicht von einem bereits negativ geladenen Ion ab, z. B. dissoziiert H_2S in H^+ und HS^- mit der Dissoziationskonstante 10^{-7}, für die Dissoziation $HS^- = H^+ + S^{--}$ finden wir jedoch eine viel niedrigere Dissoziationskonstante, nämlich ungefähr 10^{-15}. Ein ähnliches Beispiel geben die beiden Reaktionen:

$$NH_2^- + H^+ = NH_3,$$
$$NH_3 + H^+ = NH_4^+.$$

Die zweite dieser Reaktionen ist in wässeriger Lösung leicht umkehrbar; die erste dagegen verläuft so vollständig nach rechts, daß ein Amid auch in stark alkalischer Lösung, so viel wir wissen, vollständig hydrolysiert wird. Da wir von den Vorgängen der Vereinigung und Dissoziation von Ionen die weitestgehende Aufklärung über den Einfluß der elektrostatischen Kräfte erwarten können, ist es zu begrüßen, daß wir über die Dissoziationskonstanten schwacher Säuren und Basen ein sehr reiches Material besitzen.

Die Stärke von Säuren und Basen.

Wir sind so sehr daran gewöhnt, das Wasser als Lösungsmittel zu gebrauchen, und unsere Daten beziehen sich so ausschließlich auf wässerige Lösungen, daß wir häufig eine Säure oder Base definieren als einen Stoff, in dessen wässeriger Lösung eine höhere Konzentration von Wasserstoff- bzw. Hydroxylionen herrscht als in reinem Wasser. Das ist zwar eine sehr einseitige Definition, sie genügt aber für den Augenblick, solange wir uns nämlich nur mit solchen Stoffen beschäftigen, deren saure oder basische Eigenschaften auf der Gegenwart der Hydroxylgruppe beruhen.

Wir wollen nun einen Stoff betrachten, dessen Bau und Dissoziationsmöglichkeiten sich durch die beiden folgenden Schemata wiedergeben lassen:

$$:\overset{\cdot\cdot}{\underset{\cdot\cdot}{X}}:\overset{\cdot\cdot}{\underset{\cdot\cdot}{O}}:H = \left[:\overset{\cdot\cdot}{\underset{\cdot\cdot}{X}}\right]^{+} + \left[:\overset{\cdot\cdot}{\underset{\cdot\cdot}{O}}:H\right]^{-},$$

$$:\overset{\cdot\cdot}{\underset{\cdot\cdot}{X}}:\overset{\cdot\cdot}{\underset{\cdot\cdot}{O}}:H = \left[:\overset{\cdot\cdot}{\underset{\cdot\cdot}{X}}:\overset{\cdot\cdot}{\underset{\cdot\cdot}{O}}:\right]^{-} + H^{+}.$$

Je nachdem, ob die Dissoziation hauptsächlich nach der ersten oder zweiten Art erfolgt, wird die Substanz als Base oder Säure bezeichnet. Häufig treten beide Arten der Dissoziation auf; dann bezeichnet man den Stoff als amphoter. Da das Produkt der Konzentrationen der H^{+}- und OH^{-}-Ionen durch die Dissoziationskonstante des Wassers gegeben ist, so kann ein Stoff in wässeriger Lösung nicht zugleich eine starke Base und eine starke Säure sein.

Offenbar gibt es jedoch noch einen wesentlicheren Unterschied zwischen Säuren und Basen, als den soeben erwähnten. Häufig haben wir es mit einem Stoff zu tun, wie Alkohol, dessen Säure- und Baseneigenschaften so wenig ausgeprägt sind, daß es für ihn keine Rolle mehr spielt, daß OH^{-}- und H^{+}-Konzentration voneinander abhängen, und doch werden wir auch in diesen Fällen wahrscheinlich finden, daß fast jede Änderung im Molekül, die es stärker sauer macht, zugleich eine Schwächung des Basencharakters hervorruft und umgekehrt.

Kehren wir nun zu unserem Musterbeispiel XOH zurück! X soll jetzt ein Element oder Radikal bedeuten, das leicht Elektronen abgibt. Der Sauerstoff, der das Bestreben hat, eine Achtergruppe für sich allein zu bekommen, wird in diesem Falle unter Zerstörung der Bindung das Bindungspaar an sich reißen; dadurch entstehen dann die Ionen X^+ und OH^-. Ist dagegen X ein Element oder Radikal, das einen starken Zug auf das Bindungspaar ausübt, so spricht unsere ganze Erfahrung dafür, daß sich dieser Zug auf alle Elektronenpaare des Sauerstoffoktetts so auswirken wird, daß eine Verschiebung nach links entsteht. Die Verstärkung der Bindung zwischen X und O lockert so die Bindung zwischen O und H, und die Verschiebung der Elektronen vom Wasserstoff weg erleichtert diesem den Übergang in den Zustand des H^+-Ions.

Wenn wir uns entsprechende Hydroxyde von N, P, As, Sb und Bi ansehen, so finden wir eine Verminderung der Elektronenanziehung durch das Zentralatom beim Fortschreiten von N zu Bi. In der gleichen Reihenfolge werden die Hydroxyde immer schwächere Säuren und stärkere Basen *).

Eine solch einfache Betrachtung reicht in der Hauptsache zur Erklärung der beobachteten Stärke von organischen Säuren und Basen aus. Wir haben bereits die Chloressigsäure besprochen, der wir die Formel

$$\begin{array}{c} H:\overset{..}{O}: \\ \ \\ :\overset{..}{C}l:\overset{..}{C}:\overset{..}{C}:\overset{..}{O}:H \\ \ \\ H \end{array}$$

geben. Der Ersatz eines Methylwasserstoffs durch Chlor bewirkt eine stärkere Anziehung auf die Elektronen des Methylkohlenstoffs, was eine Verschiebung zur Folge hat, die sich durch das Molekül fortzupflanzen scheint und schließlich die Elektronen des Wasserstoffs von diesem fortzieht und so eine stärkere Abdissoziation des H^+-Ions ermöglicht. Die Einführung eines zweiten und dritten Chloratoms verstärkt diese Wirkung.

---

*) Vgl. hierzu die rein elektrostatische Deutung von W. Kossel, Ann. d. Phys. 49, 229, 1916; Valenzkräfte und Röntgenspektren, 2. Aufl. Berlin 1924.

Es ist jedoch keineswegs sicher, daß der ganze Effekt auf die Fortpflanzung durch die Kohlenstoffkette zurückzuführen ist. Wenn wir völlig befriedigende räumliche Modelle unserer Moleküle herstellen könnten, so würden wir wohl sehen, daß in bestimmten Fällen eine direktere sterische Wirkung eintritt, die stärker ist als der oben besprochene Effekt. Jedoch haben wir keinen Grund, daran zu zweifeln, daß dieser letzte Effekt, nämlich die Fortpflanzung durch das Molekül von Atom zu Atom reell ist. Durch den Ersatz eines α-Wasserstoffatoms der Propionsäure durch Chlor entsteht eine Säure, die ungefähr ebenso stark ist wie die Monochloressigsäure; β-Chlorpropionsäure ist jedoch viel schwächer. Noch weniger bemerkbar wird die Einführung von Chlor in γ-Chlorbutter- und δ-Chlorvaleriansäure; diese ist kaum stärker als die Valeriansäure selbst.

Der Ersatz von Wasserstoff durch andere Atome oder Gruppen, die eine ähnliche Anziehung auf die Elektronen ausüben, wirkt sich ganz entsprechend aus. Eine auffallende Anomalie zeigt sich bei den Aminosäuren. Obwohl die NH_2-Gruppe als stark negativ zu betrachten ist, zeigen die Aminosäuren doch nur eine sehr geringe elektrische Leitfähigkeit *). Diese Erscheinung läßt sich jedoch durchaus zufriedenstellend durch die Bildung innerer Salze erklären. Eine Arbeit von E. Q. Adams [3] klärte eine Reihe wichtiger Fragen über die Stärke der Säuren. Es wird darin gezeigt, daß unter entsprechenden Bedingungen die Aminoessigsäure stärker dissoziiert ist als die Chloressigsäure. Das abdissoziierte Wasserstoffion vereinigt sich jedoch wieder mit dem Stickstoff und bildet einen Ammoniumkomplex. Auch einige Oxysäuren zeigen eine geringere Leitfähigkeit, als man erwarten sollte; auch hier können wir vermuten, daß ein kleiner Teil der Wasserstoffionen aus der Carboxylgruppe einen Oxoniumkomplex mit der Hydroxylgruppe bildet.

Interessant ist eine Betrachtung der zweibasischen Säuren. Lange Zeit herrschte ziemliche Unklarheit über die Bedeutung der ersten und zweiten Dissoziationskonstanten. Man hatte gelegentlich angenommen, daß diese beiden Konstanten auf einen spezifischen Unterschied der beiden Carboxylwasserstoffatome hinwiesen; dies ist jedoch keineswegs der Fall. In einer symmetrischen zweibasischen Säure können die Eigenschaften der beiden Carboxyl-

---

*) Vgl. N. Bjerrum, Ergebnisse der exakten Naturwiss. 5. Bd., S. 129. Berlin 1926.

wasserstoffatome für identisch gelten, und die Wahrscheinlichkeit
der Dissoziation ist daher für beide die gleiche. Wenn die Dissoziation des einen Wasserstoffatoms die des anderen nicht beeinflußt,
was wohl bei zwei sehr weit voneinander entfernten Carboxylgruppen der Fall ist, dann wird, wie E. Q. Adams ableiten konnte,
die zweite Dissoziationskonstante der Säure genau ein Viertel der
ersten betragen. Den Beweis hierfür konnte er tatsächlich in ein
oder zwei Fällen erbringen, in denen die Carboxylgruppen weit
genug voneinander entfernt waren.

In der Regel beeinflussen sich jedoch die beiden Carboxylgruppen sehr stark; da nun Carboxyl eine negative Gruppe ist und
Elektronen anzieht, so ist die erste Dissoziationskonstante bei einer
zweibasischen Säure gewöhnlich viel größer als die einer entsprechenden einbasischen Säure. Dieser Effekt ist um so stärker,
je näher benachbart die beiden Carboxylgruppen einander sind. So
ändert sich in einer Reihe von Säuren mit verschieden langer
Kohlenstoffkette und zwei endständigen Carboxylgruppen die erste
Dissoziationskonstante von 10^{-5} bei einer Kette von 10 C-Atomen
bis zu 10^{-1} bei einer zweigliedrigen Kette (Oxalsäure.)

Wenn jedoch eine Carboxylgruppe ein H^+-Ion abgespalten hat
und negativ geladen ist, so hört die Anziehung benachbarter Elektronen auf, und das Verhalten entspricht eher dem einer stark
positiven Gruppe. Wir finden so in der eben erwähnten Ver-
bindungsreihe, daß das Verhältnis der zweiten zur ersten Dissoziationskonstante 1:10 bei einer Kette von 10 C-Atomen beträgt,
1:2000 bei der Oxalsäure. Die Oxalsäure verhält sich daher
ähnlich wie H_2S; der Unterschied zwischen der ersten und zweiten
Dissoziationskonstante ist jedoch im letzten Falle noch viel größer.

Die gleichen Vorstellungen, die sich bei der Deutung der
Dissoziation schwacher organischer Säuren als nützlich erweisen,
lassen sich auch auf anorganische Säuren übertragen. Auf diesem
Gebiet wurde das Problem sehr erfolgreich von Latimer und
Rodebush [54] behandelt. Sie schreiben die drei Säuren des Phos-
phors, die unterphosphorige, phosphorige und Phosphorsäure in
Anlehnung an Werner folgendermaßen:

$$
\begin{array}{ccc}
\overset{\cdot\cdot}{H} & \overset{\cdot\cdot}{:O:} & \overset{\cdot\cdot}{:O:} \\
\overset{\cdot\cdot}{:}\overset{\cdot\cdot}{O}:\overset{\cdot\cdot}{P}:\overset{\cdot\cdot}{O}:H, & H:\overset{\cdot\cdot}{O}:\overset{\cdot\cdot}{P}:\overset{\cdot\cdot}{O}:H, & H:\overset{\cdot\cdot}{O}:\overset{\cdot\cdot}{P}:\overset{\cdot\cdot}{O}:H. \\
H & H & :\overset{\cdot\cdot}{O}: \\
 & & H
\end{array}
$$

Aus der Tatsache, daß diese drei Säuren nahezu gleich stark sind, schließen sie, daß der an Phosphor gebundene Wasserstoff sich wie ein entschieden elektronegatives Element verhalte und eine mindestens so starke Anziehung auf die Elektronen ausübe wie die Hydroxylgruppe und so nahezu die gleiche Wirkung hervorbringe.

Dagegen glauben sie im Gegensatz zu Werner, daß in der schwefligen Säure hauptsächlich Moleküle der folgenden Form vorliegen:

$$H:\overset{..}{O}:\overset{..}{\underset{..}{\overset{..}{S}}}:\overset{..}{O}:H.$$
$$:\overset{}{\underset{..}{O}}:$$

In dieser Formel besitzt der Schwefel ein einsames Elektronenpaar; dieses Paar übt zwar eine Abstoßung auf das Sauerstoffoktett aus, läßt es aber infolge seiner eigenen Beweglichkeit nicht zu einer Verzerrung dieses Oktetts kommen. Der Schwefel verhält sich daher wie eine positive Gruppe, und die schweflige Säure ist eine schwache Säure. Dieser Unterschied zwischen einem einsamen Elektronenpaar und einem solchen, das an der einen Seite mit einem negativen Atom verbunden ist und daher von dem anderen Atom weggezogen wird, erklärt in vielen Fällen die sehr verschiedene Stärke von Säuren. So kann man unschwer verstehen, daß die Säuren, die der höchsten Oxydationsstufe der Elemente entsprechen und keine einsamen Elektronenpaare an ihrem Zentralatom besitzen, starke Elektrolyte sind, während Säuren niedrigerer Oxydationsstufen mit solchen einsamen Elektronenpaaren gewöhnlich schwache Elektrolyte sind. (Die Säuren der zweithöchsten Oxydationsstufe der Halogene, wie Chlorsäure, scheinen eine Ausnahme von dieser allgemeinen Regel zu bilden, für die bis jetzt noch keine Erklärung gefunden wurde.) Wenn wir die Formel der salpetrigen Säure ohne Doppelbindung folgendermaßen schreiben:

$$:\overset{..}{\underset{..}{O}}:\overset{..}{N}:\overset{..}{\underset{..}{O}}:H,$$

wobei wir dem Stickstoff ein Elektronensextett geben, eine Formel, die wenigsten teilweise den Tatsachen gerecht wird, so sehen wir, daß zwei Erklärungen für die schwach saure Natur der salpetrigen Säure möglich sind. Erstens, das einsame Elektronenpaar des Stickstoffatoms verhindert die Deformation des Sauerstoffoktetts, welche die H^+-Ionenabspaltung erleichtern würde; zweitens, jedes abdissoziierte H^+-Ion soll teilweise an das einsame Elektronenpaar des Stickstoffs gebunden werden, genau so, wie wir bei den Aminosäuren gesehen haben, daß das H^+-Ion sich wieder mit dem Stickstoff vereinigt. Es ist klar, daß wir das gleiche NO_2^--Ion bekommen, ob wir die Formel mit Wasserstoff am Stickstoff oder am Sauerstoff schreiben; wir haben hier also einen Tautomeriefall von der bereits oft besprochenen Art. Zweifellos wird sich das Wasserstoffion hauptsächlich an das Atom anlagern, mit dem es die festeste Bindung eingeht; wenn es daher mehrere Vereinigungsmöglichkeiten gibt, so wird im allgemeinen das Molekül entstehen, das der schwächsten Säure entspricht.

Definition von Säuren und Basen.

Wenn wir wässerige Lösungen von Stoffen ohne Hydroxylgruppen behandeln, so können wir eine Base am einfachsten definieren als einen Stoff, der H^+-Ion anlagert. So bildet Ammoniak durch Anlagerung von H^+-Ion das NH_4^+-Ion, und der Grad der Vollständigkeit dieser Reaktion wird sich ändern, wenn wir Wasserstoff durch andere Gruppen ersetzen. Wenn wir wollen, können wir indes das NH_4^+-Ion auch als Säure betrachten und sagen, daß die Stärke dieser Säure wachse, wenn Wasserstoff durch Chlor, OH oder NH_2 ersetzt wird. Das sagt nichts anderes, als daß Ammoniak durch solche Substitutionen zu einer schwächeren Base wird. So können wir eine lange Reihe organischer Basen durchgehen und genau wie bei den Säuren zeigen, wie die Anziehung verschiedener negativer Gruppen auf die Elektronen die H^+-Ionenaffinität dieser Basen verringert.

Da Wasserstoff ein Bestandteil der meisten elektrolytischen Lösungsmittel ist, können wir allgemeiner als oben definieren: Säuren oder Basen sind Stoffe, die H^+-Ion abgeben bzw. aufnehmen; aber auch diese Definition ist noch nicht ganz allgemein. Eine andere Definition, die für jedes beliebige Lösungsmittel gilt, wäre folgende: Unter einer Säure versteht man einen Stoff, der das gleiche Kation wie das Lösungsmittel abspaltet (z. B. HBr in Wasser, Ammoniak oder Essigsäure)*) oder sich mit dem Anion des Lösungsmittels vereinigt (z. B. BCl_3 in Wasser, Ammoniak oder Essigsäure); eine Base ist ein Stoff, der das gleiche Anion wie das Lösungsmittel abspaltet (z. B. $NaOH$ in Wasser, $NaNH_2$ in Ammoniak

---

*) Die in Klammern aufgeführten Beispiele sind einer freundlichen brieflichen Mitteilung von Herrn Prof. Lewis entnommen.

Natriumacetat in Essigsäure) oder sich mit dem Kation des Lösungsmittels verbindet (z. B. Anilin in Wasser, Ammoniak und Essigsäure). So ist KNH_2 in Ammoniak eine Base, ebenso kann man KCl in flüssigem Chlorwasserstoff als Base bezeichnen.

Auch diese sehr allgemeine Definition ist nicht völlig befriedigend. Wir können uns Stoffe mit sauren oder basischen Eigenschaften vorstellen, ohne dabei an ein bestimmtes Lösungsmittel zu denken. Ich glaube, ganz allgemein können wir sagen, e i n e Base ist ein Stoff mit einem einsamen Elektronenpaar, mit dessen Hilfe es die stabile Gruppe eines anderen Atoms vervollständigen kann, eine Säure ist ein Stoff, der ein einsames Elektronenpaar eines anderen Moleküls anlagern und so die stabile Gruppe eines seiner eigenen Atome vervollständigen kann. Mit anderen Worten, ein basischer Stoff liefert ein Elektronenpaar zu einer chemischen Bindung, eine Säure verlangt ein solches.

In diesem Sinne sind alle Stoffe mit einsamen Elektronenpaaren, die „Onium“verbindungen bilden können, basischer Natur (z. B. NH_3, PH_3, Anilin, Methyläther, Acetation, Nitration). Dagegen sind Stoffe, wie H^+-Ion, J^+-Ion, SO_3, SiO_2, BCl_3, saurer Natur, da sie Elektronenpaare aufzunehmen bestrebt sind, Wasserstoffion, um seine stabile Zweiergruppe, die anderen Stoffe, um ihre stabilen Achtergruppen zu ergänzen. Einige dieser Stoffe, die wir als Säuren bezeichnet haben, sind offenbar zugleich basischer Natur; im SO_3 ist der Schwefel sauer, die Sauerstoffatome aber können sich basisch betätigen. (Ebenso sind Wasser und Ammoniak amphoter.)

Andere Faktoren, die die Dissoziation bestimmen.

Wir können bis jetzt noch kein quantitatives Maß angeben für die anziehende Kraft, die irgend ein Atom oder Radikal auf die Elektronen ausübt; dies kommt zum Teil daher, daß es noch andere Faktoren gibt, die den Dissoziationsgrad schwacher Elektrolyte mitbestimmen. Trotzdem ist der Versuch interessant, wenigstens angenähert Atomgruppen nach ihrem elektronegativen oder elektropositiven Charakter zu ordnen. So dürfen wir wohl sagen, Wasserstoff ist negativer als eine Methyl-, positiver als eine Phenylgruppe. Methylalkohol ist eine schwächere Säure als Wasser, Phenol eine stärkere; andererseits ist Methylamin eine etwas stärkere Base als Ammoniak, Anilin dagegen sehr viel schwächer.

Man muß jedoch bei derartigen Schlußfolgerungen etwas vorsichtig sein. Die elektrolytische Dissoziation gibt zwar einen wichtigen Hinweis auf die Anziehungskraft verschiedener Atomarten auf die Elektronen, doch gibt es zweifellos eine Reihe davon unabhängiger Faktoren, die den Dissoziationsgrad eines schwachen Elektrolyten mitbestimmen. Z. B. hängt der Dissoziationsgrad weitgehend davon ab, bis zu welchem Grade eines oder beide Ionen des gelösten Stoffes mit dem Lösungsmittel Komplexe bilden. Diese Frage ist sehr wichtig, wenn wir einen bestimmten Elektrolyten in verschiedenen Lösungsmitteln betrachten; vergleichen wir jedoch eine Reihe von Säuren, alle in wässeriger Lösung, so spielt es keine so große Rolle, bis zu welchem Grade H^+-Ion und Wasser sich zu Hydroxoniumion vereinigen.

Wir wollen nun zwar die Ansicht beibehalten, daß die Verschiebung der Elektronenhülle, die wir zur Erklärung der größeren oder geringeren Stärke einer Säure annahmen, zurückzuführen ist auf die Größe der Anziehungskraft, die verschiedene Atome auf die Elektronen ausüben; doch müssen wir berücksichtigen, daß die Anziehungskraft allein die Verschiebung der Elektronen gegen die positiven Rümpfe nicht bestimmen kann, wir müssen auch die Starrheit der Elektronenhülle selbst berücksichtigen. Ist in einem Molekül oder Molekülteil diese Starrheit gering, mit anderen Worten, sind die Elektronen beweglich, so wird schon eine geringe Kraft eine verhältnismäßig starke Verschiebung bewirken und daher die Dissoziation weitgehend beeinflussen. Es darf uns daher beim Vergleich zweier verschiedener Hydroxyde nicht überraschen, wenn wir finden, daß das eine gleichzeitig eine stärkere Säure und auch eine stärkere Base ist als das andere.

Obwohl dieses ganze Problem noch keineswegs geklärt ist, können wir nicht daran zweifeln, daß in manchen Molekülen das Elektronengerüst sehr starr ist, daß aber in anderen ihr Zusammenhalt durch weniger starke Kräfte bewirkt wird. Ja, wir können sogar in großen Zügen die Merkmale angeben, nach denen wir feststellen können, ob die Elektronen beweglich oder starr gebunden sind. In jedem Molekül (oder Teil eines solchen), das wir nach seinen Eigenschaften als ungesättigt bezeichnen, ist das Elektronengerüst leicht beweglich.

Zum Beispiel bewirkt eine doppelte Bindung und in organischen Molekülen jede negative Gruppe wie Cl, OH, NH_2 und CN einen ungesättigten Zustand. Dies gilt auch für die Vereinigung zweier

negativer Elemente, wobei der bereits besprochene Spannungszustand entsteht. Schwere Radikale wie Jod und Triphenylmethyl
bilden ungesättigte Moleküle; dies beruht wahrscheinlich zum Teil
auf den stärkeren lockernden Kräften, die sich bei schwereren
Molekülen aus der Wärmeschwingung ergeben. Diese Lockerung
der Bindungen im Jodmolekül und im Hexaphenyläthan zeigt sich
in der thermischen und elektrischen Dissoziation dieser Stoffe.

Wenn wir sagen, jede Doppelbindung erhöhe die Beweglichkeit der Elektronenhülle, so meinen wir damit nicht nur, daß die
an der Doppelbindung beteiligten Elektronen beweglicher sind, sondern
vielmehr, daß alle Elektronen der Nachbarschaft weniger starr gebunden sind. Wenn wir erwägen, daß der ungesättigte Zustand
stets durch eine Abweichung von der normalen Anordnung stabiler
Paare und Oktetts hervorgerufen ist, so können wir annehmen,
das System strebe einem Zustand zu, in welchem der ungesättigte
Charakter ein Minimum erreicht. Wahrscheinlich wird dieses Ziel
am ehesten erreicht, wenn die erforderliche Verzerrung sich über
das ganze Molekül verteilt, und nicht, wenn der größte Teil des
Moleküls im Normalzustand bleibt und der ungesättigte Charakter
auf einen Punkt zusammengedrängt wird.

Wir wollen an einem Beispiel zeigen, wie notwendig die Berücksichtigung der Elektronenbeweglichkeit bei der Besprechung des
Dissoziationsgrades von Elektrolyten ist. Methylalkohol ist eine
schwache Base; ersetzt man nun die Methylwasserstoffe durch stärker
negative Gruppen, so sollte man erwarten, daß aus dem Alkohol
eine noch schwächere Base würde. Eine solche negative Gruppe
ist der Phenylrest, und doch ist Triphenylcarbinol $(C_6H_5)_3COH$
eine sehr viel stärkere Base als Methylalkohol. Hier haben wir
ein besonders eindringliches Beispiel für die Lockerung chemischer
Bindungen. Die Phenylgruppe wirkt nicht nur wegen ihrer Größe
und Schwere, sondern auch wegen ihrer Doppelbindungen sehr
stark auflockernd auf benachbarte Bindungen. Drei Phenylgruppen
an einem Kohlenstoffatom bilden das ganz ungewöhnliche Radikal
Triphenylmethyl, das als unpaares Molekül für sich bestehen kann,
und das niemals eine feste Bindung mit einer anderen Gruppe
eingeht. Im Carbinol kann man annehmen, daß die Hydroxylgruppe
nur ganz locker gebunden ist.

Schließlich müssen wir noch darauf hinweisen, daß auch unter
Berücksichtigung all dieser Vorbehalte die elektrochemische Wirkung eines Radikals kaum so einfacher Natur sein kann, wie wir es

uns vorgestellt haben. Als wir die Wirkung der Chlorsubstitution auf eine aliphatische Säure besprachen, zeigte sich, daß der Einfluß des Chlors allmählich immer geringer wird, je mehr Kohlenstoffatome es von der Carboxylgruppe trennen. Die Einwirkung scheint sich durch die Kette fortzupflanzen; dieser Standpunkt läßt sich jedoch nicht immer aufrechterhalten, wie man am Beispiel der Malein- und Fumarsäure deutlich sieht:

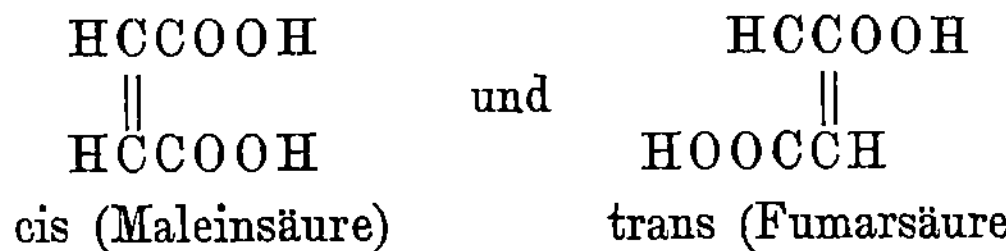

Bei beiden Säuren liegen gleich viel Kohlenstoffatome zwischen den beiden Carboxylgruppen, und wir sollten daher erwarten, daß die Dissoziationskonstanten sehr nahe gleich wären. Tatsächlich ist die erste Dissoziationskonstante bei der cis-Säure zehnmal so groß wie bei der trans-Säure. Wir sehen daraus, daß die beiden Gruppen sich bei der ersteren viel stärker beeinflussen als bei letzterer. Dieser Einfluß wird durch die zweiten Dissoziationskonstanten noch viel stärker zum Ausdruck gebracht. Das Verhältnis der ersten zur zweiten Dissoziationskonstanten ist 45 bei der trans-, bei der cis-Säure dagegen 50000. Es ist wohl klar, daß die beiden Carboxylgruppen sich in dem einen Falle viel leichter nähern können als im anderen, und daß diese Annäherung die gegenseitige Beeinflussung der beiden Gruppen enorm verstärkt.

Die Regel von Crum Brown und Gibson [23].

Wir dürfen diesen Gegenstand nicht verlassen, ohne uns mit den Erklärungen zu beschäftigen, die man für die sehr bemerkenswerten Regelmäßigkeiten bei der Substitution im Benzolkern gegeben hat. Wenn ein Wasserstoff im Benzol durch gewisse Gruppen wie Cl, OH, CH_3 ersetzt ist, so tritt ein zweiter Substituent in den Kern hauptsächlich in ortho- und para-Stellung ein. Man sagt daher, diese Gruppen orientieren nach ortho und para. Es gibt jedoch noch eine zweite Art von Substituenten, die nach der meta-Stellung dirigieren. Zu diesen nach meta orientierenden Gruppen gehören NO_2, CN und COOH. Einer der jüngsten Versuche, diese Erscheinung zu erklären, stammt von Stieglitz [93], der als Anhänger der modernen dualistischen Theorie annahm, eine nach ortho und para orientierende Gruppe mache das C-Atom, mit dem sie verbunden ist, vollständig (vierfach) positiv. Ortho- und para-Kohlenstoffatome sollen vierfach negativ, die meta-C-Atome zweifach positiv werden*). Er kommt also zu dem gewaltigen Ladungsunterschied von sechs Einheiten zwischen meta-Kohlenstoffatomen einerseits, ortho- und para-Kohlenstoffatomen andererseits.

Eine solche extreme elektrische Polarisation, die weit über alles von uns Angenommene hinausgeht, müßte die Säurenatur von Carboxylwasserstoffatomen auffallend stark beeinflussen. Tatsächlich müßten wir nach den Betrachtungen dieses Kapitels erwarten, daß schon ein verhältnismäßig kleiner Ladungsunterschied zwischen einem ortho- und einem meta-Kohlenstoffatom von starkem Einfluß sein müßte auf die Dissoziation des Wasserstoffatoms einer ortho- bzw. metaständigen Carboxylgruppe. An den Nitro- und Chlorbenzoesäuren können wir diese Folgerungen prüfen. Chlor orientiert nach ortho und para, die Nitrogruppe nach meta. Hätte Stieglitz mit seiner Theorie recht, so müßten wir erwarten, daß m-Chlorbenzoesäure eine sehr starke, o- und p-Chlorbenzoesäuren sehr schwache Säuren wären. Andererseits müßte o-Nitrobenzoesäure sehr stark, m-Nitrobenzoesäure sehr schwach sein. Tatsächlich verhalten sich jedoch die beiden Nitro- und Chlorbenzoesäuren ganz ähnlich. Die Dissoziationskonstanten für die Nitrobenzoesäuren sind folgende: ortho $6 . 10^{-3}$, meta $3 . 10^{-4}$, für die Chlorbenzoesäuren: ortho $1,3 . 10^{-3}$, meta $1,6 . 10^{-4}$.

Die Wirkung eines negativen Substituenten in der Benzoesäure auf die Stärke der Säure ist in Wirklichkeit ganz analog wie in aliphatischen Säuren, unabhängig davon, ob der Substituent nach ortho oder meta orientiert. Der Effekt ist groß, wenn der negative Substituent dem Atom benachbart ist, das die Carboxylgruppe trägt, viel kleiner, wenn der Substituent um eine Stelle weiter, in der meta-Stellung sich befindet. Die para-Form ist gewöhnlich die schwächste Säure; in einigen Fällen erweist sie sich jedoch als ganz wenig stärker als die meta-Form, worin man vielleicht den Beweis dafür sehen mag, daß ganz geringe Ladungsunterschiede abwechselnd zwischen den Benzolkohlenstoffatomen bestehen.

Man könnte einwenden, daß in den beiden besprochenen Säuren die Carboxylgruppen die Elektronenanordnung bestimmen; dieser

---

*) Bei nach meta orientierenden Gruppen, wie NO_2, nimmt Stieglitz an, daß das C-Atom, an dem die Gruppe sitzt, vierfach negativ wird, die ortho- und para-C-Atome zweifach positiv, die meta-C-Atome vierfach negativ werden.

Einwand kann jedoch ohne weiteres widerlegt werden durch die Betrachtung eines Benzolkernes, in dem zwei Wasserstoffatome durch Carboxylgruppen ersetzt sind, wodurch die Phthalsäuren entstehen. Auch hier finden wir ein Verhalten, wie wir es aus der Analogie zu den zweibasischen aliphatischen Säuren voraussagen könnten. Die erste Dissoziationskonstante der ortho-Säure ist ungefähr fünfmal so groß wie die der meta-Verbindung; das Verhältnis der ersten zur zweiten Dissoziationskonstanten ist 10 für die meta-Säure und etwa 1000 für die ortho-Säure. (In dieser Hinsicht ähnelt die ortho-Phthalsäure der Oxalsäure; in der ersten sind zwar zwei Kohlenstoffatome mehr zwischen den Carboxylgruppen, jedoch ist die Elektronenbeweglichkeit in diesen Atomen groß.)

Eine ganz andere Eigenschaftsänderung von Atom zu Atom im Benzolkern hat Flürscheim [32] angenommen, der sich vorstellt, daß nicht die elektrische Ladung, sondern die „Restaffinität" sich ändert. Diese Restaffinität deckt sich mit unserem Begriff „ungesättigter Zustand". Vieles spricht für diese Hypothese; wir bemerken nämlich einen deutlichen Eigenschaftswechsel von einem Ringatom zum anderen, wie aus der Tatsache hervorgeht, daß eine nach ortho orientierende Gruppe zugleich nach para dirigiert. Dieser Wechsel tritt sogar noch in einer Seitenkette auf, die direkt am Benzol sitzt. So orientiert die O H-Gruppe, in der der Sauerstoff direkt am Benzolkohlenstoff sitzt, nach ortho. Die C O O H-Gruppe, deren Sauerstoff um ein C-Atom weiter vom Kern entfernt ist, orientiert nach meta, die Gruppe CH_2COOH dagegen, in der zwei C-Atome zwischen Sauerstoff und Kern liegen, wiederum nach ortho.

Das ganze Problem ist sehr schwierig. Ich möchte jedoch bemerken, daß die hier behandelten Erscheinungen nur von der Reaktionsgeschwindigkeit abhängen. Eine nach ortho orientierende Gruppe vergrößert die Geschwindigkeit der Substitution in der ortho-Stellung. Es ist jedoch bis heute nicht erwiesen, daß die so entstehende Verbindung irgendwie stabiler als die entsprechende meta-Verbindung ist.

Wir können zwar mit Sicherheit annehmen, daß die elektrische Polarisation im Benzol und seinen Derivaten gering ist, trotzdem dürfen wir eines nicht übersehen. Alle Methoden, mit denen wir den Grad der Polarität eines Stoffes bestimmen — mit Einschluß der Bestimmung der elektrolytischen Dissoziation —, geben nur über den durchschnittlichen Zustand der Moleküle Aufschluß.

Wenn jedoch ein Stoff eine Reaktion eingeht, so werden nur Moleküle, die sich in einem ausgezeichneten Zustand befinden, daran teilnehmen. Bei der jüngsten Sitzung der Faraday-Gesellschaft [Juli 1923]*) waren wohl alle Teilnehmer darin einig, daß organische Moleküle im Durchschnitt nur ganz wenig polarisiert seien; einige glaubten jedoch, daß Polarisation und sogar Ionisation jeder Reaktion vorangingen. Diese Ansicht geht wohl zu weit; selbst wenn die Aufspaltung einer Bindung der erste Schritt einer Reaktion ist, so kann das Elektronenpaar gleichmäßig aufgeteilt werden (z. B. bei Hexaphenyläthan in Benzollösung). Doch kann besonders in stärker polaren Lösungsmitteln ein reagierendes Atom ein Bindungspaar vollständig an sich reißen und so gewissermaßen die Reaktion bewirken. Die momentane Störung des Elektronengleichgewichts, die eintritt, wenn eine Bindung in dieser Weise polar aufgespalten wird, wird offenbar begünstigt, wenn in einem Molekül die aufeinanderfolgenden Atome leicht abwechselnd stark polarisiert werden können. Dies scheint mir die Grundlage der wichtigen Theorie der „induzierten abwechselnden Polarität" von Lapworth und Robinson [53] zu sein**).

Zusammenfassung.

Wir sahen in diesem Kapitel, ein wie jämmerlicher Rest uns von der einst mächtigen elektrochemischen Theorie geblieben ist. Elektrostatische Kräfte spielen offenbar eine wichtige Rolle bei der Dissoziation und sehr wahrscheinlich auch bei vielen Reaktionen zwischen Molekülen, die zur Ionenbildung neigen; solche Kräfte sind jedoch nicht verantwortlich für die eigentliche Elektronenanordnung im Molekül und auch nicht für die Bindungen zwischen Atomen.

---

*) Vgl. den Bericht über diese Tagung: The electronic theory of valency. London 1923.

**) Näheres über diese Theorie siehe z. B. bei C. H. D. Clark, The basis of modern atomic theory, S. 238 ff. London 1926.

Dreizehntes Kapitel

Der Ursprung der chemischen Affinität; eine magnetochemische Theorie.

Ich glaube, zur Genüge gezeigt zu haben, daß die Betrachtung der einfachen elektrostatischen Kräfte nicht ausreicht, um die wesentlichen Züge der chemischen Bindung zu erklären. Bedarf es zum Schluß noch eines Beweises, so wollen wir das Ar-Atom mit der positiven Kernladung 18 und 18 Elektronen mit dem Kaliumatom vergleichen, das die Kernladung 19 und 19 Elektronen besitzt. Man sollte erwarten, daß die Entfernung je eines Elektrons aus diesen beiden Atomen ungefähr gleich leicht erfolgen würde. Tatsächlich finden wir aber die Ionisierungsspannung des K-Atoms zu 4 Volt, während die Ionisierung des Ar-Atoms 15 Volt erfordert. Sogar noch größer ist der Unterschied zwischen He mit der Kernladung $+ 2$ und 2 Elektronen und Li mit der Kernladung $+ 3$ und 3 Elektronen; die Ionisierungsspannung beträgt für Li 5 Volt, für He 25 Volt.

In den vorangehenden Kapiteln haben wir gelegentlich angedeutet, daß im wesentlichen nicht so sehr die elektrischen, sondern vielmehr die magnetischen Eigenschaften die Struktur des Atoms und Moleküls bestimmen. Im vorliegenden Kapitel wollen wir ausschließlich von dieser Vorstellung Gebrauch machen[1]). In dem Bohrschen Atommodell mit umlaufenden Elektronen bildet jede Elektronenbahn einen Elementarmagneten oder ein Magneton. Im Falle des einfachen Wasserstoffatoms hat das Elektron in seiner ersten Bahn oder im niedrigsten Energieniveau das kleinste magnetische Moment; in der zweiten Kreisbahn ist das Moment doppelt so groß, in der dritten dreimal usw. Man hat angenommen, daß eine Quantenbedingung verlange, daß in einem komplizierteren Atom das magnetische Moment entweder dem des Wasserstoffs in seinem stabilsten Zustand gleich oder ein ganzes Vielfaches hiervon sei. Betrachtet man also das magnetische Moment des

---

[1]) Ramsay (1916) hat einige magnetische Molekülmodelle angegeben.

Wasserstoffatoms mit niedrigstem Energieinhalt als Einheit, so müßte sich das Moment jedes anderen Atoms durch eine ganze Zahl oder Null ausdrücken lassen.

Stellen wir uns zwei Elektronen in einem Atom vor, deren jedes die Einheit des magnetischen Momentes besitzt, so können beide zusammen entweder das Moment 2 oder 0 ergeben, je nachdem, ob die beiden Elementarmagnete so angeordnet sind, daß der magnetische Effekt verstärkt oder aufgehoben wird. In seinem ausgezeichneten Buche über Atombau [90] behandelt Sommerfeld die Bestimmung der magnetischen Momente von Atomen aus spektroskopischen Daten. Ich hatte kürzlich das Vergnügen, mit Professor Sommerfeld persönlich über diesen Gegenstand zu sprechen; es stellte sich dabei heraus, daß man heute wohl mit Sicherheit behaupten kann, daß ein Atom mit ungerader Elektronenzahl stets ein magnetisches Moment besitzt, während ein solches bei Atomen mit gerader Elektronenzahl gewöhnlich nicht vorhanden ist.

Wir haben hier also einen ganz unmittelbaren Beweis dafür, daß das Paaren von Elektronen, welches ich für die fundamentalste Erscheinung der ganzen Chemie ansah, in einer Art Vereinigung von zwei Magnetonen besteht, derart, daß ihre magnetischen Momente sich gegenseitig aufheben. Diese Vereinigung tritt nicht in allen Fällen ein. Wir haben bereits gesehen, daß bei Elementen mit veränderlichem Atomrumpf, z. B. bei Eisen, sowohl die chemischen als auch die magnetischen Eigenschaften dafür sprechen, daß keine vollständige Astasierung der Elementarmagnete erfolgt ist; in Übereinstimmung hiermit findet Prof. Sommerfeld, daß die spektroskopischen Daten auf ein mehrere Einheiten betragendes magnetisches Moment hindeuten. Ferner gibt es Moleküle wie molekularen Sauerstoff, deren Magnetonen sich allem Anschein nach nicht koppeln können; wir werden sehen, daß dies wahrscheinlich ein Kennzeichen der doppelten Bindung ist*).

Dennoch können wir als das erste Gesetz der chemischen Affinität die Tatsache bezeichnen, daß die Elektronen in einem Atom oder Molekül das Bestreben zeigen, paarweise derart zusammenzutreten, daß das magnetische Moment verschwindet. Das unpaare Molekül erweist sich daher im höchsten Grade als chemisch ungesättigt. Schon diejenigen unpaaren Moleküle, die man in

---

*) Vgl. jedoch die Anmerkung zu S. 88.

freiem Zustand isolieren konnte, zeigen sämtlich die Eigenschaften, die wir bei unpaaren Molekülen erwarten sollten. Wenn es uns möglich wäre, unter gewöhnlichen Umständen mit Stoffen wie freiem Methyl, einatomigem Wasserstoff*) und einatomigem Chlor zu arbeiten, so würden wir bei diesen Stoffen eine solche Reaktionsfähigkeit antreffen, wie sie sonst kein existierender Stoff besitzt.

Die Lage des überzähligen Elektrons in einem unpaaren Molekül in jedem Augenblick genau anzugeben, wird nicht leicht sein; doch wird das Elektron vermutlich die am stärksten ungesättigte Stelle des Moleküls aufsuchen und sich dort so orientieren, daß der ungesättigte Zustand des ganzen Moleküls auf ein Minimum zurückgeht. Ferner verbindet sich ein unpaares Molekül leicht mit anderen, auch mit solchen, die wir als äußerst wenig ungesättigt bezeichnen. So bildet z. B. Triphenylmethyl eine Verbindung mit Hexan.

Das unpaare Natriumatom löst sich in Ammoniak oder einem Amin unter Bildung einer Verbindung, die Na^+-Ion abdissoziieren kann, wobei das überzählige Elektron an das Lösungsmittel gebunden bleibt; dies geht aus Untersuchungen von Gibson und Argo [35] über die Lichtabsorption dieser Stoffe hervor. Einatomiger Wasserstoff verbindet sich mit dem Wasserstoffmolekül zu dem unpaaren Molekül H_3. Man hat angenommen, daß dieses Molekül des „aktiven Wasserstoffs" durch eine symmetrische Ringformel wiedergegeben werden könne; wahrscheinlicher ist vielleicht die Annahme einer losen Verbindung zwischen H und H_2 ganz analog der Verbindung aus Triphenylmethyl und Hexan.

Die Tatsache, daß einige unpaare Moleküle wirklich in freiem Zustand existieren, zeigt, daß unter Umständen ein Molekül ohne magnetisches Moment in zwei Moleküle zerfallen kann, von denen jedes ein magnetisches Moment besitzt; so dissoziiert Hexaphenyläthan in Triphenylmethyl, so geht Jod bei höheren Temperaturen in den einatomigen Zustand über. Eine solche Dissoziation ist offenbar eine Folge der Wärmebewegung; es können jedoch noch andere weniger durchsichtige Faktoren eine Lockerung der chemischen Bindung hervorrufen, die eine solche Dissoziation ermöglicht. Wir sollten erwarten, daß bei schwereren Radikalen eine stärkere Zentrifugalkraft aufträte und diese daher leichter dissoziieren

---

*) Dies wird bestätigt durch die neueren Arbeiten über aktiven Wasserstoff von K. F. Bonhoeffer, Zeitschr. f. Elektrochem. **31**, 521 (1925).

müßten; tatsächlich finden wir, daß Jod leichter dissoziiert als Chlor und S_3CCS_3 leichter als H_3CCH_3. Nach einer privaten Mitteilung von Prof. Branch ist jedoch die Lockerung der Bindung im Hexaphenyläthan nicht allein eine Folge des Gewichtes des Radikals, sondern auch des ungesättigten Charakters der Phenylgruppe, den wir im letzten Kapitel besprachen. Würden wir im Hexaphenyläthan die Benzolringe durch Hexamethylenringe ersetzen, so wären die Radikale ein wenig schwerer als vorher, trotzdem wäre wohl keine beträchtliche Dissoziation vorhanden.

Wenn zwei unpaare Moleküle, von denen jedes ein magnetisches Moment besitzt, sich durch Koppelung ihrer überzähligen Elektronen zu einem System ohne magnetisches Moment vereinigen, so wird wohl die Energie der verschwindenden Magnetfelder frei werden und als Vereinigungswärme auftreten. Im allgemeinen können wir uns vorstellen, daß der Energieinhalt ein Minimum erreicht, sobald die Magnetfelder sich gegenseitig möglichst weitgehend neutralisiert haben, falls nicht elektrostatische Kräfte und möglicherweise noch einige andere weniger wichtige Faktoren dies verhindern.

Es ist nicht notwendig oder auch nur zweckmäßig, anzunehmen, daß die Magnetfelder der gepaarten Elektronen einander völlig neutralisieren, sobald alle Elektronen in einem Molekül gepaart sind, auch dann nicht, wenn man sich vorstellt, daß das magnetische Moment eines Bindungspaares und jedes anderen Elektronenpaares genau Null ist. Wir können mit anderen Worten das vollständige Verschwinden des magnetischen Moments (wenn dieses auch bis jetzt noch nicht eindeutig bewiesen ist) mit dem Vorhandensein eines magnetischen Restfeldes vereinbaren, das von den Elektronenpaaren herrührt. Dieses Streufeld können wir jetzt der sogenannten Restaffinität gleichsetzen und für den bereits besprochenen ungesättigten Zustand verantwortlich machen. Diese Art von Restaffinität ist wesensverschieden von der durch elektrische Polarisation erzeugten, bei der man zwei Arten von Feldern, die von der positiven und negativen Ladung herrühren, annehmen muß. Die verschiedenen Elektronenpaare in einem Atom können sich so anordnen, daß sie ihre Restfelder noch weiter neutralisieren. Das zweite Grundgesetz der chemischen Affinität soll daher wie folgt formuliert werden: Jedes Atom, mit Ausnahme von Wasserstoff oder Helium, hat nach außen hin das schwächste Magnetfeld und befindet sich daher im stabilsten Zustand, wenn es in seiner äußeren Schale vier Elektronenpaare hat, die an den Ecken eines regulären Tetraeders sitzen. Für den Zustand der Sättigung, der sich infolge einer solchen Anordnung einstellt, bilden die Edelgase das beste Beispiel. Diese kommen, wie aus ihrem Diamagnetismus und aus ihrer chemischen Trägheit hervorgeht, dem Zustand vollständiger Sättigung (wo es also keine Restaffinität mehr gibt) viel näher als alle anderen bekannten Stoffe.

Auch wenn durch die Bildung von Elektronenpaaren Achtergruppen (oder bei Wasserstoff Zweiergruppen) entstehen, tritt keine ganz vollständige Neutralisation der magnetischen Restfelder ein; wir können daher sagen, daß auch ein Körper mit nur einfachen Bindungen nicht vollständig gesättigt ist. Einfache Bindungen, wie z. B. H—H, H—C und C—C, scheinen die schwächsten magnetischen Restfelder zu besitzen. Ist eins der beiden verbundenen Atome ein negatives Element (vgl. S. 82, 144), so ist das Restfeld stärker; besonders ausgesprochen wird es, wenn zwei negative Elemente miteinander verbunden sind.

Sobald die symmetrische und stabile Anordnung irgendwie verzerrt wird, erfolgt ein Anwachsen des magnetischen Restfeldes. Eine Verzerrung, die in einem Teile des magnetischen Restfeldes hervorgerufen wird, wird im allgemeinen auch auf die Nachbaratome übergreifen, derart, daß im ganzen eine möglichst wenig ungesättigte Anordnung herauskommt. Eine solche Verzerrung finden wir z. B. bei den ungesättigten Körpern mit drei oder vier Kohlenstoffatomen. Man kann annehmen, daß alle solche Verzerrungen des Moleküls und damit das Anwachsen des Restmagnetismus zustande komme durch eine Veränderung der gegenseitigen Lage oder Orientierung der einzelnen Elektronenpaare oder durch das teilweise „Aufspalten" eines einfachen Bindungspaares; wahrscheinlich treten diese beiden Effekte gewöhnlich zusammen auf. Eine solche Verschiebung der Elektronen aus ihren stabilsten Lagen entspricht der sogenannten Lockerung der Bindung und dem Ansteigen der Elektronenbeweglichkeit.

Im Verlauf meiner Untersuchung über den Bau der Moleküle bin ich immer wieder auf eine sehr interessante Frage gestoßen, zu deren endgültiger Beantwortung ich mich jedoch außerstande fühle. Bei unserer Besprechung der elektrochemischen Eigenschaften der Stoffe haben wir folgende Annahme gemacht: Wird ein Elektronenpaar von einem Atom in einer bestimmten Richtung fortgezogen durch ein Element, das nach dem alleinigen Besitz des Bindungspaares trachtet, dann werden die übrigen Elektronenpaare

dieses und der Nachbaratome durch elektrostatische Kräfte nach
der gleichen Richtung hingezogen. Nach dieser Annahme würde aber
das Oktett als Ganzes in eine unsymmetrische Lage zum Atomrumpf
geraten:

$$\ddot{:}\underset{\cdot\,\cdot}{R}\ddot{:} \quad \longrightarrow \quad \ddot{:}\dot{R} \;\; \ddot{:}X$$

Es erhebt sich jedoch die Frage, ob man nicht die weitere Annahme machen kann, daß vielleicht aus dem Bestreben, die Symmetrie
des Oktetts wiederherzustellen, das Abziehen eines Elektronenpaares auch ein entsprechendes Abrücken der übrigen Elektronenpaare vom Atommittelpunkt zum Gefolge hat, derart, daß schließlich
wieder ein symmetrisches Tetraeder um den Atomrumpf herum
entsteht:

$$\ddot{:}\underset{\cdot\,\cdot}{R}\ddot{:} \quad \longrightarrow \quad \ddot{:} \; R \; \ddot{:} \; X$$

Wenn man diese Gedanken sinngemäß auf den Vorgang des
Ersatzes der drei Wasserstoffatome des Methylalkohols durch
Phenylgruppen anwendet, so hätte man anzunehmen, daß nicht nur
die drei Phenylgruppen je ein Elektronenpaar vom Kohlenstoff abziehen, sondern daß gleichzeitig aus Symmetriegründen auch die
Hydroxylgruppe vom Mittelpunkt entfernt wird. Man könnte
möglicherweise auf diesem Wege zu einer teilweisen Erklärung der
bemerkenswerten basischen Eigenschaften des Triphenylcarbinols
kommen, die wir oben besprochen haben. Diese Frage hängt eng
zusammen mit der Tatsache, daß die Eigenschaften in einer Kohlenstoffkette periodisch wechseln können, wie wir dies im vorangehenden Kapitel besprachen.

Es ist wohl möglich, daß unter gewissen Umständen zwei
Atome, die zusammen ungesättigt sind, ihre größte Stabilität dann
erreichen, wenn der ungesättigte Zustand sich nicht auf beide Atome
verteilt, sondern vielmehr dann, wenn das eine Atom fast normal
wird, während das andere um so ungesättigter wird. Stieglitz
hat bestimmte Erscheinungen dadurch zu erklären gesucht, daß er
annahm, ein Atom habe das Bestreben, entweder völlig positiv oder
völlig negativ zu werden. Wir haben zwar gesehen, daß die Annahmen, die eine solche Behauptung stützen, unhaltbar sind; können
wir uns aber nicht doch denken, daß das eine zweier zusammen-
gehöriger Atome das Bestreben hat, völlig gesättigt zu sein, während
das andere die ganze oder den größeren Teil der Restaffinität trägt?
Eine Anzahl von Tatsachen legt eine solche Möglichkeit nahe,

doch habe ich vergeblich nach einem eindeutigen Beweis für die Existenz einer solchen Erscheinung gesucht. Wir wollen einmal die symmetrische und die unsymmetrische Form von Dichloräthan betrachten! Die Bildungswärme ist nach den vorliegenden Daten für beide Stoffe ungefähr gleich. Was ihre magnetischen Eigenschaften angeht, so konnte Pascal zeigen, daß die symmetrische Form stärker diamagnetisch ist als die andere; dies scheint dafür zu sprechen, daß der ungesättigte Zustand weniger ausgeprägt ist, wenn er sich auf die beiden Kohlenstoffatome verteilt.

Als sehr stark ungesättigt müssen wir außer den unpaaren Molekülen solche organischen Moleküle ansehen, die mehrfache, besonders doppelte Bindungen besitzen. Trotzdem ist ein Molekül vom Typus des Äthylens nicht so ungesättigt, wie wir bei der Annahme einer einfachen Bindung zwischen den beiden Kohlenstoffatomen erwarten müßten; wir wären dann nämlich entweder zur Annahme zweier überzähliger Elektronen oder aber eines stark unsymmetrischen und elektrisch polarisierten Moleküls mit acht Elektronen an einem und sechs an dem anderen Kohlenstoffatom gezwungen. Diese Tatsachen führten uns zusammen mit der Existenz von cis- und trans-Isomeren zur Annahme der Doppelbindung. Jedoch bleiben die genauen physikalischen Kennzeichen der Doppelbindung etwas geheimnisvoll. Sie ist sicherlich nicht gleichwertig zwei einfachen Bindungen, sondern die Anzeichen sprechen eher für ein Zwischending zwischen zwei einfachen Bindungen und einem Zustand, der sich einstellen würde, wenn nur eine einfache Bindung vorhanden wäre, und infolgedessen Elektronen fehlten, um zwei Kohlenstoffoktetts auszubilden.

Sowohl die chemischen wie die magnetischen Eigenschaften von Stoffen mit doppelter Bindung sprechen für einen stark ungesättigten Zustand. Aus den sehr wertvollen Untersuchungen Pascals geht hervor, daß die diamagnetische Suszeptibilität viel geringer ist, als sie sich aus der Summe der Atomsuszeptibilitäten berechnet, sobald wir eine Doppelbindung zwischen $C=C$, $C=N$, $N=N$ oder $C=O$ haben. Den merkwürdigsten Fall stellt die Doppelbindung zwischen $O=O$ im Molekül O_2 dar; molekularer Sauerstoff ist nämlich paramagnetisch. (Vgl. S. 88.)

Wenn wir nun auch zugeben müssen, daß ein außerordentlich weitgehender Parallelismus zwischen Diamagnetismus und chemischer Sättigung besteht, so können wir doch nicht hoffen, diese letzte mit jener zahlenmäßig verknüpfen zu können, solange wir nicht eine befriedigende physikalische Theorie des Diamagnetismus besitzen*). Nach der einfachsten Theorie dieser Erscheinung wird die diamagnetische Suszeptibilität eines Moleküls der Elektronensumme in allen Schalen der einzelnen Atome proportional gesetzt. Dies stimmt jedoch sicher nicht, wenn man auch gefunden hat, daß in großen Zügen der Diamagnetismus eines Atoms mit der Ordnungszahl wächst. Als Beispiel mag eine Tabelle von Pascal dienen, welche die Atomsuszeptibilitäten einer Anzahl von Atomen wiedergibt (Tabelle 6). Sicherlich besteht keine so einfache Beziehung zwischen Suszeptibilität und Elektronenzahl.

Tabelle 6. Atomsuszeptibilitäten ($\times 10^{-7}$).

Wasserstoff	— 30,5	Phosphor	— 274
Kohlenstoff	— 62,5	Schwefel	— 156
Stickstoff	— 58	Chlor	— 209,5
Sauerstoff	— 48	Brom	— 319
Fluor	— 65,5	Jod	— 465

Die einfachste Theorie des Paramagnetismus besagt, diese Erscheinung trete nur dann auf, wenn das Molekül eine oder mehrere Einheiten des magnetischen Moments besitzt. Die nach den gewöhnlichen Methoden gemessene Suszeptibilität muß die algebraische Summe der dia- und paramagnetischen Suszeptibilitäten des Moleküls angeben.

Die Vorstellung, das magnetische Moment eines Atoms oder Moleküls könne sich nur in ganzzahligen Schritten ändern, ist kein wesentlicher Bestandteil unserer magnetochemischen Theorie. Was die chemischen und viele magnetische Tatsachen anlangt, so wäre es einfacher, folgendes anzunehmen: Jeder Vorgang, der durch das Aufspalten eines zusammengesetzten magnetischen Systems, eines Elektronenpaares oder eines Oktetts zu einer ungesättigten Verbindung führt, bewirkt ein Anwachsen des Paramagnetismus und vermindert zugleich den Diamagnetismus, der beim völligen Fehlen eines magnetischen Moments auftreten würde.

Andererseits könnte uns die Annahme, das magnetische Moment könnte nur in ganzen Einheiten auftreten, vermuten lassen, daß der Diamagnetismus zunächst in unbekannter Weise abnimmt, sobald

---

*) Vgl. hierzu die Ausführungen von Lewis in Chem. Rev. **1**, 245 ff. (1924).

eine Störung des normalen magnetischen Systems vorliegt, und daß sich mit dem Anwachsen dieser Störung plötzlich eine neue Erscheinung zeigt, sobald die Störung so stark wird, daß ein magnetisches Moment entsteht.

Diese Fragen könnten wir vielleicht durch Versuche nach Art der von Stern und Gerlach [92] angestellten bald beantworten; unsere jetzigen Kenntnisse reichen jedoch zur Beantwortung noch nicht aus. Es ist zu beachten, daß jeder Versuch, dessen Ergebnis auf der Beobachtung der durchschnittlichen Eigenschaften eines Molekülhaufens beruht, ein allmähliches Anwachsen oder eine Abnahme des magnetischen Gesamtmoments anzeigen kann, ohne notwendigerweise die Theorie der Diskontinuität des magnetischen Moments zu widerlegen; es könnte nämlich ein Gleichgewicht zwischen tautomeren Molekülen bestehen, von denen einige ein magnetisches Moment haben, andere nicht. Die Versuche könnten lediglich eine Änderung des Mengenverhältnisses der beiden Tautomeren anzeigen.

Das Sauerstoffmolekül besitzt zweifellos ein magnetisches Moment, und wahrscheinlich gilt das gleiche für andere Typen von doppelter Bindung. Wir können annehmen, daß die Doppelbindung des Äthylens sich so verteilt, daß jedes Kohlenstoffatom ein überzähliges Elektron bekommt, so daß jedes Atom ein magnetisches Moment erhält. Es ist dieses jedoch nicht die einzige Möglichkeit für das Entstehen eines solchen Moments. Wir haben verschiedentlich davon gesprochen, daß die Elektronen eines Atoms unter gewissen Umständen aus der ersten in eine zweite Valenzschale gehoben werden können. Wenn wir das Bild des Bohrschen Wasserstoffatoms gebrauchen, so können wir annehmen, daß ein Elektron in der ersten Valenzschale ein, in der zweiten jedoch zwei Einheiten des magnetischen Moments besitzt. Wenn zwei Elektronen, je eins von jeder dieser Arten, miteinander gekoppelt werden, so hätten wir ein Elektronenpaar, das sich von einem gewöhnlichen insofern unterscheidet, als es ein resultierendes magnetisches Moment von einer Einheit besitzt.

Vorläufig jedoch muß jede Antwort auf diese Frage reine Spekulation bleiben und soll uns daher hier nicht weiter beschäftigen, denn es genügt für den vorliegenden Zweck, festzustellen, daß alles, was den Diamagnetismus eines Moleküls vermindert, die Restaffinität oder den ungesättigten Zustand erhöht.

Im Vergleich zur Doppelbindung erzeugt eine dreifache Bindung nur eine ganz kleine Verringerung des

Diamagnetismus. Dies geht nicht nur aus den Untersuchungen hervor, die Pascal [72] über Verbindungen mit den dreifachen Bindungen C≡C und C≡N angestellt hat, sondern auch aus dem Diamagnetismus des Stickstoffmoleküls selbst. Stoffe mit dreifacher Bindung haben eine relativ gesättigte Struktur.

Konjugation.

Wir haben in diesem Buche das Wort Konjugation offenbar in zwei verschiedenen Bedeutungen gebraucht. Wir haben einmal von der Konjugation zweier doppelter Bindungen gesprochen, die den ungesättigten Zustand eines Moleküls verringert. Wir haben weiter davon gesprochen, daß zwei überzählige Elektronen, deren jedes ein magnetisches Moment besitzt, konjugieren, d. h. ein System bilden, das magnetisch weitgehend in sich abgesättigt ist und nur ein kleines magnetisches Restfeld besitzt. Wir können jetzt feststellen, daß die beiden Bedeutungen gleich sind und können sagen, daß jeder Vorgang, der zu einer teilweisen Neutralisation der molekularen Magnetfelder führt, eine Konjugation ist. Man kommt der Wahrheit wohl ziemlich nahe, wenn man behauptet, daß fast jeder chemische Prozeß so verläuft, daß er die Konjugation vergrößert.

Wenn sich zwei einzelne Elektronen zu einem Elektronenpaar vereinigen, so haben wir einen extremen Fall von Konjugation. Ordnen sich vier dieser Paare an den Ecken eines regulären Tetraeders an, wobei sie ihre magnetischen Restfelder noch weiter neutralisieren, so ist dies ebenfalls Konjugation. Wenn irgend eine Verzerrung einer solchen symmetrischen Struktur auftritt, so ist das wiederum Konjugation. Lagert sich ein Molekül so um, daß die lockere Bindung zwischen zwei negativen Elementen aufgehoben wird und festere Bindungen entstehen, so ist das ausgesprochene Konjugation. In Übereinstimmung mit der Bezeichnungsweise der organischen Chemie können wir schließlich von einem konjugierten System sprechen, wenn zwischen je zwei doppelt gebundenen Kohlenstoffatomen eine einfache Bindung liegt, wobei sich das Molekül so umlagern kann, daß die starken magnetischen Restfelder schwächer werden.

Alle Anzeichen sprechen dafür, daß die sogenannte Restaffinität oder das magnetische Streufeld nur in einem kurzen Abstand vom Sitze des ungesättigten Zustandes noch merkbar ist. Wir können daher schließen, daß, wenn zwei Restfelder, die bei unserer

Schreibweise der chemischen Formeln weit getrennt erscheinen, miteinander in Konjugation treten, eine räumliche Anordnung des Moleküls vorliegt, welche die beiden Zentren des ungesättigten Zustandes nahe aneinanderbringt. Die Möglichkeit einer solchen Annäherung wird oft bestimmend sein für das Vorliegen oder Fehlen von Konjugation; wir haben in der Malein- und Fumarsäure, die wir im letzten Kapitel besprachen, zwei Stoffe vor uns, die sich zweifellos gleich verhalten würden, wenn nicht die Möglichkeit der Konjugation in der cis-Form besonders begünstigt wäre.

Benzol ist der Typus eines stark konjugierten Systems. Es erweist sich nicht nur als chemisch wenig reaktionsfähig, sondern zeigt auch nach Pascal kaum die Spur einer Verringerung des Diamagnetismus, die man von einem System mit doppelten Bindungen erwarten sollte. Auf Grund der chemischen und magnetischen Eigenschaften des Benzols kann man meiner Meinung nach wohl mit Bestimmtheit behaupten, daß die unveränderte Kekulésche Formel nicht die richtige ist; das Benzol hat zweifellos ein weniger einfaches Molekül, als diese Formel angibt.

Wir haben in Abb. 24 (S. 93) die von Huggins für das Benzolmolekül vorgeschlagene Elektronenanordnung gesehen. Ob dieses Modell durchaus richtig ist, können wir heute nicht sagen, sicherlich wird aber diese oder eine ähnliche Anordnung den verschiedenen Eigenschaften des Benzolringes am besten gerecht. Vielleicht wird man finden, daß die wirklich richtige Formel irgendwie zwischen diesem Modell und dem Kekuléschen liegt. Der symmetrische Bau des Benzols läßt zweifellos einen Grad von Konjugation zu, wie er sonst nicht vorkommt. Tatsächlich finden wir, daß Di- und Tetrahydrobenzol chemisch und auch magnetisch viel stärker ungesättigt sind als Benzol selbst.

Eines der interessantesten Beispiele für Konjugation liegt in der Carboxylgruppe vor. Die gewöhnliche Formel für eine organische Säure: $O{=}C\overset{R}{\underset{}{}}OH$ gibt eine typische Doppelbindung zwischen Kohlenstoff und Sauerstoff an. Andererseits sprechen sehr viele Tatsachen deutlich dafür, daß hier keine typische Carbonylgruppe vorliegt. Man hat dies durch die Anwendung verschiedener physikalischer Methoden auf organische Stoffe zeigen können. Pascal wies nach, daß der Diamagnetismus viel stärker ist, als man bei einer Carbonylgruppe erwarten würde. Weiterhin stützen gewisse chemische Tatsachen diese Ansicht: wir haben gesehen, daß bei

Elementen wie Silicium und Schwefel die doppelte Bindung überhaupt nicht oder nur selten auftritt, in der Carboxylgruppe können
wir jedoch Kohlenstoff durch Silicium und Sauerstoff durch Schwefel
ersetzen.

Die Konjugation kann bei der Carboxylgruppe offenbar auf
zwei Weisen erfolgen: entweder können zwei Gruppen miteinander
ein konjugiertes System bilden, oder eine einzelne Carboxylgruppe
gelangt für sich allein in einen stärker gesättigten Zustand, als man
ihn durch eine Formel mit Doppelbindung wiedergeben kann. Die
Konjugation zwischen zwei Carboxylgruppen kann erfolgen, wenn
beide dem gleichen Molekül angehören. Die im vorangehenden
Kapitel angeführten Tatsachen sprechen für eine solche Konjugation
zwischen den beiden Carboxylgruppen der Maleinsäure. Sie kann
jedoch auch erfolgen, wenn die beiden Carboxylgruppen zwei ver-

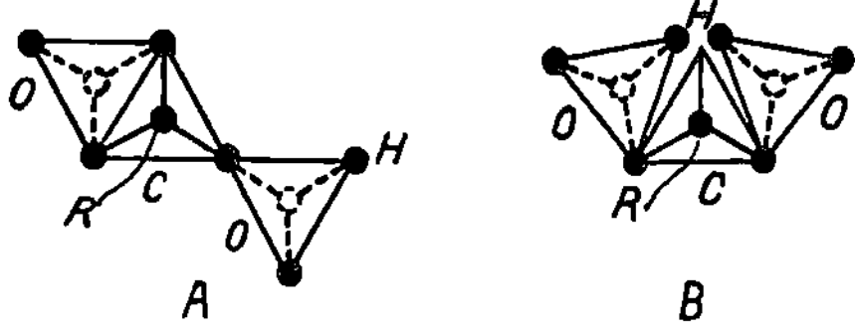

Abb. 26. Konjugation der Carboxylgruppe nach Huggins.

schiedenen Molekülen angehören. Dieser Fall liegt bei der Essigsäure vor, die nicht nur im flüssigen Zustand, sondern zu einem
überraschend hohen Bruchteil auch im Gaszustand dimolekular ist.
Man muß fast mit Sicherheit annehmen, daß die Verknüpfung der
beiden Moleküle an den Carboxylgruppen erfolgt, und daß diese
beiden Gruppen durch eine Art Konjugation zusammengehalten
werden.

Für die Konjugation einer einzelnen Carboxylgruppe hat
Huggins [40] einen sehr interessanten Erklärungsversuch gegeben,
welcher der Wahrheit ziemlich nahe kommen dürfte. Mit geringen
Abänderungen wird sein Modell durch Abb. 26 B dargestellt, während
Abb. 26 A die gewöhnlich angenommene Struktur zeigt. In beiden
Fällen bedeutet jeder schwarze Kreis ein Elektronenpaar. Der
Vorgang der Konjugation besteht darin, daß die O H-Gruppe ver-
schoben wird, bis der Wasserstoff gleichmäßig zwischen den beiden
Sauerstoffen liegt; das ganze Radikal ist dann symmetrisch, so daß
es keinen doppelt und keinen einfach gebundenen Sauerstoff mehr
gibt. Die Tatsachen über Isomere von Stoffen dieses Typus liefern

eine starke Stütze für eine solche Konjugationstheorie. Wenn wir ein Sauerstoffatom in der Carboxylgruppe durch die NH-Gruppe ersetzen, könnten wir zwei Isomere erwarten, nämlich:

$$\text{HN} = \overset{\text{R}}{\text{C}}\text{OH}, \qquad \text{H}_2\text{N}\overset{\text{R}}{\text{C}} = \text{O}.$$

Solche Isomere sind völlig unbekannt, nach der Formel Abb. 26 B kann man sie auch nicht erwarten, denn das saure Wasserstoffatom gehört in gleicher Weise zum Sauerstoff und zum Stickstoff. (Das andere Wasserstoffatom muß im allgemeinen am Stickstoff bleiben, denn sein Übergang zum Sauerstoff würde eine sehr starke elektrische Polarisation bedeuten.)

Hinsichtlich der Konjugation scheinen sich bestimmte tautomere Stoffe mit einer Kette von drei Kohlenstoffatomen ganz entsprechend der Carboxylgruppe zu verhalten; in diesen Körpern gibt die herkömmliche Schreibweise der organischen Formeln ein bewegliches Wasserstoffatom an, das an einem der äußeren Kohlenstoffatome sitzt, während die anderen beiden durch eine Doppelbindung verknüpft sind. Jedoch ergibt sich aus einer sehr überzeugenden Arbeit, die Thorpe und Ingold der internationalen Vereinigung für reine und angewandte Chemie [100] vorgelegt haben, daß Stoffe dieser Art, wie z. B. die Glutaconsäuren, normalerweise ein symmetrisch gebautes Molekül haben müssen, in welchem das bewegliche Wasserstoffatom zu gleichen Teilen dem α- und dem γ-Kohlenstoffatom angehört.

In allen solchen Fällen von Konjugation liegen ganz offenbar Zustände vor, die weder durch die althergebrachten Strukturformeln befriedigend wiedergegeben werden können, noch durch eine bloße Übertragung der alten Formeln in unsere gegenwärtige Theorie, indem wir die Bindungen durch Elektronenpaare ersetzen. Wir müssen auch bei Modellen wie denen der Abb. 26 daran denken, daß die Tetraeder, die eingeführt wurden, um das Modell anschaulich zu machen, nicht wirklich existieren. Ein wahres Molekülbild würde nur die Lagen und Orientierung der Atomkerne und der Elektronen angeben. Es ist ferner zu bedenken, daß ein Körper, bei dem es verschiedene tautomere Moleküle gibt, durch ein einziges Modell überhaupt nicht befriedigend wiedergegeben werden kann.

Es können nicht nur Doppelbindungen untereinander ein konjugiertes System bilden, sondern auch eine doppelte Bindung mit irgendwelchen anderen Zentren der Restaffinität. Eine derartige Konjugation mit der Hydroxylgruppe haben wir eben bei der Carboxylgruppe besprochen. Eine in den wesentlichen Zügen ähnliche Konjugation nimmt Flürscheim [32] in seiner Theorie der Benzolsubstitution an. Es findet sich dort die Vorstellung, daß die Restaffinität des ersten Substituenten ein konjugiertes System bildet mit der benachbarten Doppelbindung, so daß die ursprünglichen konjugierten Systeme des Benzolringes geändert werden. Daß diese letzteren äußerst empfindlich sind, geht daraus hervor, daß die geringe Veränderung des Restfeldes, die der bloße Austausch eines Wasserstoffatoms gegen eine Methylgruppe bewirkt, genügt, um die Konjugation zu stören.

Jede Bindung zwischen Kohlenstoff und einem Halogen erzeugt ein starkes magnetisches Restfeld, wie deutlich aus der Pascalschen Entdeckung hervorgeht, daß der Diamagnetismus bei halogensubstituierten organischen Stoffen nicht additiv ist. Die Möglichkeit der Konjugation zwischen einer Kohlenstoff-Chlor- und einer Doppelbindung zeigt sich beim Ersatz der vier Wasserstoffatome des Äthylens durch Chlor. Die Verbindung $Cl_2C{=}CCl_2$ ist chemisch viel weniger reaktionsfähig, als man es gewöhnlich bei Molekülen mit Doppelbindung findet. Wir haben ferner verschiedene Tatsachen erwähnt, aus denen hervorgeht, daß die sogenannte dreifache Bindung gesättigter ist als eine Doppelbindung. Damit können wir eine eigenartige Form der Konjugation verstehen, die offenbar in der Umwandlung einer doppelten in eine dreifache Bindung besteht, z. B. die Umwandlung von Diazo- in Diazoniumverbindungen. Den wahrscheinlichen Verlauf dieser Reaktion zeigt das folgende Schema:

$$\varphi : \ddot{N} : \, : \ddot{N} : \; = \; \left[\varphi : N : \, : \, : N :\right]^{+} + \left[: \overset{..}{\underset{..}{O}} : H\right]^{-}$$
$$: \overset{..}{O} : H$$

Wie auch immer eine Konjugation zustande kommt, Tatsache ist folgendes: Besitzt ein System zwei oder mehr Zentren des ungesättigten Zustandes, so wird der ungesättigte Zustand des ganzen Systems gleich der Summe der einzelnen Glieder sein; jedoch wird er schwächer sein, wenn die Möglichkeit für eine räumliche Umlagerung und Neuorientierung besteht, derart, daß die magnetischen Restfelder sich neutralisieren können. Eine solche Umlagerung ist aber nichts anderes als unsere Konjugation.

Vierzehntes Kapitel

Die Diskontinuität physikalischer und chemischer Vorgänge.

Die Versuche, die Quantentheorie auf chemische Vorgänge anzuwenden, beschränken sich fast ausschließlich auf die Untersuchung einerseits von Reaktionen, die durch das Licht hervorgerufen werden und andererseits des Lichtes, das bei chemischen Reaktionen entsteht. Es war schon lange bekannt, daß zahlreiche photochemische Reaktionen, die in Gegenwart von blauem und violettem Lichte vor sich gehen, durch rotes Licht überhaupt nicht oder nur in sehr begrenztem Maße bewirkt werden. Ebenso treten viele Reaktionen bei Belichtung mit ultravioletten Strahlen ein, die bei gewöhnlichem Lichte nicht vor sich gehen.

Wenn eines oder mehrere der reagierenden Moleküle einen bestimmten Energiebetrag aufnehmen müssen, bevor sie reagieren können, so läßt die Quantentheorie erwarten, daß keine noch so lange dauernde Belichtung den Eintritt der Reaktion verursachen kann, wenn das $h\nu$ der angewandten Strahlung nicht mindestens so groß ist wie die von dem reagierenden Molekül gebrauchte Energie. Man kennt allerdings keine typisch photochemische Reaktion, die bei Belichtung mit Licht einer bestimmten Frequenz rasch verläuft, und die mit Licht einer etwas geringeren Frequenz überhaupt nicht eintritt. Ein solches Verhalten braucht man übrigens gar nicht zu erwarten, da ja die verschiedenen Moleküle infolge ihrer Wärmebewegung etwas verschiedene Energiebeträge gebrauchen werden, um in den reaktionsfähigen Zustand zu gelangen.

Von W. C. McC. Lewis [60] und Perrin [75] stammt die interessante Vorstellung, daß alle chemischen Vorgänge photochemischer Natur seien. Sie nehmen an, daß kein Molekül reagiere, ohne daß es durch Strahlungsenergie einer bestimmten minimalen Frequenz aktiviert wird. Dieses Licht kann von außen in das System gelangen wie bei den eigentlichen photochemischen Prozessen, oder es kann als Wärmestrahlung aus dem reagierenden

System selbst genommen werden. Der relative Betrag der allgemeinen Wärmestrahlung an Strahlung höherer Frequenz wächst sehr rasch mit der Temperatur, und wie Lewis zeigen konnte, führt die quantitative Durchführung seiner Annahme zu einer Gleichung, die mit der von Arrhenius aufgestellten Gleichung für die Änderung der Reaktionsgeschwindigkeit mit der Temperatur übereinstimmt.

Mit Hilfe der Annahme, daß jede gewöhnliche chemische Reaktion von Lichtabsorption einer bestimmten Frequenz und Emission einer anderen Frequenz begleitet ist, konnte Perrin die Erscheinungen der Photo- und Thermolumineszenz sehr schön erklären. Wenn wir den großen Wert dieser Arbeit, die den Einfluß der Strahlung auf die chemischen Vorgänge klärte, auch anerkennen müssen, so können wir doch mit ihrer Grundbehauptung nicht einverstanden sein, daß nämlich die Reaktionen nur durch den Einfluß des Lichtes zustande kommen und keineswegs allein durch das Bombardement der Moleküle infolge der Wärmebewegung.

Dies zeigt vielleicht deutlich genug eine Betrachtung der einfachen chemischen Vorgänge, die wir als Prototypen aller chemischen Reaktionen ansehen können, der Resonanz- und Ionisationserscheinungen bei Gasen. Bekanntlich können diese Erscheinungen hervorgerufen werden durch Strahlung oder durch bewegte Elektronen oder α-Teilchen, und vermutlich kann man sie auch durch irgend eine andere Art von Bombardement der Moleküle hervorrufen.

Die Diskontinuität der chemischen Vorgänge.

Wenn wir irgend eine philosophische Vorstellung als führendes Prinzip der Wissenschaft während der letzten zwei Generationen betrachten wollen, so müßte es der Glaube an die Stetigkeit der Naturvorgänge sein. Der Begriff der Energie und ihres Fließens durch materielle Systeme und den freien Raum, die von Maxwell entwickelte Theorie des elektrischen und magnetischen Feldes, ebenso die Einsteinsche Relativitätstheorie, all das trug bei zu dem wunderbar einfachen Gebilde des Universums, dem die Theorie einer kontinuierlichen Ausdehnung (von Raum und Zeit) zugrunde liegt.

Wenn Chemiker und Physiker ihre Versuchsdaten graphisch darstellten und dabei Kurven mit Knicken erhielten, denen keine feststellbaren Diskontinuitäten in dem untersuchten System entsprachen, so haben sie diese Knicke auf Versuchsfehler zurückgeführt. In fast allen Fällen war diese Erklärung auch richtig; es gibt jedoch Beispiele — und diese werden jetzt immer zahlreicher —, bei denen man fand, daß solche Knicke in den Kurven reelle Bedeutung besitzen, selbst bei Systemen, bei denen man keine Ursache für eine Diskontinuität erkennen konnte. Prof. Olson und Dr. Storch haben mir freundlichst gestattet, einige der Kurven, die sie gerade veröffentlichen wollen, hier zu bringen (Abb. 27); sie enthalten die Resultate einer Untersuchung der Bildung von NH_3 aus Stickstoff und Wasserstoff unter dem Einfluß eines Elektronenstromes. Als Ordinate ist die Reaktionsausbeute, als Abszisse die kinetische Energie einer konstanten Anzahl bewegter Elektronen aufgetragen. Während diese kontinuierlich zunimmt, wächst die

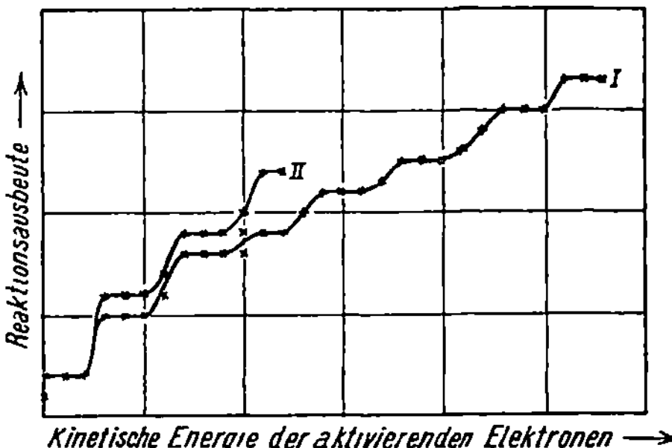

Abb. 27.   Bildung von Ammoniak durch Elektronenstoß.

Ausbeute derart, daß man auf den ersten Blick auf eine Reihe sehr ungenauer Versuche schließen könnte. Die aufeinanderfolgenden Stufen der Kurve sind jedoch reell und reproduzierbar.

Dieses Ergebnis entspricht seinem Wesen nach den Vorgängen, die man bei der Resonanzstrahlung und Ionisation eines einfachen Gases beobachtet (vgl. S. 35). Bewegte Elektronen, deren Geschwindigkeit unter einem bestimmten kritischen Werte liegt, oder Strahlungsenergie, deren Frequenz einen bestimmten kritischen Wert nicht erreicht, erzeugen keine Änderung im Molekül; dagegen ruft eine nur wenig höhere Elektronengeschwindigkeit oder eine nur wenig höhere Frequenz des Lichtes eine tiefgehende Änderung im Molekül hervor; diese Erscheinungen müssen als Urphänomene der Chemie betrachtet werden.

Soweit wir sehen können, kann ein Wasserstoffatom im Zustande geringster Energie keinerlei Änderung erfahren, wenn es nicht ein Energiequantum aufnehmen kann, das ausreicht, um sein

Elektron vom ersten auf ein anderes der gegebenen Energieniveaus zu heben oder es ganz vom Atom zu entfernen. Können wir da nicht schließen, daß eine ähnliche Behauptung für jedes Molekül gilt, und daß jede Reaktion, sei sie noch so kompliziert, in zwei oder mehr einzelnen Stufen erfolgt? So radikal eine solche Anschauung auch ist, so können wir doch zeigen, daß viele chemische Vorstellungen, die unter der Herrschaft der kontinuierlichen Theorie entwickelt und ausgebaut wurden, leicht in die Sprache der diskontinuierlichen Theorie übersetzt werden können.

Wir hatten häufig Gelegenheit, von festen oder losen Bindungen zu sprechen, bzw. von Elektronenpaaren, die durch starke oder schwache Kräfte in ihrer Stellung festgehalten werden. Nach der älteren Theorie müßte man sich darunter ein mechanisches System vorstellen, in dem eine stetige Verschiebung aus dem Gleichgewichtszustand eine rücktreibende Kraft erzeugt. Das Verhältnis der rücktreibenden Kraft zu dem Grade der Verschiebung wäre ein Maß für die Größe der Spannung; eine feste Bindung wäre also eine solche, bei welcher eine geringe Verschiebung eine starke rücktreibende Kraft hervorruft. Dieselbe Vorstellung könnten wir etwas anders so ausdrücken, daß wir ein Elektronenpaar als beweglich bezeichnen, wenn es durch schwache Kräfte gebunden ist.

In der Theorie des Diskontinuums kann es so etwas wie eine allmähliche Verschiebung innerhalb des Moleküls nicht geben. Das Molekül muß sich in dem einen oder anderen einer bestimmten Reihe von Zuständen mit genau definierten Unterschieden der Energie und anderer Eigenschaften befinden. Wenn wir jedoch nochmals das einfache Wasserstoffatom betrachten, so bemerken wir, daß ein großer Energieaufwand erforderlich ist, um das Elektron vom ersten Energieniveau auf das zweite zu heben; wäre aber das Elektron auf dem 20. Niveau, so genügte eine geringe Energie, um es auf das 21. oder auch auf irgend eins der unendlich vielen höheren Niveaus zu heben oder vollständig vom Wasserstoffkern zu entfernen. Wenn wir die alte Ausdrucksweise gebrauchen wollen, so können wir sagen, das Elektron ist fest gebunden in den niedrigeren Energieniveaus und lose in den höheren.

Wenn wir von einem losen Bindungspaar sprechen oder wenn wir sagen, ein Molekül oder ein bestimmter Teil eines Moleküls sei leicht beweglich, so wollen wir damit einen Zustand bezeichnen, in welchem eine kleine Energiezufuhr genügt, um den Übergang in einen benachbarten Zustand zu bewirken. Die Lockerung bzw.

Spaltung der Bindung im Jod- oder Hexaphenyläthanmolekül kann als Analogon zu der Anregung bzw. Ionisation eines Wasserstoffatoms angesehen werden.

Es gibt nun einerseits Moleküle wie das Wasserstoffatom, das Argonatom, das Methanmolekül, bei denen der Energieinhalt im stabilsten Zustand sich stark unterscheidet von dem nächsthöherer Energie, andererseits aber solche, bei denen selbst der stabilste Zustand energetisch wenig verschieden ist von den anderen möglichen Zuständen. Bei diesen genügt eine geringe Anregung, z. B. durch Licht niedriger Frequenz oder durch mäßige Temperaturerhöhung, um das Atom in eine Anzahl verschiedener Zustände zu versetzen; die diesen verschiedenen Zuständen entsprechenden Moleküle könnte man als Tautomere bezeichnen.

Betrachten wir eine chemische Reaktion, die nur in der Umlagerung eines Moleküls besteht, wie die Verwandlung eines optischen Isomeren in ein anderes. Eine solche Racemisierung wird um so rascher vor sich gehen, je lockerer der Bau des Moleküls ist. Anders ausgedrückt: Die Reaktion geht rasch vor sich, wenn schon ein schwacher Molekülstoß oder Wärmestrahlung von niedriger Frequenz (wie sie bei niedriger Temperatur stattfinden) ausreichen, um das Molekül über verschiedene Energieniveaus hinweg in den zweiten stabilen Zustand zu versetzen.

Wahrscheinlich erfordern überhaupt die meisten chemischen Reaktionen, selbst wenn sie mit großer Energieentwicklung verknüpft sind, zur Einleitung eine Anregung des Moleküls, und zweifellos muß ein System häufig weit über sein ursprüngliches Energieniveau hinaus gehoben werden, bevor es auf ein Niveau von sogar noch geringerer Energie fallen kann. Ein Katalysator kann als ein Stoff angesehen werden, der durch Komplexbildung mit einem der reagierenden Stoffe oder sonstwie eine andere Reihe von Energieniveaus ermöglicht, die eine Abkürzung des normalen Reaktionsverlaufs gestatten und so die zur Anregung erforderliche Energie verringern.

Die Farbe.

Die ältere Theorie gab eine äußerst glückliche Erklärung für den Ursprung der Farbe und ihre Beziehungen zu den chemischen Eigenschaften, wie ich in meiner Arbeit „Atom und Molekül" [57] zu zeigen versuchte. Nach dieser Anschauung besitzt ein Elektron, auf das eine elastische Kraft wirkt, wie jedes andere elastische

System eine natürliche Schwingungsperiode, deren Frequenz der Größe der Kraft proportional ist. Licht von der gleichen Schwingungszahl kann an das Elektron (das als Resonator wirkt) Energie abgeben, und so absorbiert das Elektron Licht an der Stelle des Spektrums, die seiner Eigenfrequenz entspricht. In den meisten Stoffen sind die Elektronen so fest gebunden, daß ihre Eigenfrequenz in das ultraviolette Gebiet fällt; diese Stoffe sind daher unfähig, sichtbares Licht zu absorbieren, mit anderen Worten, sie sind farblos. Aber unter Umständen, die die Kräfte innerhalb des Moleküls lockern, verringert sich die Frequenz der Elektronen, bis sie in das Gebiet des sichtbaren Lichtes gelangt. Wenn ein Stoff so einen Teil des sichtbaren Spektrums absorbiert und einen anderen Teil durchläßt, so sagt man, er sei farbig.

Diese Erklärung der Farbe schien sehr befriedigend zu sein, denn man fand, daß durch die gleichen Veränderungen an einem Molekül (z. B. Ersatz eines Radikals durch ein anderes), die nach der chemischen Erfahrung den Bau des Moleküls lockern und es ungesättigter und reaktionsfähiger machen, auch ein farbloser Stoff in einen farbigen verwandelt werden kann, oder ein Stoff, der im Violett absorbiert, in einen solchen, der im Rot absorbiert. Die Vorstellung eines schwingenden Elektrons scheint jedoch dem Geist der Quantentheorie nicht nur fremd zu sein, sondern ihm völlig zuwiderzulaufen.

Glücklicherweise gibt jedoch die neue Theorie der Diskontinuität der chemischen Zustände eine ähnliche und gleich befriedigende Erklärung für die Farbe. Wenn der Übergang eines Moleküls von seinem Normalzustand auf einen anderen Zustand von einer Energieänderung begleitet ist, die nach Division mit der Planckschen Konstante h eine Zahl ergibt, welche einer Frequenz des sichtbaren Lichtes entspricht, so ist der Stoff farbig. Jeder Vorgang, bei welchem ein farbloser Stoff in einen farbigen verwandelt wird, ist anzusehen als ein Übergang des Moleküls aus einem Zustand in einen energetisch nur wenig davon verschiedenen. Mit anderen Worten können wir auch sagen: ein farbiger Stoff entsteht aus einem farblosen infolge einer Lockerung des Elektronengebäudes.

Bei den Halogenen können wir annehmen, daß die Farbe der Moleküle durch die lockere Bindung zustande kommt, und daß das Elektronenpaar, das die Bindung bewirkt, während der Absorption von einer Lage auf eine andere energetisch verschiedene übergeht. Beim Jod ist die Bindung am lockersten, und hier finden wir Absorption von rotem Licht. Wenn wir weiter gehen zu Chlor und Brom, so bemerken wir eine Verfestigung der Bindung, und beim Fluor, wo die Bindung am stärksten ist, wird nur das äußerste violette Ende des Spektrums absorbiert.

Alle farbigen Stoffe sind stark ungesättigt und in geringem Maße konjugiert. Alle bekannten unpaaren Moleküle, mit Ausnahme von N O, absorbieren Licht im sichtbaren Gebiet. Die meisten organischen Stoffe, die Licht absorbieren, besitzen Doppelbindungen. Der Benzolring selbst hat zu viele konjugierte Doppelbindungen, um sichtbares Licht zu absorbieren, aber in der viel weniger konjugierten chinoiden Form haben wir eine Anordnung, die fast stets das Auftreten von Farbe mit sich bringt.

Die große Anzahl der Verbindungen von Elementen mit veränderlichem Atomrumpf, die in den Übergangsgebieten der langen Perioden des Mendelejeffschen Systems auftreten, sind farbig *). Hier liegt ein Fall vor, wo selbst die Energieniveaus der inneren Schalen und der Valenzschale sich nur wenig voneinander unterscheiden. Dies geht aus dem geringen Energiebetrag hervor, der zur Oxydation oder Reduktion solcher Verbindungen erforderlich ist. So genügen schon schwache Oxydationsmittel, um ein Ferrosalz in ein Ferrisalz zu verwandeln, obgleich dabei ein Elektron aus dem Rumpfe des Eisens entfernt wird.

Nach der Theorie von der Diskontinuität muß jedes Absorptionsband aus einer Reihe von Absorptionslinien bestehen (wenn man von der verwischenden Wirkung der Wärmebewegung absieht); jede dieser Linien muß dem Übergang eines Moleküls aus einem bestimmten Energiezustand in einen anderen entsprechen. Offenbar muß nun in vielen Fällen eine große Anzahl benachbarter Energiezustände existieren; nur so können wir uns ein so äußerst kompliziertes Absorptionsspektrum wie das des Jods erklären. Selbst bei dem einfachen Wasserstoffatom müssen wir die Existenz einer unendlich großen Anzahl von Energieniveaus annehmen, die alle, außer den niedrigsten Gliedern, nahezu den gleichen Energieinhalt besitzen. In einem Molekül mit vielen Atomen und Elektronen ist das System der Energieniveaus vermutlich noch viel komplizierter; in einem stärker ungesättigten Molekül können wir annehmen, daß selbst der stabilste Zustand von den vielen anderen nahe zusammenliegenden energetisch nicht stark verschieden ist.

---

*) Vgl. R. Ladenburg, Zeitschr. f. Elektrochem. 26, 262, 1920; Naturwiss. 8, 6, 1920.

Bei einem weitgehend gesättigten oder stark konjugierten System können wir jedoch annehmen, daß der normale Zustand des Moleküls nicht ohne große Energiezufuhr verlassen werden kann.

Man sollte nach dem Einsteinschen Gesetz erwarten, daß man aus der Reaktion zwischen einem Molekül und einem bewegten Elektron in ähnlicher Weise auf ein lockeres Gefüge des Elektronengebäudes schließen könnte, wie aus der Absorption des sichtbaren Lichtes. Die Tatsache, daß Joddampf sichtbares Licht absorbiert, führt zu der Voraussage, daß ein langsam bewegtes Elektron eine Veränderung in dem Energiezustand eines Jodmoleküls herbeiführen könnte. Ein derartiger Vorgang könnte in der Anlagerung des Elektrons an ein Jodatom unter Bildung eines negativen Ions bestehen, oder er könnte sich auch nur als unelastischer Stoß auswirken, bei dem das Elektron einen Teil seiner kinetischen Energie abgibt.

Alle beide Erscheinungen kommen zweifellos vor, und allmählich erhalten wir wertvolle Daten über das Verhalten bewegter Elektronen in verschiedenen Gasen. Alle dahingehenden Versuche sprechen dafür, daß bewegte Elektronen durch solche Moleküle verzögert werden, bzw. in ihnen stecken bleiben, deren chemische, optische und magnetische Eigenschaften ebenfalls für einen ungesättigten Zustand sprechen. So geben Gibson und Noyes [36] durch die Annahme, daß Elektronen in Halogenmolekülen stecken bleiben, eine sehr plausible Erklärung für das Verschwinden charakteristischer Metallspektren in Flammen bei Gegenwart freier Halogene. Wahlin zeigte [103], daß die Elektronenbeweglichkeit im Äthan größer ist als im Äthylen, in diesem größer als im Chlor. In derselben Reihenfolge würde man diese Stoffe anordnen nach dem Grade ihrer Sättigung. Ebenso sollte man in den Edelgasen eine größere Elektronenbeweglichkeit erwarten, als in allen anderen Gasen; dies wurde experimentell durch Townsend und Bailey [101] erwiesen.

Die Zukunft der Quantentheorie.

Wenn im Zirkus, dieser alten amerikanischen Institution, die Vorstellung zu Ende ist, so haben die meisten Zuschauer genug der Schrecken und gehen gern an ihr ruhigeres Tagewerk. Es gibt jedoch immer einige, die auf ihren Sitzen bleiben und sogar nachzahlen, um den noch haarsträubenderen Schaustücken der Ergänzungsvorstellung beizuwohnen.

Unsere eigene Vorstellung ist jetzt vorüber, und ich glaube, daß die
Mehrzahl der Leser, die so geduldig waren, bis jetzt auszuharren, nun
das Zelt verlassen werden; denn was ich jetzt noch sagen will, ist weder
Physik noch Chemie, vielleicht hat es überhaupt keinen Sinn. Aber da
wir uns mehrfach mit der Quantentheorie, der Theorie der Diskontinuität in der Natur beschäftigen mußten, die eine tiefgehende
Revolution für die Wissenschaft bedeutete, so darf ich nicht vor
dem Versuch zurückschrecken, einige der logischen Konsequenzen
zu ziehen, die sich für die Zukunft aus den neuentdeckten Tatsachen
und ihrer Deutung ergeben. Eine solche Voraussage kann natürlich
nur ganz roher Art sein, und wird nur andeuten können, welch große
Umwälzung im wissenschaftlichen Denken wahrscheinlich eintreten
muß, bis die Physik wieder eine einheitliche Wissenschaft sein wird
ohne offenkundige Inkonsequenzen und Widersprüche.

Die Wissenschaft kennt zwei verschiedene quantitative Methoden, die eine besteht im Zählen, die andere im Messen. Die erste
wurde zur Grundlage der Zahlentheorie; aus der zweiten hat sich
die Geometrie entwickelt. Die erste dieser Wissenschaften war bisher
nur eine Spielerei eingefleischter Mathematiker, die zweite wurde
zum Werkzeug des Naturwissenschaftlers und Ingenieurs. Die
Geometrie und ebenso die ihr nahe verwandte Wissenschaft der
Arithmetik beruhen auf der Theorie des Kontinuums. Wir haben
gelernt, daß eine Integration der unendlich kleinen Elemente
(Differentiale) eines Kontinuums annähernd durch eine Summierung
endlicher Ausdrücke ersetzt werden kann, daß aber die erstere
Methode exakt und absolut gültig ist, während die letztere nur
eine Annäherung ergibt. Müssen wir heute nicht umgekehrt zugeben, daß nicht die Geometrie, sondern die Zahlentheorie der Zweig
der Mathematik ist, der dem Bedürfnis der Wissenschaft am meisten
entgegenkommt, und daß an Stelle des Messens das Zählen treten muß?

Die mathematischen Grundlagen der Hydrodynamik beruhen
auf der Theorie des Kontinuums. Diese Wissenschaft drückt in
ausgezeichneter Weise das Verhalten von Stoffen wie Wasser und
Luft aus. Trotzdem arbeitet sie nur mit einer Annäherungsmethode,
denn Wasser und Luft sind keine Kontinua, sondern bestehen aus
getrennten Teilen. Eine Erscheinung, wie die Brownsche Bewegung,
könnte die Hydrodynamik nicht erklären.

Die Methoden der Hydrodynamik wurden bei Aufstellung der
Gleichungen für das elektromagnetische Feld übernommen. Ein
elektrostatisches Feld, als Kontinuum betrachtet, wird durch die

Kraft bestimmt, die es auf eine unendlich kleine Probeladung (einen „Testkörper") ausübt, die sich im Felde befindet. Eine unendlich kleine Ladung ist jedoch ein Begriff, der nicht länger aufrechterhalten werden kann. Die kleinstmögliche Ladung ist die eines Elektrons; benutzen wir ein solches als Testkörper, um die Eigenschaften des einfachsten bekannten elektrischen Feldes zu ermitteln, nämlich des Feldes um einen Wasserstoffkern herum, so finden wir, daß dieses Feld kein Kontinuum ist, sondern durchaus diskontinuierlich. Soviel wir wissen, kann das Elektron nur auf einer Reihe von Energieniveaus existieren, und ob die Vorstellung von der Bewegung eines Elektrons von einem Niveau auf ein anderes irgend eine Bedeutung hat, ist ziemlich zweifelhaft. Wir können nur feststellen, daß es von dem einen Niveau verschwindet und auf einem anderen wieder erscheint. Was ist nun in diesem einfachen System aus der elektrischen Kraft geworden? Wir könnten eine angenäherte Vorstellung von der Größe der Kraft bekommen, wenn wir die Energiedifferenz zwischen zwei Niveaus durch den Abstand zwischen ihnen dividierten, aber haben wir in einem solchen Mikrokosmos überhaupt eine Gewähr dafür, daß auch nur der Begriff des Abstandes eine Bedeutung hat? Müßte man nicht vielleicht sagen, der Abstand zwischen dem ersten und dritten Niveau sei zwei, der zwischen dem ersten und siebenten sechs usw.?

Wir können als sicher annehmen, daß das „Feld" um ein positives Teilchen wenigstens diskontinuierliche Elemente enthält, und vielleicht gilt dies auch für das Feld eines Elektrons (vorausgesetzt, daß man diese beiden Vorstellungen überhaupt voneinander trennen kann); dann muß jedoch jedes elektrische Feld diskontinuierliche Eigenschaften besitzen, da man es als Resultante dieser Elementarfelder auffassen kann. Wir dürfen uns dann also das elektrische Feld nicht mehr kontinuierlich vorstellen, sondern vielmehr als ein äußerst kompliziertes Gebilde, das sich aus all den diskontinuierlichen Elementen der einzelnen Elementarteilchen zusammensetzt. Wenn diese Anschauung richtig ist, brauchen wir dennoch keine Skrupel zu haben, die Maxwellschen Gleichungen auf gewöhnliche Fälle anzuwenden, wie wir uns ja auch nicht scheuen, die inexakten Methoden der Hydrodynamik in der Praxis zu gebrauchen.

Ein Beobachter, der sich rasch hinter einem elektrostatischen Felde herbewegt, bemerkt, daß dieses zugleich ein magnetisches Feld ist; wenn nun das elektrische Feld diskontinuierlich ist, so muß es auch das magnetische Feld sein. Wir brauchen Maxwells bewährte Auffassung des Lichtes als elektromagnetischer Schwingung nicht aufzugeben und müssen auch nicht an der angenäherten Gültigkeit seiner Gleichungen für die Fortpflanzung der elektromagnetischen Wellen zweifeln, vorausgesetzt, daß wir sie als nur im statistischen Sinne gültig auffassen. Wenn wir aber das Licht betrachten, das nicht von einem großen Haufen, sondern von einem einzelnen Atom emittiert wird, so können wir sicher sein, daß dieses Licht ganz andere Eigenschaften besitzt, als die Undulations- oder elektromagnetische Theorie annimmt. Vielleicht steht es zu einer elektromagnetischen Welle in einem ähnlichen Verhältnis, wie ein Wassermolekül zu einem Liter Wasser. Andererseits haben die zahlreichen Versuche, zu einer Korpuskulartheorie des Lichtes zurückzukehren, bisher die Erscheinung der Interferenz nicht befriedigend erklären können. Daher können wir sagen, daß wir im Augenblick keine vernünftige Theorie des Lichtes besitzen.

Die Erkenntnis, daß elektrische und magnetische Felder in ihrem Wesen diskontinuierlich sind, legt die Vermutung nahe, daß es überhaupt keine kontinuierlichen Kraftfelder gibt, daß eine gleichmäßige Beschleunigung, als Folge eines stetigen Anwachsens der kinetischen Energie, in der Natur nicht existiert. Eher müssen wir annehmen, daß jedes System in Stufen — die zwar klein sein können, aber doch endlich sind — von einem energetischen Zustand zu einem anderen gelangt.

Schließlich könnten wir auf die Vermutung kommen, daß Raum und Zeit richtiger diskontinuierlich zu behandeln wären als kontinuierlich, daß ihrem Wesen eine zählende Methode angemessener wäre, als die Methode einer kontinuierlichen Geometrie. Eine solche mathematische Darstellung des Raumes könnten wir zwar noch als eine Geometrie auffassen, sie wäre jedoch äußerst verschieden von jeder bestehenden Geometrie — sei sie euklidisch oder nicht euklidisch, metrisch oder nichtmetrisch —. Die Elemente einer solchen Geometrie wären nur Punkte und Gruppen von Punkten, und ein Abstand wäre stets durch eine ganze Zahl wiederzugeben. In bezug auf einen Punkt wären die anderen in Klassen zu teilen, je nachdem sie von ihm um einen, zwei oder n Schritte entfernt sind; wir hätten eine bestimmte Zahl von Punkten in der Klasse, die um einen Schritt entfernt ist, eine andere Zahl in der Klasse, die um zwei Schritte entfernt ist usw.

Einst hoffte ich, eine solche Netzgeometrie aufstellen zu können, die bei äußerst feinen Maschen sich den Eigenschaften der euklidischen Geometrie nähern würde, aber jetzt bin ich überzeugt, daß ein solcher Versuch hoffnungslos ist. Andererseits können wir feststellen, daß ein Einzelatom selbst ein räumliches Gebilde darstellt, das die Eigenschaften eines solchen Netzwerkes besitzt, nämlich mit einem Zentralpunkt, vier Punkten in der um einen Schritt entfernten Klasse, neun in der zweiten Klasse, 16 in der dritten und 25 in der vierten. Wenn wir nun jeden dieser Punkte mit einem Elektronenpaar besetzen, so bekommen wir eine Darstellung der Elektronenschalen um ein Atom (wenn wir von den Bohrschen Untergruppen absehen) mit 2, 8, 18, 32 und 50 Elektronen. Wir würden also finden (wobei wir wieder die Untergruppen vernachlässigen), daß in einer solchen Geometrie der Abstand zweier aufeinanderfolgender Punkte ganz ohne Bedeutung ist, wenn wir Systeme aus nur einem Atom betrachten.

Wenn wir in dieser angedeuteten Art den Raum eines Einzelatoms definieren, so kann der ganze Raum betrachtet werden als zusammengesetzt aus allen Räumen der Einzelatome. Für diesen Raum können wir dann die Begriffe der Ausdehnung, des Abstandes usw. wie in der euklidischen Geometrie gebrauchen, und zwar mit ähnlicher angenäherter Gültigkeit, wie wir die Prinzipien der Hydrodynamik auf ein System mit einer großen Anzahl von Molekülen anwenden, oder die Prinzipien des Elektromagnetismus auf ein Feld, das aus vielen Elementarladungen zusammengesetzt ist.

Wie mir scheint, haben wir uns jedoch bei der Entwicklung dieser Gedanken immer mehr von der physikalischen Wirklichkeit entfernt und sind in das Gebiet metaphysischer Spekulationen geraten; es wäre nicht wünschenswert, heute schon hier fortzufahren. In einer Zeit des Übergangs wie der gegenwärtigen müssen wir mehr als je unsere Aufmerksamkeit auf die wirklichen experimentellen Ergebnisse konzentrieren und dürfen nicht über konventionelle abstrakte Begriffe grübeln, wie Kraft, Kraftfeld, Energie, Erhaltung der Energie oder gar Raum und Zeit. Einige dieser Abstraktionen werden vielleicht aufgegeben werden, so wie der konventionelle Begriff des Lichtäthers nach dem Aufkommen der Relativitätstheorie aufgegeben wurde. Andere Begriffe werden zu ändern sein, und mein Hauptzweck bei der Abfassung dieses Abschnittes war nicht so sehr, vorauszusagen, welcher Art diese Änderungen sein werden, als vielmehr darauf hinzuweisen, wie notwendig es ist, unbefangen zu bleiben. Sonst könnte, wenn einmal die endgültige Lösung der jetzt noch so verworren scheinenden Probleme vorliegt, deren Annahme sich verzögern wegen der Konventionen und der unzureichenden Abstraktionen der Vergangenheit.

Literaturverzeichnis.

1. Abegg, Zeitschr. f. anorg. Chem. **39**, 330 (1904).
2. Abegg und Bodländer, ebenda **20**, 453 (1899).
3. Adams, E. Q., Journ. Amer. Chem. Soc. **38**, 1503 (1916).
4. Arrhenius, Zeitschr. f. phys. Chem. **1**, 631 (1887).
5. Aston, Phil. Mag. [6] **39**, 449, 611 (1920).
6. Baeyer, Chem. Ber. **18**, 2277 (1885).
7. Balmer, Wied. Ann. **25**, 80 (1885).
8. Bardwell, Journ. Amer. Chem. Soc. **44**, 2499 (1922).
9. Berzelius, „Essai sur la théorie des proportions chimiques et sur l'influence chimique de l'électricité." Paris 1819.
10. Bohr, Phil. Mag. [6] **26**, 1 (1913).
11. Derselbe, ebenda [6] **26**, 857 (1913).
12. Derselbe, Nature **107**, 104 (1921).
13. Boltzmann, „Vorlesungen über Gastheorie". Leipzig, Barth, 1912.
14. Born und Landé, Sitzungsber. d. Kgl. Preuß. Akad. 1918, S. 1048; Verh. d. Deutsch. Phys. Ges. **20**, 202, 210 (1918).
15. Brackett, Astrophys. Journ. **56**, 154 (1922).
16. Bragg, Phil. Mag. [6] **40**, 169 (1920).
17. Derselbe, ebenda [6] **44**, 433 (1922).
18. Bray und Branch, Journ. Amer. Chem. Soc. **35**, 1440 (1913).
19. van den Broek, Phys. Zeitschr. **14**, 32 (1914).
20. Bury, Journ. Amer. Chem. Soc. **43**, 1602 (1921).
21. Cannizaro, „Sunto di un corso di filosofia chimica." Genua 1858.
22. de Chancourtois, „Vis tellurique, classement naturel des corps simples ou radicaux obtenu au moyen d'un système de classification hélicoïdal et numerique." Paris 1863.
23. Crum Brown und Gibson, Journ. Chem. Soc. **61**, 367 (1892).
24. Dalton, „A New System of Chemical Philosophy." London 1808.
25. Davy, Phil. Trans. **97**, 1 (1807).
26. Döbereiner, Gilberts Ann. **56**, 332 (1816).
27. Eastman, Journ. Amer. Chem. Soc. **44**, 438 (1922).
28. Einstein, Ann. d. Phys. [4] **22**, 180 (1907).
29. Erlenmeyer, Lieb. Ann. **316**, 43, 71, 75 (1901).
30. Falk und Nelson, Journ. Amer. Chem. Soc. **32**, 1637 (1910).
31. Faraday, Phil. Trans. **123**, 23 (1833) und **124**, 77 (1834).
32. Flurscheim, Journ. f. prakt. Chem. **66**, 321 (1902) und **71**, 497 (1905).
33. Franck und Hertz, Verh. d. Deutsch. Phys. Ges. **15**, 34 (1913).
34. Fry, Zeitschr. f. phys. Chem. **76**, 385 (1911).

35. Gibson und Argo, Journ. Amer. Chem. Soc. 40, 1327 (1918).
36. Gibson und Noyes, ebenda 44, 2091 (1922).
37. Gomberg, ebenda 22, 757 (1900).
38. Helmholtz, Journ. Chem. Soc: 39, 277 (1881).
39. van't Hoff, „La chimie dans l'espace". Rotterdam 1875.
40. Huggins, Science 55, 679 (1922).
41. Hull, Phys. Rev. 10, 661 (1917).
42. Jones, L. W., Journ. Amer. Chem. Soc. 36, 1268 (1914).
43. Kekulé, Liebigs Ann. 106, 129 (1858).
44. Kirchhoff und Bunsen, Pogg. Ann. 110, 161 (1860) und 118, 337 (1861).
45. Körner, Gazz. chim. 4, 444 (1874).
46. Kossel, Ann. d. Phys. 49, 229 (1916).
47. Kratzer, Zeitschr. f. Phys. 3, 289 (1920).
48. Langevin, Compt. rend. 139, 1204 (1904); Ann. Chim. Phys. 5, 70 (1905).
49. Langmuir, Journ. Amer. Chem. Soc. 38, 2221 (1916).
50. Derselbe, ebenda 41, 868 (1919).
51. Derselbe, ebenda 41, 1543 (1919).
52. Derselbe, ebenda 42, 274 (1920).
53. Lapworth und Robinson, Farad. Soc., July meeting (1923). Vgl. den Bericht über diese Tagung: The electronic theorie of valency, London 1923.
54. Latimer und Rodebush, Journ. Amer. Chem. Soc. 42, 1419 (1920).
55. Le Bel, Bull. Soc. Chim. [2] 23, 338 (1875).
56. Lewis, G. N., Journ. Amer. Chem. Soc. 35, 1448 (1913).
57. Derselbe, ebenda 38, 762 (1916).
58. Derselbe, Proc. Nat. Acad. Sci. 2, 586 (1916).
59. Derselbe, Science 46, 297 (1917).
60. Lewis, W. C. McC., Journ. Chem. Soc. 109, 796 (1916).
61. Lowry, Trans Farad. Soc., Part 3, 18, 3 (1923).
62. Lyman, Astrophys. Journ. 19, 263 (1904) und 23, 181 (1906).
63. Marignac, Arch. d. scienc. phys. et nat., Genf 9, 97 (1860).
64. Meisenheimer, Lieb. Ann. 397, 273 (1913).
65. Mendelejeff, Journ. Russ. Phys. Chem. Ges. 1, 1 (1869).
66. Meyer, L., Liebigs Ann. Suppl. 7, 354 (1870).
67. Moseley, Phil. Mag. [6] 26, 1024 (1913); 27, 703 (1914).
68. Nef, Journ. Amer. Chem. Soc. 26, 1549 (1904).
69. Newlands, Chem. News 7, 70 (1863).
70. Noyes und Lyon, Journ. Amer. Chem. Soc. 23, 460 (1901).
71. Parson, Smithsonian Inst. Publ. 65, No. 11 (1915).
72. Pascal, Ann. chim. phys. [8] 25, 289 (1912).
73. Paschen, Ann. d. Phys. [4] 27, 537 (1909).
74. Perrin, Compt. rend. 147, 967 (1908); 148, 530 (1908).
75. Derselbe, Ann. de phys. 11, 1 (1919).
76. Pickering, Astrophys. Journ. 5, 92 (1897).
77. Planck, Ann. d. Phys. [4] 4, 553 (1901).
78. Prout, Thomsons Ann. Phil. 6, 321 (1815) und 7, 111 (1816).
79. Ramsay, Journ. Chem. Soc. 93, 774 (1908).

80. Ramsay, Proc. Roy. Soc. (A) **72**, 451 (1916).

81. Rankine, ebenda (A) **98**, 366 (1921).

82. Rayleigh, Phil. Mag. [5] **49**, 539 (1900).

83. Rutherford, ebenda [6] **21**, 669 (1911).

84. Rutherford und Soddy, ebenda [4] **5**, 445 (1903).

85. Rydberg, Compt. rend. **110**, 394 (1890).

86. Derselbe, Zeitschr. f. anorg. Chem. **14**, 66 (1897). (Siehe auch Marignac und Clarke, „Constants of Nature" **5**, 262.)

87. Derselbe, Phil. Mag. [6] **28**, 144 (1914).

.88. Schlenck und Holz, Chem. Ber. **50**, 274, 276 (1917).

89. Sidgwick, Nature **111**, 808 (1923).

90. Sommerfeld, „Atombau und Spektrallinien". Braunschweig, Friedr. Vieweg & Sohn Akt.-Ges., 1922.

91. Stark, „Prinzipien der Atomdynamik, III, Die Elektrizität im chemischen Atom". Leipzig, Hirzel, 1915.

92. Stern und Gerlach, Zeitschr. f. Phys. **8**, 110 (1921).

93. Stieglitz, Journ. Amer. Chem. Soc. **44**, 1293 (1922).

94. Stock und Mitarbeiter, Ber. **45**, 3539 (1912); Zeitschr. f. Elektrochem. **19**, 779 (1913); Ber. **46**, 1959, 3353 (1913); Ber. **54 A**, 142; **54 B**, 531 (1921).

95. Thiele, Lieb. Ann. **306**, 87 (1899).

96. Thomson, Phil. Mag. **7**, 237 (1904).

97. Derselbe, „The Corpuscular Theory of Matter". New York, Scribner, 1907.

98. Derselbe, „Rays of Positive Electricity and Their Application to Chemical Analysis". London, Longmans, Green & Co., 1913.

99. Derselbe, Phil. Mag. [6] **27**, 757 (1914).

100. Thorpe und Ingold, Intern. Verein. f. reine und angew. Chem. 1923.

101. Townsend und Bailey, Phil. Mag. [6] **43**, 593 (1922).

102. Vorländer, Zeitschr. f. angew. Chem. **35**, 249 (1922).

103. Wahlin, Phys. Rev. **19**, 173 (1922).

104. Weber, Jahrb. d. Radioakt. **12**, 74 (1915).

105. Werner, „Neuere Anschauungen auf dem Gebiete der anorganischen Chemie". Braunschweig, Friedr. Vieweg & Sohn, 1905.

106. Wieland, Lieb. Ann. **381**, 200 (1911); Chem. Ber. **47**, 2111 (1914).

107. Wien, Ann. d. Phys. [3] **58**, 662 (1896).

Autorenregister.

Abegg 17, 113.
Adams 105, 155.
Argo 168.
Arrhenius 7, 64, 181.
Aston 5.

Baeyer 89, 94.
Bailey 187.
Balmer 24, 26.
Bardwell 21.
Le Bel 6.
Berzelius 5, 64.
Biltz, W. 100, 122, 132.
Birge 139.
Bjerrum 155.
Bodländer 113.
Bohr 14, 25, 32, 38, 47, 48, 50, 51, 61, 73.
Boltzmann 28, 130.
Bonhoeffer 168.
Born 32, 47, 48, 55, 122.
Boswell 1.
Brackett 26.
Bragg 128, 129, 130.
Branch 66, 81, 139, 140, 169.
Bray 15, 66, 139.
van den Broek 12.
Brown 162.
Bunsen 22.
Bury 61.

Cannizaro 9.
de Chancourtois 9.
Clark 165.
Coster 11.
Cremer 32.
Cromelin 42.

Dalton 1 ff.
Davy 5, 64.
Debye 116.
Döbereiner 9.

Eastman 97, 134.
Einstein 30.
Erlenmeyer 92.
Eucken 129.

Fajans 5, 50, 122, 125, 129, 142.
Falk 68.
Faraday 7.
Flürscheim, 164, 179.
Fonrobert 142.
Franck 36.

Gerlach 35, 51, 174.
Gibson 162, 168, 187.
Goldschmidt, V. M. 125.
Gomberg 76.
Grimm 55, 57, 122, 125, 129, 131, 142.

Hansen 132.
Hantzsch 112.
Heisenberg 32.
Helmholtz 7, 22.
Hertz 36.
Herzfeld 28, 55, 129.
von Hevesy 11.
Hildebrand 102.
van 't Hoff 6.
Holtz 120.
Hückel 139.
Huggins 92, 115, 177.
Hull 47.
Hund 58, 80, 142.

Ingold 178.

Johnson 1.
Jones 118.
Joos 142.
Jordan 32.

Keesom 116, 141.
Kekulé 6.
Kirchhoff 22.
Kirsch 2.
Klemm 100.
Knorr 131.
Körner 93.
Kossel 20, 25, 59, 74, 106, 126, 138, 154.
Kratzer 129, 131.

Ladenburg, R. 57, 186.
Landé 47.
Langevin 44.
Langmuir 75, 86, 99, 105, 109, 125, 138, 139.
Lapworth 165.
Laski 134.
Latimer 104, 112, 115, 116, 136, 156.
Lenard 7.
Lewis, G. N. 15, 20, 41, 54, 56, 62, 66, 75, 76, 80, 82, 88, 90, 99, 105, 141, 158, 173, 184.
Lewis, W. C. Mc C. 180.
Lowry 142.
Lyman 26.

Maeser 119.
Magnus 122.
Marignac 4.

Mark 125, 134.
Markovicz 58.
Maxwell 23.
Meisenheimer 118.
Meitner 50.
Mendelejeff 10, 16.
Meyer, Lothar 9.
Möller 142.
Moers 21.
Moseley 12, 35.

Nef 137, 139.
Nelson 68.
Nernst 21.
Newlands 9.
Norrish 135.
Noyes, W. A. 71, 127.
Noyes, W. A. jr. 187.

Olson 182.

Paneth 14, 127.
Parson 19, 46, 74, 75.
Pascal 93, 95, 172, 175.
Paschen 26.
Perrin 2, 180.
Peters 21.
Pettersson 2.
Pickering 25.
Planck 29, 34.
Pohland 125.
Prout 3 ff.

Radu 127.
Ramsay 72, 166.
Rankine 128.
Rayleigh 29. ·
Reed 85.
Reis 126.
Richardson 101.
Ritz 25.
Robinson 165.
Rodebush 104, 112, 115, 116, 136, 156.
Ruff 106.
Rutherford 2, 10, 19, 46.
Rydberg 4, 10, 13, 25 131.

Samuel 58.
Scheibe 110.
Schlenck 120.
Schrödinger 32.
Schwab, G. M. 142.
Sidgwick 122, 132.
Siedentopf 2.
de Smedt 141.
Smith, I. D. M. 50.
Soddy 2.
Sommerfeld 25, 40, 125, 167.
Soné 141.
Sponer 139.
Staigmüller 14.
Stark 72.
Stelling 115.

Stern 51, 174.
Stewart 118.
Stieglitz 68, 162, 163, 171.
Stock und Mitarbeiter 100, 110, 134.
Stoner 50.
Storch 182.
Sugden 85.
Swinne 14, 58.

Thiele 91.
Thomsen, J. 14.
Thomson, J. J. 5, 7, 17, 68, 71.
Thorpe 178.
Townsend 187.

Urey 129, 138.

Vorländer 80.

Wahlin 187.
Walden 121.
Weber 59.
Werner 14, 63, 115, 122, 123.
Wieland 76.
Wien, W. 29.
Wilkins 85.
Wolff 129.

Zsigmondy 2.

Sachregister.

Absorptionsspektrum 186.
Acetylen 95, 137.
Achterregel 75, 99, 108.
Achterschale 48, 75, 99, 170.
Adsorption 127.
Aldehydammoniak 150.
Aluminiumchlorid 102.
Amidion 152.
Aminosäuren 155.
Aminoxyde 118, 148.
Ammoniumhydroxyd 116.
Ammoniumion 85, 103, 111.
Anregungsspannung 35.
Argon, Ionisierungsspannung 166.
Assoziation 116.
Äther 112.
Äthylen 70, 88, 135, 172.
Atomgewichte, Ganzzahligkeit 3.
Atomionen 54.
Atomkern 5, 10, 35, 51.
Atommodell, Bohrsches 32, 48, 73.
—, Rutherfordsches 19.
Atommodelle, Lewis 15.
Atomradien 128.
Atomrumpf 48, 52, 56.
—, veränderlicher 54.
Atomsuszeptibilitäten, magnetische 59, 173.

Balmerserie 24, 33.
Bandenspektren 22.
Basen, Definition 153, 158.
Benzoesäuren, substituierte 163.
Benzol 93, 164, 176.
Benzolsubstitution 162.
Beryllium 132.
Berylliumchlorid 100.

Bindung, „chemische" 100, 146.
—, dreifache 94, 138, 174.
—, lockere 81, 169, 183.
Bindungspaar, Lage 80.
Borverbindungen 100, 133.
Borwasserstoffe 97, 110, 133.
Brackettserie 26.
Brownsche Bewegung 188.

Carbonate 104.
Carboxylgruppe 163, 176.
Chloramin 147.
Chlorbenzoesäure 163.
Chloressigsäure 83, 154.
Chloroniumion 113.
Chlorstickstoff 84, 143.
Chrom, Atomrumpf 56.
Coulombsches Gesetz 38, 47.
Covalenz 109.
Cyanion 139.

Deformation der Elektronenhüllen 142.
Diamagnetismus 44, 52, 173, 179.
Diamant 125.
Diazoniumverbindungen 179.
Diazoverbindungen 179.
Dichloräthan 172.
Dielektrizitätskonstante 43.
Dipole 43, 116.
Dissoziation, thermische und elektrische 81.
—, elektrolytische 7.
Dissoziationskonstante 155, 164.
Doppelbindung 87, 136, 160, 172, 178.
—, konjugierte 91.
Dualistische Theorie 6.
— —, moderne 64, 147.
Dulong-Petitsche Regel 28.

Edelgase 21.
Einheit der Materie 3.
Eisen, Atomrumpf 56.
Elektrochemische Theorie 6, 152.
Elektromere 145.
Elektron 7.
Elektronenanordnungen, stabile 17.
— und periodisches System 18.
Elektronenbahnen 40, 48, 166.
Elektronenbewegung durch Gase 187
Elektronenmasse 132.
Elektronenpaare 49, 61, 76.
—, einsame 101, 111, 116, 148, 157.
Elektronenstöße 36, 182, 187.
Elektronenverschiebung 83.
Elementarmagnet 48.
Energieniveaus 32, 50, 183.
Energiequant 30.
Energieverteilungsgesetz 29.

Farbe 184.
Feinbau der Spektrallinien 40.
Ferromagnetismus 44.
Fluor 141.
Fluorwasserstoffsäure 116, 141.
Friedel und Craftssche Reaktion 102.
Fumarsäure 162.

Glutakonsäuren 178.
Gold, Atomrumpf 55.
Grundfrequenzen 27.

Helium, Ionisierungsspannung 166.
Heliumatom 51.
Heliumspektrum 25, 39.
Heliumverbindungen 131.
Hookesches Gesetz 28.
Hydrazin 149.
Hydride 21, 131.
Hydroxoniumion 112.
Hydroxylamin 114, 148.

Impulsmoment 38.
Influenzeffekt 116.
Intramolekulare Ionisation 68.
Ionisierungsspannung 35, 166.
Isocyanion 139.
Isotope 5.

Jod, dreiwertiges 121.
—, positives 145.
Jodoniumion 113.

Kalium, Ionisierungsspannung 166.
Kanalstrahlenanalyse 5.
Katalysator 184.
Kobalt, Atomrumpf 56.
Kohlenoxyd 138.
Kohlensäure 104, 110.
Kohlenstoff, fünfwertiger 121.
Kohlenstoffbindungen 134.
Kombinationsprinzip 25, 35.
Komplexe mit Wasser 116.
Konjugation 91, 168, 175.
Koordinationszahl 108, 121.
Kristalle, Bindung in — 125.
Kubisches Atom 15.
Kupfer, Atomrumpf 56.

Lichtemission und -absorption 23, 33, 41, 180.
Linienspektren 22.
Lithium 132.
—, Ionisierungsspannung 166.
Lymanserie 26, 33, 37.

Magnetfeld 43, 169.
Magnetisches Moment 44, 166, 169, 173.
Magnetochemische Theorie 173.
Magneton 19, 48, 167.
Maleinsäure 162, 177.
Mangan, Atomrumpf 56.
Mehrfache Bindungen, Einschränkung der — 95.
Metallhydride 21.
Metaphosphorsäure 115.
Molekülbegriff in festen Korpern 125.
Molekülradien 129.

Natrium, Losung in Ammoniak 167.
Natriummethyl 100.
Negative Gruppen 83.
Negativer Zustand 144.
Nickel, Atomrumpf 56.
Nitrate 104.
Nitrobenzoesäuren 163.
Nitrosoverbindungen 140.
Normalpotential 132.

Oktett 53, 75, 99.
Oktettheorie 99.
„Onium“-Verbindungen 111, 131, 142, 148, 159.
Ordnungszahlen 10, 46.
Orthosäuren 110.
Osmiumtetroxyd 85.
Oszillatoren, Plancksche 30.
Oxalsäure 156.
Oxoniumverbindungen 112, 155.
Oxydation und Reduktion 65.
Ozon 142.

Paramagnetismus 44, 51, 57, 88, 173.
Parhelium 131.
Partialvalenzen 91.
Paschenserie 26.
Periodisches System 10, 14.
Permeabilität 44.
Phenylschwefelsäure 67, 83.
Phlogistierung 65.
Phosphation 85.
Phosphoniumion 111.
Phosphor 95.
—, vierwertiger 115.
Phosphorige Säure 114, 156.
Phosphorpentachlorid 105, 121.
Phosphorsäure 156.
Photochemische Reaktionen 180.
Photochemisches Äquivalentgesetz 30, 187.
Phthalsäuren 164.
Pickeringserie 25, 39.
Plancksche Konstante 30, 49, 185.
Platinsalze, komplexe 122.
Polare und nichtpolare Stoffe 6, 67.
Polare Valenzzahl 66, 109.
Polarität, alternierende 165.
Positive und negative Gruppen 159.
Positiver und negativer Zustand 144.
Proportionen, Gesetz der konstanten und multiplen 1.
Proutsche Hypothese 3..

Quadratzahlen, Regel der 13.
Quantenmechanik 32.
Quantentheorie 28, 146, 180.
Quarz 96, 125.
Quecksilber, Bindung in den Salzen 124.

Restaffinität 93, 164, 169, 178.
Relativitätstheorie 4, 181.
Relativitätseffekt 4.
Richteffekt 116.
Riesenmolekül 96, 125.
Röntgenspektren 12, 34.
Röntgenstrahlen, Absorption 34.
Rydbergsche Konstante 25, 39.

Salpetersäure 104.
Salpetrige Säure 157.
Sauerstoff 88, 141, 167, 172.
—, einfach gebunden 85, 149.
Säuren, Definition 153, 158.
—, zweibasische 155.
Schwefel 96.
Schwefelhexafluorid 106, 121.
Schwefelsäure 103.
Schwefeltrioxyd 103.
Schwefelwasserstoff 152.
Schweflige Säure 157.
Sekundäre Bindungen 123.
Seltene Erden 60.
Serienspektren 22.
Sextett 104.
Silberatom, magnetische Eigenschaften 51.
Silicium 95.
Silikation 85.
Spannungstheorie 89, 137.
Stärke von Elektrolyten 141, 149, 153.
Statisches Atom 46.
Stickstoff 138.
—, fünfwertiger 120.
—, Sauerstoffverbindungen 140.
—, vierwertiger 85, 111, 117.
Strahlungsenergie, Verteilung 29.
Strukturchemie 6.
Strukturformeln 63.
Sublimierende Stoffe 102.
Sulfation 85.
Sulfoniumion 111.
Supraleitfähigkeit 42.

Tautomerie 103, 114, 139, 151.
Tetrachloräthylen 179.
Tetraedrischer Bau 79.

Thallium, Atomrumpf 55.
Thorium 13.
Titan, Atomrumpf 55.
Triphenylcarbinol 161, 171.
Triphenylmethyl 161, 168.

Überchlorsäure 85, 127.
Übergangselemente 57, 186.
Überjodsäure 111, 121.
Ultramikroskop 2.
Ultrarotspektren 129.
Ungesättigter Zustand 87, 135, 160, 171, 186.
Unpaare Moleküle 76, 167.
Untergruppeneinteilung der Elektronen 50.
Unterjodige Säure 145.
Unterphosphorige Säure 115, 156.
Uran 13.
Uranhexafluorid 106.
Urantetrachlorid 106.

Valenz, Definition 108, 127.
— in kondensierten Systemen 124.
Valenzschale 48.
—, sekundäre 106.
Valenzzahl, polare 66.
Vanadin, Atomrumpf 56.
Vierfache Bindung 139.

Wald en sche Umlagerung 120.
Wassermolekül, Unsymmetrie 80.
Wasserstoff 130.
—, aktiver 168.
— als negatives Element 21, 131, 151.
—, zweiwertiger 115.
Wasserstoffatom, Bohrsches Modell 38.
Wasserstoffbindung 116.
Wasserstoffion 131.
Wasserstoffkern 130.
Wasserstoffspektrum 26, 33.
Wasserstoffsuperoxyd 143.

Zweiergruppe 76, 99, 170.

Berichtigungen während des Druckes.

S. 13, 13. Zeile von oben, statt 3^3 und 4^4 soll es heißen: 3^2 und 4^2.

S. 103, die Formeln (A) und (B) sind in der folgenden Fassung richtig:

$$
\text{(A)} \quad
\begin{array}{c}
\ddot{:}\ddot{O}\cdot \\[2pt]
H:\ddot{O}:\ddot{S}:\ddot{O}:H \\[2pt]
:\ddot{O}:
\end{array}
\qquad
\text{(B)} \quad
\begin{array}{c}
\ddot{:}\ddot{O}:H \\[2pt]
:\ddot{O}:\ddot{S}:\ddot{O}:H \\[2pt]
:\ddot{O}:
\end{array}
$$

S. 104, die Formel zwischen Zeile 16 und 17 ist in der folgenden Fassung richtig:

$$
\begin{array}{c}
:\ddot{O}: \quad H \\[2pt]
H:\ddot{O}:\ddot{P} \ + :\ddot{O}:H \ = \ H:\ddot{O}:\ddot{P}:\ddot{O}:H \\[2pt]
:\ddot{O}: \qquad\qquad :\ddot{O}:
\end{array}
$$